KNOWLEDGE AND TECHNOLOGY OF HELICOPTER RESCUE

直升机救援 知识与技术

宋 晗 缪秋云 高少辉 曹文娟 杨 拯
编 著

U0245747

北京航空航天大学出版社
BEIHANG UNIVERSITY PRESS

图书在版编目（CIP）数据

直升机救援知识与技术 / 宋晗等编著. -- 北京：
北京航空航天大学出版社，2023.10

ISBN 978-7-5124-4194-1

Ⅰ. ①直… Ⅱ. ①宋… Ⅲ. ①直升机—救援 Ⅳ.
①V275

中国国家版本馆 CIP 数据核字（2023）第 192156 号

直升机救援知识与技术

责任编辑：李　帆
责任印制：秦　赟
出版发行：北京航空航天大学出版社
地　　址：北京市海淀区学院路 37 号（100191）
电　　话：010 - 82317023（编辑部）　　　010 - 82317024（发行部）
　　　　　010 - 82316936（邮购部）
网　　址：http：//www. buaapress. com. cn
读者信箱：bhxszx@ 163. com
印　　刷：北京富资园科技发展有限公司
开　　本：710mm×1000mm　1/16
印　　张：25
字　　数：422 千字
版　　次：2023 年 10 月第 1 版
印　　次：2023 年 10 月第 1 次印刷
定　　价：98.00 元

编委会

目录

第1章 直升机救援概论

直升机救援作为应急手段中的空中力量，可发挥巨大的作用，对实现应急的快速性、机动性目标具有显著作用。国际上，特别是发达国家已经将直升机作为社会公共服务体系中的重要组成部分，在医疗急救、城市消防、森林消防、海上救援等场景中大量使用。

当前，我国正在积极构建航空救援体系，引入直升机、无人机等多种空中作业力量来实现空面（陆、海）立体化救援体系的建设，在应急救援、医疗急救、海上救援中航空工具的出镜率日益增多。直升机救援作为航空救援体系中最主要的方式之一，其灵活性、反应性具有不可替代的作用。

直升机救援在交通和工具属性上属于航空业的范畴，在应用上根据具体场景属于应急管理、医疗卫生等多个领域，要深入理解直升机救援需要从其航空属性、应用属性上分别加以了解，从而更加全面理解直升机救援的内涵和外延。我们可以经常看到航空应急救援、航空医疗救援、直升机搜救、空中灭火等词语，是针对不同应用场景所涉及的用词，但统一来看都是航空＋救援，因此本书对使用直升机的各类救援都称为直升机救援。

1.1 通用航空概述

1.1.1 航空业基本概述

航空救援是采用飞行器开展救援的方式，属于航空作业中的一种。航空是指飞行器在地球大气层（空气空间）中的飞行（航行）活动，以及与此相关的科研教育、工业制造、公共运输、专业作业、航空运动、国防军事、政府管理等众多领域。通过对于空气空间和飞行器（航空器）的利用，航空活动可以细分为众多独立的行业和领域，从产业链的上下游分，可分为航空制造业、航空应用业；从对航空器的应用分，可分为军用航空、民用航空等（见图 1 - 1）。

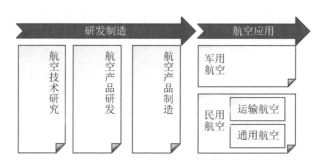

图 1 - 1　航空活动的分类

航空制造业是整个航空业的基础，也是机械制造领域的一个重要部门，它研究和使用最新的技术，制造出适用于各种目的的航空器以及配套设备，供军用航空、民用航空使用。

军用航空是利用航空器用于军事目的，从事保卫国家，以及维护国家内部稳定的各种航空活动。民用航空是利用航空器从事军事性质以外的所有航空活动总称，民用航空又分为运输航空和通用航空。运输航空是指利用航空器进行经营性的客货运输的航空活动，比如常见的航空公司（国航、东航、南航等）运营模式；而通用航空是除运输航空外的所有民用航空活动。

从事飞行活动的飞行器，也称航空器。按照是否载人，可以分为有人机和无人机。按照产生升力原理的不同分为轻于空气的航空器和重于空气的航空器两类。前者依靠空气静浮力升空，如气球、飞艇等；后者依靠与空气作相对运动产生的空气动力升空，其中根据构造特点不同又分为固定翼航空器、旋翼航空器等（见图 1 - 2）。

（1）固定翼航空器，主要由固定的机翼产生升力。飞机是最主要的、应用范围最广的航空器。它的特点是装有提供拉力或推力的动力装置，产生升力的固定机翼，控制飞行姿态的操纵面。

（2）旋翼航空器，主要由旋转的旋翼产生空气动力。直升机是最主要的旋翼航空器类型，主要由发动机驱动旋翼，升力和水平运动所需的拉力也都由旋翼产生。

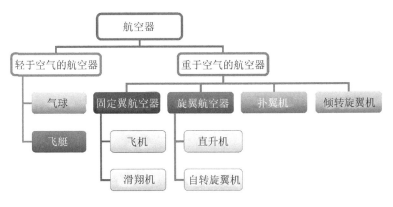

图 1-2　航空器的分类

1.1.2　通用航空基本概述

通用航空是指使用民用航空器从事公共航空运输以外的民用航空活动．包括从事工业、农业、林业、渔业和建筑业的作业飞行以及医疗卫生、抢险救灾、气象探测、海洋监测、科学实验、教育训练、文化体育等方面的飞行活动。从通用航空的定义可以看出通用航空涵盖了生活中的方方面面，可以说是与人民群众最为"贴近"的航空产业。

截至 2022 年 12 月 31 日，我国有 399 家实际在运行的通用及小型运输航空公司，从业飞行人员 3371 名，航空器 2234 架。美国通用航空制造商协会 GAMA 统计数据显示，美国通用航空器数量超过 20 万架。与国外发达国家相比，我国的通用航空活动发展还处于起步阶段。但是，通用航空作为航空业必不可少的组成部分，近年来国家高度重视其发展，2016 年国务院办公厅印发《关于促进通用航空业发展的指导意见》（国办发〔2016〕38 号），2017 年中国民用航空局发布《通用航空发展"十三五"规划》，各级地方政府也积极制定了相应的发展规划，积极促进通航产业发展。民航局"十四五"的总体工作思路是"一二三三四"，即践行一个理念、推动两翼齐飞、坚守三条底线、构建完善三个体系、开拓四个新局面。其中的"推动两翼齐飞"就是推动公共运输航空和通用航空两翼齐飞。

按照我国《通用航空经营许可管理规定》（CCAR-290-R3）的规定，经营性通用航空活动分为三类。

载客类，是指通用航空企业使用符合民航局规定的民用航空器，从事旅客运输的经营性飞行服务活动。

载人类，是指通用航空企业使用符合民航局规定的民用航空器，搭载除机组成员以及飞行活动必需人员以外的其他乘员，从事载客类以外的经营性飞行服务活动。

其他类，是指通用航空企业使用符合民航局规定的民用航空器，从事载客类、载人类以外的经营性飞行服务活动。

载客类经营活动主要类型包括通用航空短途运输和通用航空包机飞行。载人类、其他类经营活动的主要类型由民航局另行规定。

根据民航局规定从事经营性通用航空活动的企业，应当取得通用航空经营许可，同时通航企业从事通用航空活动还需要取得运行合格证。运行合格证分为两种，分别依据中国民航规章 CCAR-91 和 CCAR-135 进行审定并合格后才可取得。

CCAR 中国民航规章是 Chinese Civil Aviation Regulations 的缩写，共有上百部，为了进行不同类规章的区分，各个规章都带有编号，后边加上"部"，代表具体规章的编码简写。民航内经常以"数字＋部"的方式来表述，比如 CCAR-91 经常可见也称为 91 部。中国民航管理的航空企业都需要按照 CCAR 的要求来建立和规范各自的管理体系，各企业根据不同的业务性质，需要选用不同的规章来进行规范和管理。CCAR-91 和 CCAR-135 的运营单位都属于"通用航空"，多使用小型固定翼飞机或者直升机，其含义分别如下。

CCAR-91 部：中国民航规章体系 CCAR-91 部《一般运行和飞行规则》是为了规范民用航空器的运行，保证飞行的正常和安全制定的。在中国境内（不含香港、澳门特别行政区和台湾地区）实施运行的所有民用航空器（不包括系留气球、风筝、无人火箭、无人自由气球和民用无人驾驶航空器）都应当遵守飞行和运行规定。符合该规章的通航企业开展的业务包括一般商业、农林喷洒、旋翼机外载荷、训练飞行、空中游览等。

CCAR-135 部：中国民航规章体系 CCAR-135 部《小型航空器商业运输运营人运行合格审定规则》（简称"135 部"）是在 CCAR-91 部的基础上，针对小型航空器的商业运营而制定的一系列更为严格的运营规范。CCAR-135 部适用于在中国境内依法设立的航空运营人所实施的下列商业运输飞行：①使用下列航空器实施的定期载客运输飞行：最大起飞全重不超过 5.7 吨的多发飞机、单发飞机、旋翼机；②使用下列航空器实施的非定期载客运输飞行：旅客座位数量（不包括机组座位）不超过 30 座，并且最大商载不超过 3.4 吨的多发飞机，即公务机包机、单发飞机、旋翼机；③使用下列航空器实施的全货机运输飞行：最大商载不超过 3.4 吨的多发飞机、单发飞机、旋翼机。

通用航空运行中还需要机场保障网络的支持，用于开展通用航空业务的机场一般称为通用机场，也称通用航空机场。按照 2017 年民航局发布的《通用机场分类管理办法》，通用机场根据其是否对公众开放分为 A、B 两类。

A 类通用机场：即对公众开放的通用机场，指允许公众进入以获取飞行服务或自行开展飞行活动的通用机场；

B 类通用机场：即不对公众开放的通用机场，指除 A 类通用机场以外的通用机场。

A 类通用机场分为以下三级。

A1 级通用机场：含有使用乘客座位数在 10 座以上的航空器开展商业载客飞行活动的 A 类通用机场；

A2 级通用机场：含有使用乘客座位数在 5~9 之间的航空器开展商业载客飞行活动的 A 类通用机场；

A3 级通用机场：除 A1、A2 级外的 A 类通用机场。

其中商业载客飞行，指面向公众以取酬为目的的载客飞行活动。

1.2 救援相关知识

直升机救援是通用航空在医疗卫生、抢险救灾等任务中的救援应用，其作为任务能力的组成部分需要与整体的救援能力相互协同。救援是处理公共安全事件中的重要环节，对公共安全事件的了解是每个救援人员需要掌握的基本知识。

1.2.1 公共安全与突发公共事件

公共安全是指社会和公民个人从事和进行正常的生活、工作、学习、娱乐和交往所需要的稳定的外部环境和秩序。公共安全事件是 2016 年公布的管理科学技术名词，是对不特定人群及其财产构成威胁的事件。公共安全管理指国家行政机关为了维护社会的公共安全和秩序，保障公民的合法权益，以及社会各项活动的正常进行而做出的各种行政活动的总和。突发公共事件是指突然发生，造成或者可能造成重大人员伤亡、财产损失、生态环境破坏和严重社会危害，危及公共安全的紧急事件。

2006 年 1 月国务院颁布的《国家突发公共事件总体应急预案》规定，根据突发公共事件的发生过程、性质和机理，突发公共事件主要分为以下四类（见图 1－3）。

自然灾害。主要包括水旱灾害，气象灾害，地震灾害，地质灾害，海洋灾害，生物灾害和森林草原火灾等。

事故灾难。主要包括工矿商贸等企业的各类安全事故，交通运输事故，公共设施和设备事故，环境污染和生态破坏事件等。

公共卫生事件。主要包括传染病疫情，群体性不明原因疾病，食品安全和职业危害，动物疫情，以及其他严重影响公众健康和生命安全的事件。

社会安全事件。主要包括恐怖袭击事件，经济安全事件和涉外突发事件等。

自然灾害

事故灾难

公共卫生事件

社会安全事件

图 1 - 3 突发公共事件的分类

上述四类突发公共事件分别由不同的部门进行管理和处置，在国家层面分别由应急管理部、国家卫生健康委员会、公安部根据职责开展相应工作。

（1）应急管理部：组织编制国家应急总体预案和规划，指导各地区各部门应对突发事件工作，推动应急预案体系建设和预案演练。建立灾情报告系统并统一发布灾情，统筹应急力量建设和物资储备并在救灾时统一调度，组织灾害救助体系建设，指导安全生产类、自然灾害类应急救援，承担国家应对特别重大灾害指挥部工作。指导火灾、水旱灾害、地质灾害等防治。负责安全生产综合监督管理和工矿商贸行业安全生产监督管理等。

（2）国家卫生健康委员会：负责卫生应急工作，组织指导突发公共卫生事件的预防控制和各类突发公共事件的医疗卫生救援。

（3）公安部：根据 2017 年 11 月施行的《中华人民共和国突发事件应对法》规定，社会安全事件发生后，组织处置工作的人民政府应当立即组织有关部门并由公安机关针对事件的性质和特点，依照有关法律、行政法规和国家其他有关规定，采取相应应急处置措施。

1.2.2 应急管理基本概述

应急管理是指政府、企业以及其他公共组织，为了保护公众生命财产安全，维护公共安全、环境安全和社会秩序，在突发事件事前、事发、事中、事后所进行的预防、响应、处置、恢复等活动的总称。应急管理的过程包括预防、准备、响应、回复四个阶段。

根据系统工程的理论，应急管理需要有一套应急管理体系支撑，这个体系是由相互有机融合的众多系统依据一定的规则构成的一个整体。中华人民共和国成立以来，我国应急管理体系的演变和发展大体经历了三个阶段：单灾种应对为主的应急管理体系（1949—2003 年）、以"一案三制"为核心的应急管理体系（2003—2012 年）、以总体国家安全观为统领的应急管理体系（2012 年至今）。

2003 年"非典"以后，突发事件应急管理实现了从单一的抗灾救灾向综合性的应急管理转变，提出了应急管理"一案三制"建设，即应急预案建设和应急管理体制、机制和法制的建设。

应急预案即预先制定的紧急行动方案，指根据国家和地方的法律、法规和各项规章制度综合本部门、本单位的历史经验、实践积累和当地特殊的地域、政治、民族、民俗等实际情况，针对各种突发事件而事先制定的一套能切实迅速、有效、有序解决突发事件的行动计划或方案，从而使政府应急管理工作更为程序化、制度化，做到有法可依、有据可查。应急预案是针对可能发生的突发事件，为迅速、有效、有序地开展应急行动，政府组织管理、指挥协调应急资源和应急行动的整体计划和程序规范。

应急管理体制（或称应急体制，也称行政应急管理体制）是行政管理体制的重要组成部分。通常是指应急管理机构的组织形式，也就是综合性应急管理机构、各专项应急管理机构以及各地区、各部门的应急管理机构各自的法律地位、相互间的权力分配关系及其组织形式等。

应急管理机制可以界定为：突发事件预防与应急准备、监测与预警、应急处置与救援以及善后回复与重建等全过程中各种制度化、程序化的应急管理方法与措施。从内涵看，应急管理机制是一组以相关法律、法规和部门规章等为基础的政府应急管理工作流程；从外在形式看，应急管理机制体现了政府应急管理的各项具体职能；从功能作用看，应急管理机制侧重在突发事件防范、处置和善后处理的整个过程中，各部门和单位如何通过科学地组织和协调各方面的资源和能力，以更好地防范与应对突发事件。

应急管理法制指应急管理法律、法规和规章，即在突发事件引起的公共紧急情况下处理国家权力之间、国家权力与公民权利之间、公民权利之间各种社会关系的法律规范和原则的总和，其核心和主干是宪法中的紧急条款和统一的突发事件应对法或紧急状态法。

2012 年以党的十八大为开端，以习近平同志为核心的党中央提出了一系列治国理政的新理念、新思想、新战略，形成了新时代中国特色社会主义思想，为深化应急管理体制改革指明了方向。以 2013 年中央国家安全委员会成立和 2014 年"总体国家安全观"的提出为标志，我国开始从国家战略的高度来决策部署应急管理工作。2018 年成立应急管理部为重要时间，开启了应急管理体系建设的新篇章。自此，我国围绕全面应对四大类突发公共事件，开始建立由一个或多个强有力的核心部门进行总牵头、各方协调配合的全面整合应急资源的应急管理体制。

目前，我国应急救援力量主要包括国家综合性消防救援队伍、各类专业应急救援队伍和社会应急力量，军队非战争军事行动力量纳入国家应急力量体系建设。其中，国家综合性消防救援队伍，主要由消防救援队伍和森林消防队伍组成，是我国应急救援的主力军和国家队，承担着防范化解重大安全风险、应对处置各类灾害事故的重要职责。各类专业应急救援队伍主要由地方政府和企业专职消防、地方森林（草原）防灭火、地震和地质灾害救援、生产安全事故救援等专业救援队伍构成，是国家综合性消防救援队伍的重要协同力量，担负着区域性灭火救援和安全生产事故、自然灾害等专业救援职责。另外，交通、铁路、能源、工信、卫生健康等行业部门都建立了水上、航空、电力、通信、医疗防疫等应急救援队伍，主要担负行业领域的事故灾害应急抢险救援任务。社会应急力量属于社会化组织或机构，依据人员构成及专业特长开展水域、山岳、城市、空中等应急救援工作；同时，一些单位和社区建有志愿消防队，属群防群治力量。人民解放军和武警部队是我国应急处置与救援的突击力量，担负着重特大灾害事故的抢险救援任务。

1.2.3 卫生应急及急救基本概述

卫生应急是指在突发公共卫生事件发生前或出现后，采取相应的监测、预测、预警、储备等应急准备，以及现场处置等措施，及时对产生突发公共卫生事件的可能因素进行预防和对已出现的突发公共卫生事件进行控制；同时，对其他突发公共事件实施紧急的医疗卫生救援，以减少其对社会政治、经济、人民群众生命安全的危害。在各类突发事件的处置中，首要的两大任务就是保障公众的生命安全和财产安全，其中生命安全重点就要实现人员的脱困、抢救、转移等任务，因此，对人员的抢救是应急处置中必不可少的工作。

卫生应急工作的首要目标是预防突发公共卫生事件的发生，尽可能地将突发公共卫生事件控制在萌芽状态或事件发生的初期。当突发公共卫生事件出现后，卫生应急机制应能及时动员相关资源和技术力量，将突发公共卫生事件迅速控制在有限的范围内，减少对公众健康的影响。

急救即紧急救治的意思，是指当有任何意外或急病发生时，施救者按医学护理的原则，利用现场适用物资临时及适当地为伤病者进行的初步救援及护理，然后从速转到专业的医疗人员开展抢救。日常生活中在需要急救时所拨打的 120 是全国统一的急救号码，拨打 120 后有专业的医护快速前往现场开展急救。

急救体系作为医疗卫生服务体系中的构成部分，是一个复杂、庞大的系统工程，是由院前急救、院内急诊、急重症监护构成的整体性病患急救服务体系。其中，院前急救一般理解为急救人员针对各种意外伤害、创伤或急症，在到达医院之前，为防止病情恶化而对患者采取的一系列急救措施。同时，在急救体系中会涉及医疗转运的概念。由于医疗资源的差异，需要在不同实体间（院前—院内、医院间、科室间）将病患从一地转移到另一个地诊疗，采用汽车、飞机等多种方式的转运都称为医疗转运。

急救与卫生应急在概念上有所不同，具体体现在以下方面。

（1）概念维度上不同。急救是医疗术语维度的表述；卫生应急是在公共安全管理的维度表述。

（2）处理事件类型不同。急救面向的一般是个体或少数的人员伤病情况，伤患以外的环境影响因素多数较为单一；卫生应急面向的是突发公共安全事件，所面对的环境影响因素多。

（3）任务的频次不同。急救任务是对人民群众的伤病救护，在日常生活中需要常态化执行；卫生应急任务只有在发生突发公共安全事件时才开展。

（4）处置力量的规模不同。急救因为任务较为单一，所以多数情况下急救力量人数及规模较小；卫生应急因为突发事件影响等因素，所以参与应急处置人数较多，参与处置及要协同的救援力量具有多样性的特点。

综上所述，急救和卫生应急是两种任务类型，但是又有相关性。卫生应急处置事件中一般会有急救活动的开展，但不是所有急救任务都是卫生应急处置事件的任务。

不论卫生应急还是急救任务，其中涉及人员抢救、救治、健康防护等方面的任务都是由卫生管理部门以及医疗机构来完成的。在政府层面的管理是各级卫生健康委员会，急救任务的执行是各地急救中心（站）和医院等机构。

1.3　直升机救援通识

通用航空任务中的医疗卫生、抢险救灾是很重要的应用场景，一般用于此类任务中的飞行任务称为航空救援。在救援面对时间紧迫、地面或水面交通无法快速到达的情况下，为执行各类救援任务会使用飞行器执行救援任务，所使用的飞行器包括直升机、固定翼飞机、无人飞行器等，这些都可以称为航空救援。直升机作为各类航空器中最为机动、灵活的航空器，在救援中大量使用，是航空救援中最主要使用的航空工具。

1.3.1　概念理解

针对不同的应急或医疗应用场景，直升机救援的概念会略有不同，但其核心都是使用直升机开展的救援工作。

在医疗场景中所提到的急救是常态化的医疗救护服务。根据民航局《直升机医疗救援服务》（AC－135－FS－2018－068）文件的定义，运营人使用直升机将病患从事发现场运送到医疗卫生场所经审定合格或运营人预先检查过的起降场地（事故接应点），并在两个同类地点中（中间场所）进行运输，称为直升机医疗救援服务。2019年3月，国家卫生健康委员会和中国民用航空局联合印发《航空医疗救护联合试点工作实施方案》，提到由医疗机构和通航企业共同开展航空医疗救护试点，因此针对医疗急救的直升机救援也称为直升医疗救护。国外对直升机医疗救护称为直升机紧急医疗服务（Helicopter Emergency Medical Service，简称 HEMS）。

由此可见，医疗急救与应急救援中所提到的直升机救护或救援在任务属性上有所不同，但本书从航空作业属性的角度出发，直升机医疗救护与直升机救援作业具有相似性，统一纳入直升机救援的范畴进行讲解。因此，本书中直升机救援的概念是指采用直升机及专业设备开展的各类救援或救护工作。在后续章节中如不涉及特定应用场景，统一使用直升机救援来表述。直升机救援在军用领域也同样得到大量应用，包括战场环境的伤病员后送、训练中的官兵搜救等，但在本书中不作专门介绍。

1.3.2 任务类型

根据直升机救援的应用任务类型，可分为两大类场景多种任务。

1. 应急救援

侦察监测：直升机配载光电、无线电探测设备，开展救援区域的航拍、勘测、测绘、监测等任务，将相关信息传送指挥系统，为评估救援现场态势、指挥决策提供支持。

指挥调度：救援指挥人员乘坐直升机飞临突发事件现场，了解现场情况、发展趋势和救援救灾工作进展，对地面救援工作实施空中指挥。

搜索救援：用直升机对被救人员进行空中搜寻、定位，并将专业救援力量、救援器材投送到现场开展救援，对被救人员开展营救并快速运送到安全地点。在搜救任务中由于涉及不同的地理条件，还可分为海上搜救和陆地搜救。英文常见的说法是 Search And Rescue，简称 SAR。

消防灭火：利用外挂吊桶、机载水箱、机载水炮等设备，对森林、草原、建筑等特殊火灾实施空中喷洒灭火剂等作业，及时控制火灾险情。

紧急运送：通过直升机空投、空运、吊运、索降等方式，快速向救援现场投送救援力量、救援装备和物资，同时对救援现场人员进行转移。

应急通信：通过配载通信中继设备，在救援现场通信链路中断的情况下，利用直升机建立空中基站、中继平台，保障救援情况下的应急通信。

2. 医疗救护

考虑医疗或急救服务中会涉及专业医疗急救人员快速运抵现场，以及器官、急救设备快速转运的需求，同时根据《航空医疗救护联合试点工作实施方案》，将医疗救护分为医疗急救与医疗转运。在英文中常见说法为 Emergency Medical Service，简称 EMS。具体任务可分为三类。

医疗急救：使用直升机将病患从事故或发病现场转移至医疗机构的飞行活动。

医疗转运：使用直升机将伤病者从一个安全地点转移到另一个安全地点的飞行活动，通常指医疗机构间的转运。

医疗资源运送：使用直升机将专业医疗急救人员、医疗资源快速运到救援现场，开展第一时间救治；或根据需要进行器官、医疗器材、医疗物资的转运。

上述分类是按照救援或救护的任务类型进行分类。从直升机作业角度出发，救援任务中常见的任务包括以下五类。

（1）运输作业：包括常见的救援人员、医疗人员、救援物资、救援器材等通过机舱装载，从一点起飞到另一点降落的运输作业。

（2）外吊挂作业：通过直升机机腹吊挂设备外挂各类器材开展救援作业，包括吊桶灭火、大型救援装备吊挂运输、吊挂平台人员运输等任务。

（3）外载荷作业：直升机配置外部光电吊舱、灯光照明等机载设备的作业，包括现场图像采集、空中搜索等任务。

（4）绞车作业：直升机配置专用绞车及配套设备，通过专业人员操作开展救援人员或设备、物资的悬停投送及进出舱作业。

（5）索降作业：直升机配置索降绳救援器材，开展救援人员在救援现场的悬停快速下降作业。

1.3.3　使用特点

如果你在世界上任何地方遇到麻烦，一架飞机可以飞过并放下鲜花，但直升机可以降落并拯救你的生命。

——伊戈尔·西科斯基（西科斯基公司创始人）

直升机具有可低空飞行、悬停作业、起降场地条件限制少等特点，因此在救援任务中具有突出的使用特点，表现在以下几方面。

1. 快速性

相较地面救援方式，尤其在突发自然灾害道路交通受阻的情况下，直升机可快速飞临救援现场，并通过悬停飞行或适宜场地的起降来投放救援力量，达到快速救援的目的。

2. 灵活性

直升机的悬停飞行、低空飞行特点，再搭配各类机载救援装备，使得直升机救援不仅可作为运输工具使用，还可开展各类现场的救援任务，因此使得直升机救援在实际救援任务中具有各种灵活的作业方式。

3. 多要素性

直升机救援作为陆空水立体化救援的有机组成部分，使用有其特定条件。任务中需要综合考虑各类协同救援要素的能力，才能达到整体救援任务的高效率。例如在医疗急救任务中，在病伤患者上机前要有充分的医疗准备，登机前要在地面尽可能完成所必需的医疗操作和治疗，使病伤患者病情基本稳定，保证飞行途中只需要进行维持医疗，尽量减少空中医疗护理操作。因此，直升机救援在使用中必须考虑其整体多要素性的体系特点。

此外，直升机救援的使用不能单纯考虑直升机的飞行要素，为了保证直升机任务的有效执行，还需要考虑直升机救援中地面保障、任务保障等综合性因素。比如为了实现直升机救援的体系化运行，还需要综合考虑空地一体化的指挥、完善的直升机运行地面保障网络、富有经验的专业直升机救援队伍等要素建设，这就涉及直升机救援体系的整体化设计和建设。直升机救援体系概括来说是指直升机救援工作相关的体制、机制、法制以及符合要求的队伍、飞行器、设备等。

1.3.4 作用意义

随着国家经济的飞速发展和社会的不断进步，直升机救援力量正成为应急救援、医疗急救中必不可少的组成部分，对全面加强国家公共安全服务能力、有效应对突发公共安全事件、践行总体国家安全观具有重要作用和意义。其作用意义具体体现在以下方面。

1. 满足人民日益增长的美好生活需要的体现

现阶段，我国社会主要矛盾是人民日益增长的美好生活需要和不平衡不充分的发展之间的矛盾。其中，人民美好生活的含义日益广泛，不仅是对物质生活的追求，而且安全方面的要求也日益增长。当前，城乡发展不平衡、区域发展不平衡，特别是东西部的发展不平衡。在广大西部地区由于地广人稀的先天条件，因此优质的应急、医疗等政府公共服务资源如果采用撒网式建设，将面临巨大的难度。

通过直升机救援以及航空救援的方式，借助航空工具，可促进救援力量的优化配置，有效弥补公共服务资源的配置差异化问题，即利用直升机的快速、灵活救援可实现飞行范围内城镇优势公共服务资源到下属乡镇村的快速覆盖；利用固定翼飞机的长途、快速运输可实现东西部城市间公共服务资源的共享。依托此方式可在小区域内优化应急、医疗资源的配置，同时可实现东西部区域间公共安全服务资源，特别是专业化救援、急救力量的资源共享。

2. 提高国家公共安全服务整体效益的有效手段

航空的高使用成本给人们带来直升机救援使用成本高的直观感觉，但由于航空的快速性特点，在救援中可发挥显著效果，可起到能力增效器的作用。社会总体公共安全服务体系投入成本将会随之下降，尤其在偏远地区表现尤为明显，主要体现在两个方面。

第一，降低应急处置资源的建设和维护成本。由于人文地理环境的多样性，平铺式建设完全平等的地面应急服务设施、配置大量的专业应急救援队伍难于操作，建设和维护成本大，而利用航空救援可实现专业救援力量和救援装备的集中化建设，通过快速反应建立机动灵活的"特种部队"，以达到专业应急、急救资源的更广域分布。

第二，降低突发事件事后恢复费用。航空救援可实现专业救援力量快速到达现场，实现专业救援资源的有效共享，能在第一时间提高应急处置效率、减少人民生命财产损失，从而降低突发事件后期的处置和恢复费用。在急救层面，通过直升机医疗急救任务的开展，医疗资源可快速抵达现场，可大幅降低急危重症患者后期伤病情恶化的风险，直接减少"因病致贫、因病返贫"情况的发生，降低社会整体的公共成本。

3. 促进救援队伍专业技能提升的重要途径

直升机救援是以航空器为载体开展救援的方式，在任务中面临救援环境更为复杂、队伍技能要求更高的情况，参与直升机救援的机上救援队伍以及地面协同救援队伍面临的突发事件处置时间响应要求更高、任务难度相应更大。因此要求相应的人员具备更高的专业技能、心理素质、团队合作能力，这对促进我国救援队伍、急救队伍的专业化能力提升具有积极意义。

4. 促进航空救援装备技术提升的有效牵引

我国应急产业起步较晚，大部分应急产品技术含量低、缺乏自主创新、关键应急装备依赖进口，尤其在直升机救援装备方面，很大程度依赖进口。装备不足的原因在于产业链上游机构的研发、制造能力，更重要的在于应用层面尚未形成需求牵引，装备研发制造无法获得足够的设计输入。

未来我国直升机救援的常态化运行，可对航空应急救援的装备研发形成最直接的需求牵引，在运行中通过直升机救援技术和装备的持续使用，不断迭代我国航空技术产业的进步，从而形成良好的产研用链条。

5. 促进公共安全服务能力协同发展的重要推手

直升机救援是作为应急管理、卫生急救等方面新引入的救援方式，其体系建设和运行管理涉及航空管理与应急、卫生医疗等管理间的高效协同，因此，直升机救援的体系建设可促进公共服务机构之间的管理协同，任务执行可促进各机构间的能力融合。

本书编写组 2018 年起参加了内蒙古自治区巴彦淖尔市航空医疗救护体系的建设和运行（详见第 8 章），充分体会到由于航空救援的引入给当地公共安全服务带来的积极意义。

首先，在跨部门合作方面，当地唯一的三甲医院巴彦淖尔市医院与当地120 指挥中心、交警、保险、旗县政府签订合作协议，在实际任务中相互磨合形成有效的工作机制，提高了当地整体的公共服务水平，特别是提高了重大安全事件的处理能力。

其次，在急救体系建设方面，巴彦淖尔市医院依托直升机空中急救，为每个二级医疗机构和乡镇卫生院布置绿色空中黄金半小时救援通道，与基层医疗机构形成了很好的互补。用直升机救援有效的建立了与基层医院的急危重症转诊协作。

最后，在航空运行管理方面，由于面临飞行任务地点的不确定性，巴彦淖尔市常态化开展空中急救，促进了当地民航空管、军航空管对通航企业飞行管理能力的提高，对支撑我国通航飞行管理模式的提高起到积极促进作用。

1.4　直升机救援发展

1.4.1　发展历史

自 1903 年莱特兄弟首次试飞世界第一架飞机以来，飞行器很快在各类救援救护事件中应用。第一次世界大战期间，相关国家开始使用军用飞机空运伤病员，空运救护主要用于转运少量的受伤士兵或飞行员。美国和法国的空运救护于此时起步，专用于空运伤病员的飞机也随之诞生。第一次世界大战之后，空运救护进一步发展，能安全有效地长距离运送伤病员。此阶段的空运救护虽然主要针对受伤士兵，但民用救护也得到了发展。1922 年，法国军队成立了由 6 架飞机组成的飞行梯队，成功运送了 2200 名受伤士兵，法国成为空运救护领域的先行者。1934 年，澳大利亚成立了航空医疗服务组织，由此带动了空运救护的发展。第二次世界大战期间，高空飞行环境对伤病员的生理影响备受关注，空运救护的主要职责为运送大量病情平稳的伤病员。1940年，美国空中医疗救护梯队成立，并提出必须配备训练有素的军队护士。随后，空运救护转成了仅服务于军队的角色，开始用于常规转运服务。

同一时期，森林消防也开始使用航空器开展作业。1917 年，美国林务局开始使用飞机在加利福尼亚地区开展巡护飞行，这标志着美国第一次使用飞机进行森林防火。1925年，美国开始开展森林航空消防空中摄影。1929年，美国开始给地面扑火队员空投火场照片，为地面扑火指挥提供决策依据。1934年，美国林务局R4区的林业学者在森林航空消防中提出开展伞降灭火业务。1939年春天，美国林务局森林航空消防灭火试验项目进行伞降扑火队员试验。1940年，美国林务局在航空森林消防中正式开展伞降业务，当年共计伞降9个火场，为森林火灾的早期扑救节约了大约3万美元，这个数字是筹建森林航空消防伞降项目的三倍多。1941年，美国林务局伞降共跳了10跳，期间只有一场火失控。伞降扑火项目在扑救森林火灾节约成本方面得到了公认，展现了伞降灭火的真正价值。

但是，由于飞机必须依赖有跑道的场地起飞，而且不能实现超低空、悬停等飞行作业，因此在可以批产实用的直升机出现前，航空救援作业主要承担的是空运、空投等任务。随着1942年第一架量产直升机西科斯基（Sikorsky）研制的R-4直升机（见图1-4）交付使用后，直升机救援也开始进入人们的视野。

图1-4　伊戈尔·西科斯基演示加装了悬挂式救援绞盘的R-4直升机

图片来源：维基百科

二战期间直升机开始应用于战场搜救。与航空救援一样，直升机救援也在战争中开始应用，1944年4月，有史以来第一次直升机救援出现了。一架西科斯基YR-4B直升机由美国陆军少尉Carter Harman驾驶，成功实施了三名英军伤病员的空运后送。1945年4月，R-6直升机远涉重洋，不远万里辗转来到中缅印战场。同年5月，美军第8紧急救援中队在中国昆明成立。这是世界上首支战搜直升机中队，主要执行陆上救援任务。在三个多月内，该中队共执行了110次救援任务，并成功营救了43名机组人员。

在森林消防方面，随着西科斯基量产直升机的诞生，美国在 1943 年就探索直升机在森林消防中的作业。1946 年 6 月，贝尔 47 直升机首次执行了森林火情侦察任务。1947 年，洛杉矶国家森林公司（Angeles National Forest）是第一家采用直升机执行全面消防任务的公司。

　　二战后，直升机救援又有了长足进步。1950 年 8 月，配备有两架外部担架的贝尔 47 直升机首次在韩国完成超过 2 万人员的医疗后送。在越南战争中，"急速撤离行动"（Operation Dust-Off）撤离了将近 100 万名伤员。该行动命名为"Dust-Off"的原因就是因为直升机旋翼所吹起的大量尘土。这一阶段，直升机加装了大量的专业急救设备，包括抽屉式担架和充气担架、氧气面罩、床头灯、个人污物袋、叫人铃、警灯、给氧和抽吸设备等，同时机上卫生装备向制式化标准化方向发展。进入 20 世纪八九十年代以后，伤病员救护直升机在原有的基础上得到更进一步发展，体系日臻完善。

表 1-1　直升机医疗救护重要历程

年份	国家	事件
1952 年	瑞士	瑞士成立全球第一个高山直升机救援服务
1952 年	瑞典	瑞典第一次用直升机配备担架转运平民
1970 年	德国	德国慕尼黑的德国汽车俱乐部 ADAC 投入使用第一架空中救援直升机
1972 年	美国	美国科罗拉多丹佛圣安东尼医院成立第一个基于医院的直升机项目
1972 年	德国	德国空中救援队（DRF）成立，1973 年正式开展直升机紧急医疗服务
1976 年	南非	南非由公共部门资助的一家服务机构，开展直升机紧急医疗服务
1977 年	挪威	挪威 Norsk Luftambulanse 公司成立，开展直升机紧急医疗服务
1987 年	英国	英国康沃尔郡的空中救护公司成为英国第一家专门的直升机紧急医疗服务机构
1992 年	芬兰	芬兰在首都赫尔辛基成立首个直升机紧急医疗服务队
1992 年	意大利	紧急航空医学转运开始在意大利逐渐普及，国家政府提供资金在全国范围内开展基于区域的直升机紧急医学服务
1993 年	土耳其	土耳其的红星航空直升机急救服务公司成立，执行医疗转运任务
1995 年	荷兰	荷兰的直升机紧急医疗服务在阿姆斯特丹自由大学医学中心启用
2001 年	日本	日本正式启动直升机紧急医疗服务
2019 年	中国	中国民航局、国家卫健委联合开展航空医疗救护试点工作

1.4.2 国外概述

国外发达国家和部分发展中国家已经建立了完善的航空救援体系，服务于卫生急救、空中消防、搜索救援等服务。本节根据公开资料对主要国家航空救援发展情况进行概述，因为各国发展均涉及直升机及固定翼飞机的救援，为使读者能有较为全面了解，故在本节对各国航空救援总体情况进行概述。

1. 美国

经济水平以及通用航空产业的发达，使得美国有了世界上最优质的空中救援发展的沃土。同时，人口、经济、消费等区域性集中，带来了对高质量的安全保障需求，促使美国构成了发达的空中救援模式。

美国由于航空工业发达，航空器装备量大，其主要航空救援力量包括美国空军、海岸警卫队、民用航空队及其他社会力量等。其中美国海岸警卫队是美国的一个特殊兵种，它执行救生、保护国家财产、执行法律、实施科学调查和保卫国家安全等方面的任务，是美国的一支重要的救援力量。民用空中巡逻队（CAP）是美国的一家非营利性社会慈善组织，也是美国空军的一支辅助力量，主要任务是应急服务、航空教育和学员培训等；应急服务方面包括搜索与救援、防灾运输、血液及人体组织医疗物资运输等任务，在空军救援协调中心指挥下，承担着85%以上的联邦内部搜救任务。

在森林消防方面，美国林务局森林航空消防局利用飞机完成各种林业工作任务，包括业务人员的运输、科研、植被恢复、执法支持、空中摄影、红外探火、森林火灾的预防和扑救。但美国森林航空消防的主要任务还是通过各种方式支持地面扑火队员，主要包括伞降、索降、运送扑火队员和扑火物资、巡护飞行、火场侦察和航空化学载液灭火。美国林务局还利用飞机来进行森林病虫害防治，包括林木病虫害侦查、病虫害遥感和空中勾绘病虫害发生区域等业务。美国林务局在9个大林区分别有96个直升机基地；4个单引擎固定翼飞机基地；7个伞降灭火基地；44个航空化学灭火基地；其中有20个全功能基地，而且其所有森林航空消防基地都设有卫星林火监测中心。

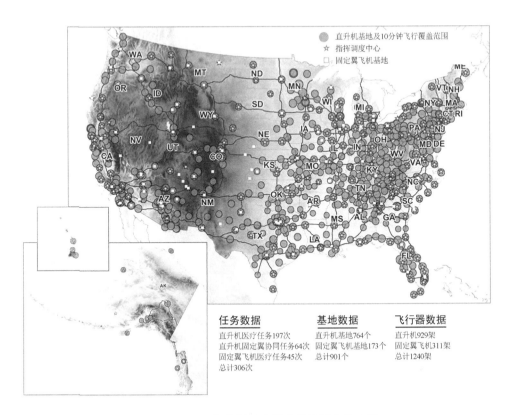

图 1 - 5　**2011 年美国航空医疗救援网点的布局**

资料来源：Atlas and Database of Air Medical Services（ADAMS），9th Edition

　　1972 年，美国建立第一个基于医院的直升机项目后，在初期发展缓慢，但到了 20 世纪 80 年代末期实现稳步发展，共有 32 个直升机医疗救援项目、39 架专用医疗直升机；1985 年，项目数量和直升机数量都已经过百；2019 年，美国专用医疗直升机已经达到 1115 架，由 303 个服务机构运营，直升机医疗救护基地 959 个。其运行收入来源主要为医疗保险（20%）、商业保险（35%）、政府提供/社会捐款/个人支付（45%）。从布局上主要考虑两个要素：覆盖人口聚集地、覆盖主要交通网络。

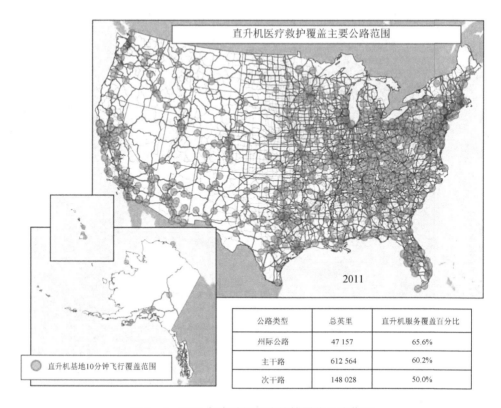

公路类型	总英里	直升机服务覆盖百分比
州际公路	47 157	65.6%
主干路	612 564	60.2%
次干路	148 028	50.0%

图1-6 2011年直升机医疗救护覆盖公路范围

资料来源：Atlas and Database of Air Medical Services（ADAMS），9th Edition

随着该行业的发展，美国成立了数个相关组织机构，以满足该行业众多专业人士的需求，包括：

航空医学服务协会（AAMS）；

空中和地面转运护士协会（AMPA）；

美国国家航空医学通信专家协会（NAACS）；

美国EMS飞行员协会（NEMSPA）；

国际飞行与重症护理护理人员协会（IAFCCP）；

医疗转运系统认证委员会（CAMTS）。

2. 澳大利亚

澳大利亚由于大部分地区人口稀疏，而且四周环海，所以航空救援发展较为完善，在应用类型上包括海上救援、医疗救助、消防灭火。

在海上救援方面，由澳大利亚海事安全局（Australian Maritime Safety Authority，简写 AMSA）进行管理，AMSA 负责本国海事安全、海事环境、海事救援等事务的管理。AMSA 通过采购服务的方式建立了航空搜救服务能力，包括专用的航空救援能力和基于事件的航空救援能力，根据具体能力分为四种类型，提供 7×24 小时的救援服务。1997 年，AMSA 和澳大利亚航空管理局联合成立联合救援协调中心（JRCC），该中心为海事、航空提供搜救协调服务，并协助警方处理陆上事件，中心位于澳大利亚首都堪培拉。

表 1 - 2　澳大利亚 AMSA 航空服务能力分类

救援能力	说明
1 类	具备固定翼飞机及机组的专用救援能力，执行补给投送、引航、搜索任务
2 类	具备直升机及机组救援能力，已为澳大利亚或州/地区政府提供 EMS（紧急医疗服务）和 SAR（搜索与救援）服务，基于事件响应的机制参与救援、引航、搜索、有限补给投放，并可在海洋污染事件中承担指挥和控制。可执行吊运以及操作分散剂桶的任务
3 类	具备直升机及机组救援能力，已为企业、澳大利亚或州/地区政府提供 SAR（搜索与救援）服务，基于事件响应的机制参与救援、引航、搜索、有限补给投放，并可在海洋污染事件中执行指挥和控制任务。可执行吊运以及操作分散剂桶的任务
4 类	具备固定翼飞机及机组的救援能力，基于事件响应的机制提供服务，执行引航、搜索任务，可在海洋污染事件中执行指挥和控制任务
补充能力	具备固定翼飞机或直升机及相应机组的救援能力，基于事件响应的机制提供服务，执行搜索任务
运输和后勤能力	具备固定翼飞机飞行能力，基于事件响应的机制提供服务，可将 AMSA 工作人员及装备从堪培拉运送到澳大利亚境内事故现场附近的机场

在消防灭火方面，澳大利亚建立了国家级以及各州的空中消防力量。2003年，成立了国家航空消防中心，以对全国的航空森林消防作业进行协调指挥；同时通过采购服务的方式建立了国家航空消防队，以补充各州的航空消防力量，国家航空消防队的机队数量约为 150 架。大多数州和地区在其航空消防力

量技术建设中不拥有任何飞机,而是选择采购服务的方式进行包机服务,或在火灾危险季节服务期间需要随时租赁。只有西澳大利亚州是一个例外,因为其面积和地形多样性挑战需要有一个全年的快速反应航空消防力量。澳大利亚全国的航空消防救援力量约为 500 架飞机及直升机构成。

图 1 - 7　澳大利亚航空消防机队图谱
资料来源:National Aerial Firefighting Fleet

　　在紧急医疗服务方面,澳大利亚在 20 世纪 30 年代开始发展航空医疗救援服务以来,已经建立覆盖全国的航空医疗救护体系。由于其地广人稀的特点,航空医疗救护服务形成了固定翼飞机和直升机共同使用的特点,各州的直升机和固定翼飞机配置数量和比例各有不同。澳大利亚政府主要通过政府采购服务的方式来构成航空医疗救援飞行能力和网络,对澳大利亚的居民提供免费的航空医疗救护服务。航空医疗服务的目的是为生活、工作和旅行在澳大利亚农村和偏远地区的人们,提供紧急的医疗运送任务以及其他必要的健康服务。其中主要的航空医疗救护服务公司包括皇家飞行医生(RFDS)、Care Flight、Life

Flight 等，其主要的经费来源是政府采购服务经费（超过 50%）。

澳大利亚的航空救援体系中，政府采购服务是建立其力量的重要方式，非营利性组织和企业性质的航空救援专业服务机构在整个航空救援体系中发挥了极其重要的作用。下表列出了澳大利亚主要的非营利性组织和企业性质的航空救援服务机构。

表 1 - 3　澳大利亚航空救援部分服务机构

机构名称	服务类型	机构性质	机队类型
Westpac Rescue Helicopter Services	海上救援	非营利性组织	直升机
The Westpac Lifesaver Rescue Helicopter Service	海上救援	非营利性组织	直升机
Royal Flying Doctor Service	医疗	非营利性组织	固定翼
Care Flight	医疗	非营利性组织	固定翼 直升机
Life Flight	医疗	非营利性组织	固定翼 直升机
St Johns Ambulance	医疗	非营利性组织	直升机
Cobham Aviation Services Australia	海上救援	企业	固定翼 直升机
Skytraders	海上救援	企业	固定翼
Babcock Mission Critical Services Australasia	医疗、海上 救援、消防	企业	直升机
CHC Helicopters	医疗、海上 救援、消防	企业	直升机
Toll Group	医疗、海上救援	企业	直升机
Australian Corporate Jet Centres	医疗	企业	固定翼
Coulson Aircrane Ltd.	消防	企业	固定翼 直升机
Kestrel	消防	企业	固定翼 直升机
McDermott Aviation	消防	企业	固定翼 直升机
Microflite Helicopter Services	消防	企业	直升机
United Aero Helicopters	消防	企业	直升机

3. 德国

德国是世界上最早建立直升机应急救援体系的国家。20 世纪六七十年代，

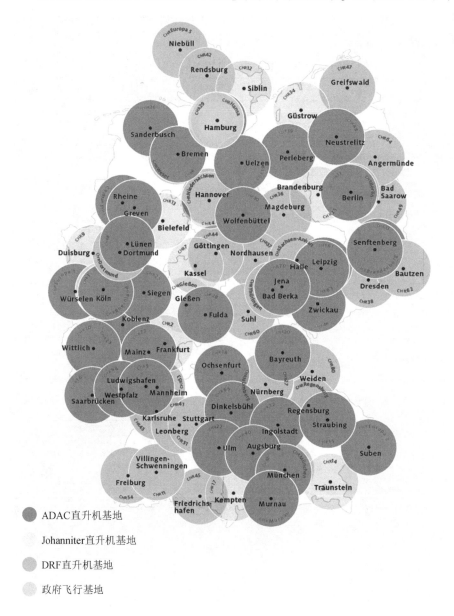

ADAC直升机基地

Johanniter直升机基地

DRF直升机基地

政府飞行基地

图 1-8 德国直升机救援基地分布

资料来源：ADAC 网站

居高不下的交通事故致死（残）率与《德国联邦搜救法》的颁布实施，促成了德国直升机应急救援体系的建设。目前德国直升机应急救援由联邦政府、军队、民间与企业共同组成，由联邦内政部下属的联邦民众保护与灾害救助局负责管理。到 2022 年德国有 80 多个航空救援基地。全德汽车协会（Allegemeiner Deutsche Automobile Club，ADAC）、德国飞行救助队（German aviation rescue guard，DRF）、德国政府飞行大队和约翰尼特事故救援组织（johanniter-accident-care，JUH）是其中最具代表性的机构。

ADAC 是德国最大的直升机应急救援提供商，有 37 个基地，50 多架救援直升机，每年任务量约 5.4 万次。多数基地备勤时间是从日出到日落，每个基地工作半径 50 到 70 公里，有三个基地是 24 小时备勤基地。

DRF 是欧洲最大、最现代化的平民空中救援联盟。在欧洲运行 35 个基地（29 个在德国境内），其中 13 个基地是全天运行的（11 个在德国境内），拥有 50 多架救援直升机。作为非营利性的机构，其拥有 40 多万的捐助会员提供部分运行费用。

4. 瑞士

瑞士是全球开展民用直升机救援较早的国家，通过 70 多年的发展目前拥有世界领先的 7×24 小时空中救援服务能力，也拥有世界最密集的空中救援网络。主要的航空救援组织包括 Rega（13 个基地、19 架直升机、3 架固定翼飞机）、Air Zermatt（3 个基地、11 架直升机）等机构。

瑞士航空救援队 Rega 成立于 1952 年，Rega 源自德语单词 Rettungsflugwacht（意为空中救援服务）及其法文名称 Garde Aérienne（意为空中警卫）。Rega 截至 2022 年拥有 16 架直升机和 3 架救护用喷气式飞机，1 个总部基地（含运行中心、固定翼基地、维护中心）、13 个直升机基地（Rega 1 基地中建有备用运行中心），1 个训练基地，1 个合作基地。直升机基地的分布原则是按照在 15 分钟飞行时间内到达全国任何角落的原则布局的，每年 Rega 所救助的人数超过 11000 人。2021 年直升机任务量 14330 次（其中现场救援任务 8444 次，院间转运/新生儿/器官转运 2854 次，山区农牧民救助 1460 次，非 Rega 医疗任务 1572 次），固定翼飞机任务 980 次。

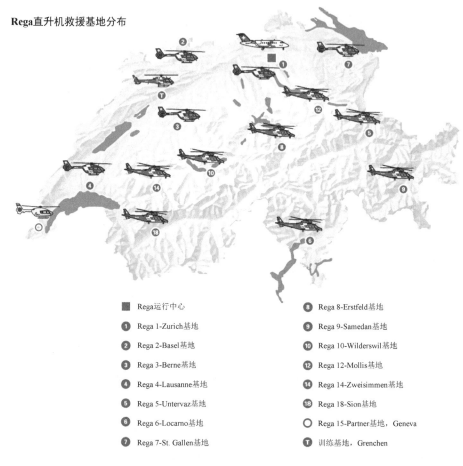

图 1–9 Rega 的直升机基地配置
资料来源：Annual Report 2021

  Rega 作为非营利性机构所有的运营费用都来自社会资助和保险经费，2021 年其运行成本来自社会资助费用的比例为 63.5%，剩下 36.5% 来自医疗、事故、旅游等各类保险费用。Rega 建有一个完善的社会资助系统，可以说 "No patron，No Rega"（没有资助者就没有 REGA）。截至 2021 年，其系统中注册的捐助者为 367.8 万余名，这些捐助者如果使用 Rega 的救援服务，其保险不能覆盖所有成本，Rega 会根据其捐助类型对其救援费用进行免除或降低。

瑞士作为多山内陆国，全国地形高峻，因此 Rega 拥有先进的救援飞行器以及配套设备，以支持其在山区执行各类任务，保证雨雪、夜晚等各种条件下的作业能力。2021 年执行了 2745 次夜间直升机救援任务，超过全年直升机救援任务量的 19%。为了具备这些能力，Rega 采取了一系列技术手段来保证任务执行的高效性，包括以下方面。

（1）采购了具有先进航电系统可实现仪表飞行、全防冰系统的直升机。

（2）实施可提供更多有效气象数据的 Thor 计划，在瑞士全境建设了 60 个气象站和网络摄像头以便全面采集气象数据。

（3）通过全天候直升机飞行训练模拟器，对飞行员进行仪表飞行训练，所有直升机飞行员都需要通过模拟器中的强化训练才能进行实飞训练。

（4）配置先进航电任务系统以实现"指挥中心—直升机"的数据传输，可实现指令的即时发送，未来还可实现地面气象系统与直升机的直接数据传输。

（5）配置飞行员头盔的合成视觉系统，以增强飞行员在恶劣天气下的视觉感知能力。

（6）配置先进光电吊舱以增强直升机空中搜索能力。

（7）采用无人机开展空中搜救作业，采用光电感知以及手机搜索定位技术来搜索地面人员。

（8）配备系列化专业救援装备来保证直升机救援任务执行，包括绞车、救援吊具、固定翼飞机担架搬运板等设备。

（9）建设一主一备运行指挥中心（Rega Center 和 Rega 1 - Zurich base），保证整个指挥调度体系的有效运行。

（10）在全国设有 42 个无线电基站，以建立对大众提供服务的及时呼救网络。

5. 日本

日本航空救援主要由航空消防、航空医疗队伍构成，日本防卫省、自卫队（航空自卫队、海上自卫队、陆上自卫队）、海上保安厅在重大自然灾害的应急救援也会出动直升机参与应急救援行动。日本防卫厅和自卫队建立地震烈度

5级以上出动飞机、派遣自卫队员的参与应对机制。同时，日本保险公司还推出紧急救助卡，让日本民众享有航空紧急医疗等救助服务。

在消防方面，日本消防机关及都道府县都拥有消防防灾直升机，在急救搬运和救助、林野火灾中的空中灭火等活动中取得了很大成效。特别是在因大地震、台风、暴雨引起的水灾或泥石流灾害而导致陆地交通中断的情况下，利用直升机的高速性、机动性等在消防活动发挥着重要的作用。2021年11月1日，在除了冲绳县以外的46个都道府县区域都配备消防防灾直升机，其中消防厅拥有5架，消防机关拥有30架，道县拥有41架，共计76架。

消防防灾直升机在多种救援任务（火灾、救助、急救、情报收集/运送等）中发挥了其能力，2020年全国出动任务5147件。消防防灾直升机的总航行时间为16443小时，其中救援任务出动为4387小时（27%），训练出动为9976小时（61%），其他业务为2080小时（12%）。

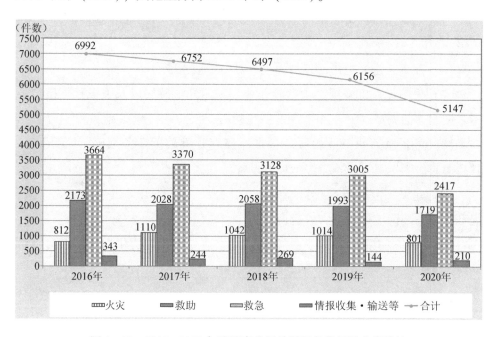

图1-10　2016—2020年消防直升机救援任务数量及分类统计

资料来源：日本消防厅令和3年版消防白皮书

在直升机医疗救护方面，日本对其运送的有效性接收有一个发展过程，最重要的事件是 1995 年的阪神·淡路大地震。在这次地震中，许多建筑物倒塌发生了火灾，产生了大规模的交通障碍。因此，大量救护车等紧急车辆很难到达灾害现场。但当时由于缺乏直升机在急救医疗中的应用，所以从空中的救助是有限的。之后，以这次地震为教训，日本正式讨论了直升机的运送体制、直升机的配备和运用。厚生省（日本负责医疗卫生的主要部门）于 1999 年在冈山县和神奈川县开始了直升机试验性事业。2001 年，以进一步完善急救医疗体制为目标，"引进直升机急救促进事业" 开始在全国开展。2007 年，议院立法通过了《关于使用急救医疗用直升机确保急救医疗的特别措施法》。

在这些制度完善的背景下，直升机医疗救护的部署逐步推进。截至 2015 年 8 月，38 个道府县共配备了 46 架直升机。近年来，直升机出动次数急剧增加，2014 年度超过 22000 次。2022 年 4 月，全国 47 个都道府县配备了 56 架直升机。直升机医疗救护的经费主要来自国家以及地方政府的经费。

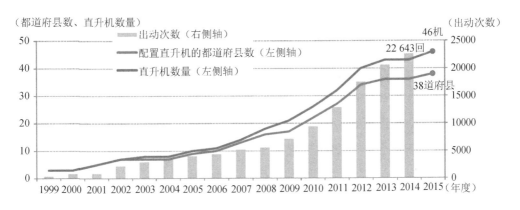

图 1-11　日本直升机医疗救护的数量统计

资料来源：https：//www.nli-research.co.jp/report/detail/id＝53489？pno＝5&site＝nli

6. 特点分析

纵观发达国家的直升机救援（航空救援）体系发展情况，通过多年的发展完善，均建立了基本完善的直升机救援体系，从政策法规、组织力量、专业队伍、技术装备、资金保证等不同层面实现了体系的高效运行。

（1）政府顶层牵引协调、地区执行实施、多元主体参与的运行体系

航空救援的发展与政府的顶层政策牵引是密不可分的，各国早期航空救援的发展不同程度地受到其使用成本高、技术门槛高的制约，发展较为缓慢。但是随着社会发展、经济水平的提高，各国政府认识到发展航空救援对于提高公共安全服务整体效率具有至关重要的作用，因此，相继发布专项政策给予支持，从而实现航空救援的体系化发展。同时，在具体运行上基本采用了属地化管理的原则，由各自下辖的行政区域对航空救援任务进行管理，只有在重大事件的处理上才从国家层面予以协调。在航空救援的运行机构上为了降低政府固定资产投资，采用了政府自建机队、非营利性机构建设机队为政府或民众提供服务、企业建设机队为政府或民众提供服务的多种类型主体共同参与的运行体系。

（2）多元化的资金来源以保证航空救援的持续运行

由于航空器使用具有高成本的特点，因此，航空救援在运行中需要耗费大量资金来保证航空器适航、基地运行、队伍培训等经费的开支。国外发展中已经形成了成熟的资金保障体系，能通过多元渠道解决运行所需的经费，普通大众在多数情况下不需要承担救援飞行所需要的高额成本。除了政府自有救援机构的其他社会化组织，其资金来源包括政府公共服务采购资金、社会捐助资金、各类保险资金、机构采购服务资金等方式。通常政府采购服务资金、社会捐助构成了资金来源的主要部分（高于60%），而社会捐助资金是非营利性航空救援运行机构建立起的一个有效的资金捐助体系，通过大量捐助者的共同参与，以使资金汇集保证救援直升机及相关配套系统运行，同时向捐助者提供相对应的免费或减免费用的航空救援服务。

（3）与应急、急救指挥体系高度融合的空地救援指挥体系

为了实现航空救援任务以及空地协同任务的高效实施，各国都建设有专门的航空救援运行调度中心，以对航空救援任务进行运行管理。航空救援运

行管理中心可分为：航空救援机构运行中心、政府航空救援指挥中心、政府
应急管理中心内的航空运行模块（如澳大利亚各州的 Air Desk 模块）。同时，
为了实现任务指挥调度的高效执行，会配置完善的通信系统，例如 Rega 在
全国建设了 42 个无线地面基站，并配置了先进的机载通信设备，以建立起
"现场—运行中心—直升机"的空地通信网络。

(a)瑞士Rega的运行中心

(b)澳大利亚昆士兰州航空医疗运行中心

(c)澳大利亚维多利亚州灾害管理中心的航空运行调度席位

图 1 – 12　航空救援运行中心

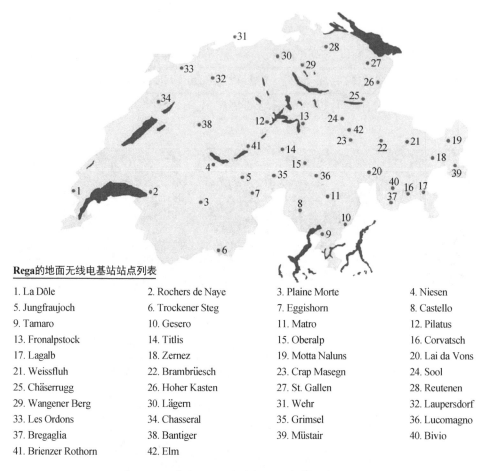

Rega的地面无线电基站站点列表

1. La Dôle	2. Rochers de Naye	3. Plaine Morte	4. Niesen
5. Jungfraujoch	6. Trockener Steg	7. Eggishorn	8. Castello
9. Tamaro	10. Gesero	11. Matro	12. Pilatus
13. Fronalpstock	14. Titlis	15. Oberalp	16. Corvatsch
17. Lagalb	18. Zernez	19. Motta Naluns	20. Lai da Vons
21. Weissfluh	22. Brambrüesch	23. Crap Masegn	24. Sool
25. Chäserrugg	26. Hoher Kasten	27. St. Gallen	28. Reutenen
29. Wangener Berg	30. Lägern	31. Wehr	32. Laupersdorf
33. Les Ordons	34. Chasseral	35. Grimsel	36. Lucomagno
37. Bregaglia	38. Bantiger	39. Müstair	40. Bivio
41. Brienzer Rothorn	42. Elm		

图 1－13　瑞士 **Rega** 的地面无线电基站网络用于
应急时"地面—运行中心"的通信

（4）基于任务时效性建设的地面基地保障网络

各国为了保证到达救援现场的快速性均建立了完善的地面基地网络，按照15 分钟可到达的现场的救援指标，一般会设计每个基地的救援半径为大约 50 公里。基地整体分布布局的设计原则一般会遵循人口密度的分布特点进行设计。以美国为例，其直升机救援基地密度与人口密度基本吻合：东部地区、西海岸相对分布较密，其他区域分布相对较稀疏。

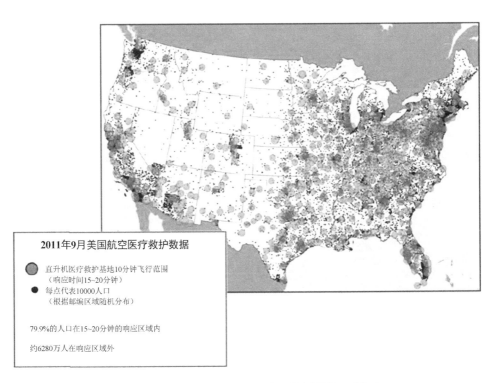

2011年9月美国航空医疗救护数据

⬤　直升机医疗救护基地10分钟飞行范围
　　（响应时间15~20分钟）

●　每点代表10000人口
　　（根据邮编区域随机分布）

79.9%的人口在15~20分钟的响应区域内

约6280万人在响应区域外

图 1 – 14　2011 年美国直升机医疗救护覆覆盖区域与人口

资料来源：Atlas and Database of Air Medical Services（ADAMS），9th Edition

（5）技术装备不断更新以保证直升机救援能力的有效执行

航空救援由于其时效性的要求，救援任务相较一般飞行任务经常会面临更为特殊的飞行环境，因此航空救援机构不断对其机型及救援装备进行更新，各

图 1 – 15　Rega 的搜索无人机系统

资料来源：Rega 网站

类新技术也在快速应用，包括光电探测、夜视、新型导航、卫星通信、旋翼除冰等。同时，随着新型飞行器技术的发展，引入了无人机、多旋翼载人飞行器等新型飞行器。

图1-16　ADAC 的多旋翼载人飞行器

资料来源：ADAC 网站

（6）健全的培训体系保证直升机救援专业人才的持续建设

为了保证航空救援具有持续不断的专业技术人员，各国针对航空救援的

图1-17　澳大利亚 Life Flight 航空救援机构的各类航空救援技能培训

资料来源：www.lifeflight.org.au

人员制定了相应的从业要求，同时，建有专门的培训中心、培训基地对飞行员、救援人员、急救人员等进行训练。除了职业类的培训体系外，国外在其学历教育中也引入航空救援相关专业，以建设丰富的人才教育培训体系。

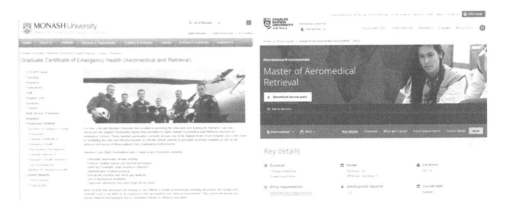

图 1-18　航空救援已进入国外高校教育体系

资料来源：www.monash.edu，www.cdu.edu.au

1.4.3　国内概述

1. 发展历程

我国从 1949 年前后即开始发展航空救援力量。1952 年东北航空护林中心（现为应急管理部北方航空护林总站）在嫩江成立后，逐步实现我国航空救援力量建设平稳开局。在 2008 年前，我国航空救援的力量主要依靠政府主导的方式开展，突发事件救援主要依靠部队的航空力量开展工作，同时运输航空承担了救援物资的转运任务，但是，总体上我国民用航空救援力量建设与国外发达国家相比相对薄弱。

2008 年"5·12"汶川地震由于受灾情况严重，我国先后启用空军、陆航、民航的运输航空和通用航空力量开展联合救援。共出动空军 94 架、陆航 96 架、运输航空 200 多架、通用航空 38 架直升机以及飞机，飞行共计 8277 架次（不含境外航空器飞行架次）。此次地震后，有感于我国突发事件中航空救援体系还需尽快完善的需求，27 名院士联名提出《关于建立国家航空应急救援体系的建议》并呈送中央。自此，航空救援开始广泛地进入公众视野。

2019 年，应急管理部印发《应急救援航空体系建设方案》，中国民用航空局、国家卫生健康委员会联合印发《航空医疗救护联合试点工作方案》，标志着我国航空救援发展正式进入了体系化发展的建设阶段。

2. 现有力量

目前我国已初步建立起自有的航空救援力量，主要依靠政府推动形成国家队伍为主、社会机构为辅的航空救援能力。民用的航空救援力量在任务主要类型上包括海上救助、应急救援（森林消防）、医疗救护；在性质上包括政府机关、事业单位、企业。

表 1-4　国内地区主要航空救援力量构成简表

队伍名称	机构性质	运行类型	成立时间	主要任务
交通运输部救助飞行队	事业单位	自有直升机	2003 年	海上救援 山区救援
应急管理部航空救援支队	政府机关	自有直升机	2009 年	森林消防 应急救援
应急管理部北方/ 南方护林总站	事业单位	租用航空器	1952 年（北方总站） 1961 年（南方总站）	森林消防 应急救援
地方应急航空救援队伍	政府机关	自购航空器托管 或租用航空器	——	森林消防 应急救援
医疗机构航空队伍	事业单位 或企业	自购航空器托管 或租用航空器	——	医疗救助

注：不含港澳台地区

国内的主要航空救援队伍基本情况如下。

（1）交通运输部救助飞行队

交通运输部救助飞行队是中华人民共和国交通运输部的下属飞行队，国家唯一一支海上专业空中救助力量，于 2003 年成立，以直升机为主负责海洋和山区急难救助，担负渤海海域、黄海海域、东海海域、台湾海峡和南海海域范围内的海上人命救助和社会公益性抢险救助任务，形成了覆盖重点海域的海陆空立体救助体系，提高了我国沿海海域人命救助的应急反应能力。飞行队包括北海第一救助飞行队、东海第一救助飞行队、东海第二救助飞行队、南海第一救助飞行队 4 支队伍，在蓬莱、上海、厦门、珠海、大连、温州、福州、三亚建有 8 个备勤基地。2021 年用于救援任务的直升机共有 20 架（S-76C+/C++型 8 架、S-76D 型 8 架、EC225 型 4 架），2023 年计划还有 8 架投入使用（H175 型 2 架、AW189 型 6 架）。

（2）应急管理部航空救援支队

应急管理部航空救援支队是应急管理部直管的航空救援力量，目前有两个支队，分别在黑龙江大庆和云南昆明建有两个综合性直升机场。2009 年成立以来，先后装备专业灭火直升机 18 架，配备了消防吊桶、机腹式水箱专业灭火任务装备，同时还配有多套索滑降、搜索灯具、吊篮/吊椅、电动绞车等专业救援救生装备。两个支队日常依托南北方两地航空护林站和森林航空消防基地，执行以森林航空消防为主的综合性航空救援任务。

（3）应急管理部北方/南方护林总站

航空护林总站包括北方航空护林总站、南方航空护林总站。北方航空护林总站成立于 1952 年，负责北京、天津、河北、山西、内蒙古、辽宁、吉林、黑龙江、陕西、甘肃、青海、宁夏、新疆 13 个省区市（以下简称"北方省份"）的航空护林等工作。南方航空护林总站成立于 1961 年，主要承担黄河以南 18 省区市航空应急救援，特别是森林航空消防工作。各地区航空护林站主要采取租用航空器的方式开展航空护林任务。

（4）地方应急救援队伍

2019 年《应急救援航空体系建设方案》印发后，各地积极推动航空救援力量建设工作，北京、重庆、浙江、江西等地先后通过购买飞行服务的方式组建了航空救援队伍。此外，在香港特别行政区建有香港飞行服务队，承担特区的各种政府飞行任务以及救火、救援运送病人等任务，现有 12 架航空器，包括 2 架挑战者 605 型（CL605）固定翼飞机、1 架钻石 DA42 双引擎固定翼飞机、7 架空客 H175 直升机及 2 架 H155 直升机。

（5）医疗机构航空救护队伍

2019 年国家卫健委与民航局联合开展航空医疗救护工作试点以来，全国已有 600 多家医疗机构与 30 余家通用航空企业达成开展航空医疗救护工作意向。每年开展航空医疗救护飞行近 2000 小时，救助伤患者 2000 余人，为保障人民生命健康安全构筑起了"空中生命线"。其中具有常态化航空医疗救护力量的代表性医疗机构有以下四家。

北京市红十字会紧急救援中心（简称 999）是全国唯一具备自有空地一体化急救能力的医疗机构。北京 999 已开通固定翼飞机和直升机飞机救援服务，采用自购航空器、通航公司托管的方式运行。实现了城市内与城市间的救援与转运功能，建立了城市立体紧急医疗救援体系，更好地为首都及国内外广大患者提供专业、高效、优质的空中急救服务。目前有 2 架空客 H135 直升机，2 架固定翼航空医疗转运飞机。北京 999 在全国率先推动专业航空医疗救援体系建设，初步形成了城市与国际立体化紧急医疗救援网络，是中国目前专业航空医疗的标杆。

巴彦淖尔市医院是内蒙古自治区巴彦淖尔市的公立三甲医院，作为内蒙古自治区西部为数不多的三甲医院，2018 年采用包年采购飞行服务的方式开展常态化直升机医疗救护服务，开展 7×24 小时急救服务，年任务量超过 150 次。结合地方医联体的建设工作，该院建成了"市医院直升机备勤基地—县（旗）医院转运点（6 个）—临时转运点（90 余个）"的三级救援网络，同时建设空地一体化的急救指挥中心；建成了"巴彦淖尔—北京"的长途医疗转运航线，通过与阿拉善盟乌力吉卫生院建立直升机转运及加油保障基地，实现了覆盖到阿拉善额济纳地区（距离 600 公里）的直升机医疗救护能力。

攀钢集团总医院由中央企业通用环球医疗集团管理，地处川西南地区的攀枝花市。2021 年采用包年采购飞行服务的方式开展常态化直升机医疗救护，当年任务量超过 100 次。以攀钢集团总医院直升机救援基地为中心，通过与周边县级医院建立空中转运通道。

武汉亚心医院是湖北省首家医疗机构自购直升机开展空中救援的医院。医院拥有华中地区荷载量最大的空中救援高架直升机场，与地面"120 急救车"组成立体急救体系，有效弥补紧急救援时间紧迫、救护车无法到达情况下的救援。同时，医院设有专用急救电梯直达外科手术室、介入手术室、重症监护室、急诊科抢救大厅，争分夺秒节省宝贵的抢救时间。截至 2021 年 11 月 3 日，已执行紧急救援任务 100 次。

（6）通航企业航空救援飞行业务

随着国家探索社会化航空救援服务力量的引入，通用航空企业是航空救援发展中必不可少的组成力量。由于航空救援体系建设在我国尚处于起步阶段，因此航空救援在国内通航企业的业务中只是其中一部分。目前国内将航空救援作为主要业务的通航企业包括中船集团海丰通航科技有限公司、中航材航空救援股份有限公司、华彬航空集团有限公司等。随着我国航空救援体系建设的深入发展，一定也会涌现出更多的专业化航空救援企业来为社会提供应急、医疗等服务。

3. 特点分析

我国直升机（航空救援）力量建设尚处于起步阶段，但是要实现机队、队伍、地面网络、指挥运行等各方面的系统发展，还需要经历一段发展期。从现有组成来看，直升机救援的主要专业力量仍以政府投入建设的力量为主，如交通运输部救助飞行队、应急管理部航空救援支队。其他救援力量由于涉及应急、急救、航空等专业能力的协同运行，因此其专业能力还需进一步建设。同时除了航空器外，在地面保障、队伍建设、指挥协调等方面还需要协同建设，以保证直升机救援体系的全面发展。未来我国直升机救援发展还需在以下几方面加快建设。

（1）专业服务机构需要引导建设

航空救援作为通用航空的一个分支，在运行上需要与急救、消防、救援等多种专业能力融合建设。除了国家建设的专业队伍外，通航企业等社会化的救援飞行力量普遍不具备应急方面的专业任务能力，因此，具备基于飞行能力及应急任务能力的专业性直升机救援服务机构需要通过多种方式鼓励发展，以支撑航空救援的专业化发展。

（2）指挥运行体系需要融合发展

直升机救援的全任务过程不仅包括飞行任务阶段，还有接警、研判、计划、指挥、监视等过程，因此决定直升机救援效率的关键要素之一在于指挥运行体系的建设。尤其是在重大突发事件中，涉及多种力量的协同任务开展。基于我国应急强调属地化管理的特点，直升机（航空）救援的运行指挥体系需要与应急、急救等指挥体系进行融合建设，以实现未来立体化救援任务的协同指挥。

（3）地面保障体系需要快速发展

直升机救援的反应时效与备勤基地等地面保障网络直接相关，从飞行经验看，要实现 15 分钟到达救援现场，直升机救援备勤基地的覆盖半径大约为 50 公里；30 分钟到达救援现场，直升机救援备勤基地的覆盖半径大约为 100 公里；1 小时到达救援现场，直升机救援备勤基地的覆盖半径大约为 200 公里。因此，在我国要实现大部分地区的覆盖，需要相应地面保障体系的建设支撑。同时，我国由于自然地理环境因素形成的东西部发展差异，东部地区人口密集，基于高人口密度的城市地面公共安全服务网络建设布局较易规划，但是西部地区地广人稀，地面公共安全服务网络布局也较为困难，直升机救援基地的合理布局规划和建设就更为重要。

（4）队伍培养体系需要全面建设

直升机救援的任务能力主要通过专业的飞行、急救、救援、消防及地面支持队伍来实施，人员执行任务时面临高压力、环境复杂等因素，对各类人员的综合技能、心理素质、身体素质等各方面要求高，需要通过专业的训练才能保证队伍能力。在航空业中具备对飞行及维修、保障等人员的培养体系，其他类应急或急救中也具备地面相关人员的培养体系，但是尚未形成面向航空救援的全面专业化培养体系。因此，需要在教育和培训体系中全面考虑，设计面向直升机救援专业队伍培养的教学及训练体系，建立各类直升机救援培训中心或者基地，来支持直升机救援的队伍发展需求。

（5）经费保障体系需要探索建立

由于航空器飞行及维护、队伍建设、救援装备使用等都需要高额经费投入，因此航空救援体系中的经费保障是必须解决的，特别是对于社会化航空救援力量的建设，更需要探索多元化的经费保障方式，以促进整体发展。国外航空救援运行资金的构成中包括政府直接投入、政府采购服务、社会捐助、商业保险等类型。我国航空救援运行主要还是依靠政府直接投入或政府采购服务作为主要资金来源，为了实现运行资金的多元化保证，促进社会资金的投入，需要探索保险、捐助等资金支持方式，以促进我国国家航空救援与社会化航空救援力量的协同发展。

（6）航空救援技术研究亟须加快

目前我国民用航空救援大多数采用的机型以及装备都依赖于进口，只有应急管理部航空救援支队主要采用国产机型（直 - 8）及装备开展救援任务。由于航空救援在我国的起步较晚，因此相应的航空救援装备和技术发展与国外相比有一定差距。大到救援直升机、小到救援绳，要形成具有我国特色的航空救援体系必须要有国产化航空救援装备和技术体系的支撑。因此，加大力度推动航空救援装备科技攻关、产品研发、产业应用是必须解决的问题。近年国家也在积极推动该项工作，如中航工业集团研制的大型灭火/水上救援水陆两栖飞机"鲲龙" AG600、AC352 直升机、AC311A 型直升机都是我国救援航空器的新装备；中船电子科技有限公司 2016 年牵头承担的国家重点研发计划"航空应急救援关键技术研究及应用示范"项目从航空救援的运行体系、培训体系、装备体系以及救援装备开展了全面的研究；中国人民解放军总医院 2019 年牵头的国家重点研发计划"航空医学应急救援关键技术装备研发及应用示范"项目则是针对航空救援中的医疗急救重点装备和技术进行研究。

1.5　政策及标准

自 2008 年"5·12"汶川特大地震直升机救援开始广泛进入公众视野后，

随着直升机在应急、医疗等方面应用的增多，为了推动直升机救援体系的建设，保证直升机救援的高效、安全运行，国家各管理机构开展推动相关政策、法规制定，各类研究机构、社会团体探索标准等内容研究，以促进我国直升机救援体制、机制的建立。

1.5.1 海上救助

交通运输部救助飞行队作为我国成立的唯一一支海上专业空中救助力量，自 2003 年成立以来，已经建立了覆盖沿海海上和陆地的救援体系，在运行中也逐渐积累形成相关的行业标准。目前已经公开的行业标准见下表。

表 1-5 交通运输部直升机救援相关标准

标准号	名称	内容	实行状态
JT/T 1017-2015	直升机救生员训练和考核要求	直升机救生员招收要求、初始训练、升级训练、夜间训练、适任训练和考核的要求	现行
JT/T 1145-2017	直升机水上救生装备配置要求	直升机水上救生作业装备配置的一般要求、配置要求和救生装备技术要求	现行
JT/T 1232-2018	直升机救生员教员培训与考核要求	直升机救生员教员培训与考核的一般要求、资格要求、培训要求和考核要求	现行
——	直升机救生员搜救作业手语要求标准研究	——	组织实施中

1.5.2 应急救援

我国在应急管理方面的航空救援建设正处于体系化建设的初步发展阶段，国家及应急管理部都开展了专项的顶层设计。2018 年国家成立应急管理部伊始，就将航空救援作为重要建设力量布局发展。2019 年应急管理部印发《应急救援航空体系建设方案》，标志着我国开始体系化地发展航空应急救援，对指挥平台、航空网络、航空力量、保障体系等方面都提出了具体任务。

2021 年 12 月，国务院印发《"十四五"国家应急体系规划》（以下简称《规划》），航空应急力量作为重要部分在文件中阐述，明确提出了"航空应急力量基本实现 2 小时内到达灾害事故易发多发地域"的目标。在应急力量建设方面，《规划》提出要加快建设航空应急救援力量：

　　用好现有资源，统筹长远发展，加快构建应急反应灵敏、功能结构合理、力量规模适度、各方积极参与的航空应急救援力量体系。引导和鼓励大型民航企业、航空货运企业建设一定规模的专业航空应急队伍，购置大型、重型航空飞行器，提高快速运输、综合救援、高原救援等航空应急能力。采取直接投资、购买服务等多种方式，完善航空应急场站布局，加强常态化航空力量部署，增加森林航空消防飞机（直升机）机源和数量，实现森林草原防灭火重点区域基本覆盖。完善航空应急救援空域保障机制和航空器跨区域救援协调机制。支持航空应急救援配套专业建设，加强航空应急救援专业人才培养。

针对巨灾应对能力提升方面，《规划》提出要开展航空应急救援队伍建设：

　　提升航空综合救援能力，建设具备高原救援、重载吊装、远程侦察等能力的航空应急救援和航油航材应急保障力量。完善应急救援航空调度信息系统。建设航空应急科研基地。完善一批运输、通用机场，配备航空消防、气象保障、航油储备、夜间助航、检修维修等保障设施设备。新建应急救援飞行器维修维护基地，以及集航空应急救援训练、培训、演练、保障、服务等功能于一体的综合航空应急服务基地。完善森林航空护林场站布局，改造现有航空护林场站，新建一批全功能航站和护林机场；在森林火灾重点区域，合理布设野外停机坪和直升机临时起降场、灭火取水点和野外加油站。

目前，浙江、江西、安徽、陕西等省均已发布航空应急救援相关的规划建设方案，来推动区域航空应急救援体系建设。随着我国专业航空应急救援队伍，以及社会化航空应急救援服务力量的建设，相关的法规、标准也会相继出台。

1.5.3 医疗急救

在卫生急救及应急方面，我国也很早开始推动航空医疗体系的建设。2016年，中共中央、国务院印发《"健康中国2030"规划纲要》，其中明确提出"建立包括军队医疗卫生机构在内的海陆空立体化的紧急医学救援体系，提升突发事件紧急医学救援能力"。同年，国家卫生计生委印发《突发事件紧急医学救援"十三五"规划（2016—2020年）》，在推进陆海空立体医疗转运与救治方面"推进航空医疗转运与救治，鼓励发展我国航空医疗转运与救治工作，制订支持航空医疗转运与救治发展的政策和保障措施，研究编制航空医疗转运与救治相关工作规范和技术指南，逐步开展航空医疗转运与救治的专业队伍和装备设施建设，积极探索建设国家航空医疗救援力量"。

2018年，中国民航局发布咨询通告《直升机医疗救援服务》。该通告是直升机医疗救援中飞行安全方面的指南，对机组成员资格、训练要求、直升机及设备要求、运行要求等进行了规定。

2019年，中国民用航空局、国家卫生健康委员会联合印发《航空医疗救护联合试点工作实施方案》，标志着我国航空救援进入卫生急救服务领域具体工作阶段，在全国12个省（直辖市）71家院前医疗机构或医院开展联合试点。2022年，两部门印发《关于深化航空医疗救护联合试点工作的通知》，对完善地面保障、畅通空中通道、加大专业培训、制定标准规范、探索发展模式等任务进行了部署，新增试点医疗机构74家，试点通航企业28家。

同时，各地结合航空医疗救护体系的发展建设工作，也积极开展地方标准建设工作。2020年，北京市地方标准《航空医疗救护服务规范》（DB11/T 1750-2020）发布，规定了航空医疗救护服务规范的总体要求、设备及医疗用品要求、服务流程、服务要求、服务评价与改进。2021年，北京市《直升机急救场站设置与运行规范》地方标准的研究项目获得批复，就直升机医疗急救网络建设中的地面备勤站点开展研究。

1.5.4　标准研究

当前我国在标准化方面，正建立国家标准、行业标准、地方标准、团体标准的多级标准体系。航空救援作为需要社会化服务机构高度参与的体系建设，各类研究机构以及社会组织已在开展相关标准的研究以及制定。2016 年，我国科技部在国家重点研发计划公共安全专项中立项"航空应急救援关键技术研究及应用示范"项目，由中船电子科技有限公司、中国民航大学、四川大学、北京航空航天大学、南京航空航天大学、中国船舶系统工程研究院、中国科学院心理研究所、中南大学湘雅医院、中国船舶集团海丰通航科技有限公司等国内顶尖的 20 家顶尖的科研机构、院校、企业来共同承担。该项目对航空救援特别是直升机救援的运行体系、培训体系、装备体系进行了全面研究，对航空救援标准体系进行了首次构建。标准体系是指一定范围内的标准按其内在联系形成的科学的有机整体。多维度地构建标准体系已经成为一种趋势。该项目按照标准体系分层架构，面向不同应急事件类型，从人、机、环、管四个方面提出标准要求，形成整体标准框架，并编制发布系列团体标准，是国内首次系统性的标准研究和发布。

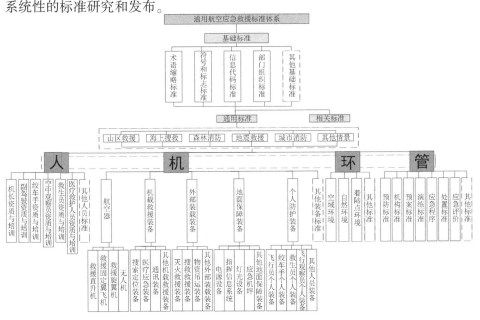

图 1－19　航空救援的标准体系构架

表1-6　航空救援相关团体标准

编号	标准编号	标准名称	所属协会	备注
1	T/CATAGS 7 - 2020	通用航空应急救援术语	中国航空运输协会	
2	T/CATAGS 8 - 2020	森林航空消防应急救援装备配备指南	中国航空运输协会	
3	T/CATAGS 9 - 2020	森林航空消防救援人员资质和培训规范	中国航空运输协会	
4	T/CATAGS 10 - 2020	直升机城市消防应急装备配备指南	中国航空运输协会	
5	T/CATAGS 11 - 2020	直升机城市消防应急救援人员资质与培训规范	中国航空运输协会	
6	T/CATAGS 12 - 2020	直升机山区搜救设施设备配备指南	中国航空运输协会	
7	T/CATAGS 13 - 2020	直升机山区搜救人员资质与培训规范	中国航空运输协会	
8	T/AOPA 0002 - 2020	航空应急救援场站等级划分	中国航空器拥有者及驾驶员协会	
9	T/CSAA 4 - 2021 T/CADP 2 - 2021 T/CATA 0143 - 2021	航空应急救援人员协同工作培训指南	中国航空学会 中国灾害防御协会 中国航空航天工具协会	
10	T/CSAA 3 - 2021 T/CADP 1 - 2021 T/CATA 0142 - 2021	航空应急救援非技术能力训练指南	中国航空学会 中国灾害防御协会 中国航空航天工具协会	
11	T/CSEM 0015 - 2023	通用航空医疗救护应急预案编制导则	中国应急管理学会	
12	T/CSEM 0016 - 2023	通用航空森林火灾应急预案编制导则	中国应急管理学会	
13	T/CSEM 0017 - 2023	通用航空城市搜救应急预案编制导则	中国应急管理学会	
14	T/CSEM 0018 - 2023	通用航空山区搜救应急预案编制导则	中国应急管理学会	
15	T/CSEM 0019 - 2023	通用航空救援应急演练要求	中国应急管理学会	

参考文献

[1] 贾玉红. 航空航天概论（第 5 版）[M]. 北京：北京航空航天大学出版社，2022.

[2]《2021 年通用和小型运输运行概况》（IB－FS－OPS－003）[R]. 中国民用航空局飞行标准司，2022.

[3] 管理科学技术名词审定委员会. 管理科学技术名词 [M]. 北京：科学出版社，2016.

[4] 国家突发公共事件总体应急预案 [S]. 北京：中国法制出版社，2006.

[5] 钟开斌. 中国应急管理机构的演进与发展：基于协调视角的观察 [J]. 公共管理与政策评论，2018，7（06）：21－36.

[6] 钟开斌.“一案三制”：中国应急管理体系建设的基本框架 [J]. 南京社会科学，2009（11）：77－83.

[7] 闪淳昌，周玲，秦绪坤，等. 我国应急管理体系的现状、问题及解决路径 [J]. 公共管理评论，2020，2（02）：5－20.

[8] 于耕，等. 航空应急救援 [M]. 北京：航空工业出版社. 2009.6.

[9]《直升机医疗救援服务》（AC－135－FS－2018－068）[R]. 中国民用航空局飞行标准司，2018.

[10] 周生瑞，江西军. 美国森林航空消防发展历史及现状 [J]. 森林防火，2013（03）：55－60.

[11] 刘玉龙，王建，首招勇，等. 国外应急救援模式的启示 [J]. 海军医学杂志，2013，34（01）：48－49.

[12] 高健，张兵. 国外航空应急救援现状与启示 [J]. 中国民用航空，2010（10）：22＋24.

[13] 张进军，王天兵，等. 航空医学转运指南 [M]，北京：人民卫生出版社. 2019.

第2章　直升机救援的组织与实施

为保障直升机救援的安全性及效率，发达国家大都建立了自己的救援体系，从救援组织机构设置、救援网络部署、救援流程救援协同等方面进行了规范，经过多年的运行，达到了在既定的时间内快速到达的常态化救援。救援的组织与实施是直升机救援高效开展的重要保障，本章从直升机救援的救援组织机构、救援人员组成、救援网络、救援过程及空地救援一体化方面介绍直升机救援的组织与实施。

2.1　直升机救援组织机构

直升机救援的组织一般由政府应急管理主管救援的单位、医疗救护主管的单位、提供或运行直升机救援服务的机构组织实施。参与者包括任务发起者、救援实施机构、地面保障机构、任务管理机构等。这些机构可能是同一个机构承担的不同角色，也可以是不同机构协同完成直升机救援任务。

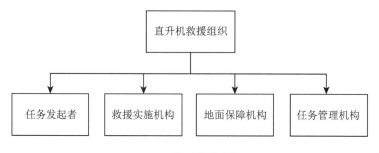

图 2 - 1　直升机救援组织

任务发起者一般是报警人员或任务下达的单位，包括公众报警人员、警情监测系统或人员等。

救援实施机构负责执行具体的直升机救援任务，包括军队、政府救援队、航空救援服务机构、通航公司、医疗机构等各类直升机应急救援队伍。本书着重介绍民用救援实施机构。

地面保障机构的作用是在救援地点、直升机起飞或降落地点现场保障直升机起降及救援安全。辅助精准救援操作、维护现场秩序、操作救援设备等。地面保障机构包括起降地点维护的机构、通航公司的机务维修部门、起降地点所属单位的保安部门、协助维护秩序的交通管理部门、高速管理机构等。

任务管理机构的作用是在任务执行过程中总体协调各个环节、管理监督救援过程。任务管理机构包括应急管理部门、医疗管理机构、医疗机构、消防管理机构、救援管理部门、救援队、通航公司等。

2.2 直升机救援人员构成

直升机救援是综合性的工作，需要多类人员配合完成，主要包括运行管理人员、飞行机组人员、救援机组人员、地面保障人员等。直升机救援开展的任务类别主要包括直升机医疗救护、直升机搜索与救援、直升机消防救援、直升机物资转运、直升机人员运送等。根据不同任务类型配置不同的人员，不同任务类型对人员的资质要求、培训要求也不尽相同。本章参考相应的团体标准给出了不同任务的人员配置及资质和培训要求，实际直升机救援开展过程中可参考以下的人员构成和要求，根据救援服务运行机构的实际情况进行实际的人员配置，提出相应的资质规范。

2.2.1 直升机医疗救护

直升机医疗救护按照任务模式可分为三类：一是现场急救，指利用急救运输直升机将直升机救援分队快速投送至事故或病患发生现场对伤病员实施紧急医学救治，待病情稳定后，将伤病员后送至确定性医疗机构；二是院际转运，又称二次急救，指利用重症监护运输直升机将危重症伤病员从当前救治机构转送到救治水平更高的专科治疗机构；三是血制品、移植器官、医疗设备、医护人员等医疗资源的快速运输。

直升机医疗救护任务需要的人员主要包括以下几类。

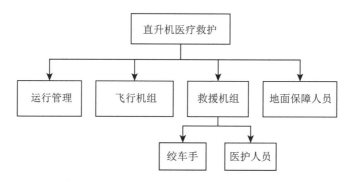

图 2 - 2　直升机医疗救护人员

运行管理：包括医疗主管和飞行运控管理人员。医疗主管是开展航空医疗救护业务机构指定的负责救护任务评估、病患上机风险评估、病情处置等综合事宜的注册医生。飞行运控管理人员负责救援飞行的航线拟定、飞行计划申报、飞行监控等工作。

飞行机组：包括 1 名或 2 名直升机驾驶员，其中机长负责飞行任务安全评估，副驾驶辅助机长安全驾驶。夜间飞行时，须配备 2 名驾驶员驾驶直升机，机长负责对任务的飞行安全进行评估，副驾驶作为观察员辅助机长安全驾驶。

救援机组：一般包括随机的医生、护士，根据需要配备绞车手执行医疗救护任务。

绞车手：根据具体需求配备，负责在索降时操作绞车，引导机长到指定悬停位置。

医护人员：包括至少 1 名受过医疗训练的人员，包括但不限于医生、护士或其他医护人员。负责救援现场及直升机上的医疗急救、运转过程中的紧急医疗救治和护理。

地面保障人员：负责直升机起降场地的安保维护，确保起降场地不受外来干扰和威胁。

下文直升机医疗救护的人员资质要求和培训要求参考《直升机航空医疗

救护服务指南》（IB – TR – 2021 – 02）。

1. 资质要求

（1）机长

符合 CCAR – 135 相关规定。执照：持有相适应型别等级的商用驾驶员执照或航线运输驾驶员执照。具备医疗救护飞行专业技能要求。需参加紧急医疗基本知识、协作配合等相关的培训。

（2）副驾驶

仅适用于型号合格审定为两名驾驶员的运行，或者按照相关运行规章要求配备副驾驶的运行。符合 CCAR – 135 相关规定。执照：持有相适应型别等级的商用驾驶员执照或航线运输驾驶员执照。需参加紧急医疗基本知识、协作配合等相关的培训。

（3）医疗主管

临床医学专业，拥有医师执业证书并具有主治医师以上职称。在开展或合作开展直升机医疗救护的医疗机构内进行合法执业及注册。

对临床工作经验及从事院前急救和/或急诊科及重症医学专业工作经验的要求。

参加过国内外紧急医疗服务和/或重症医学相关的专业培训并取得相关认证。

接受过生命支持、应急管理等相关训练或具有生命支持相关的急救资质和证书。

具备并熟知与直升机医疗救护相关的能力。

（4）医疗人员

救护医生/护士应拥有医师执业证书/护士执业证书，并具备经医疗主管认定的要求。

2. 培训要求

（1）机长

需进行飞行、夜间飞行、紧急医疗基本知识、协作配合等方面的培训。

（2）副驾驶

需进行飞行、夜间飞行、紧急医疗基本知识、协作配合等方面的培训。

（3）医疗主管

需要对医疗主管定期开展航空医疗安全、航空医疗环境下的病患护理、危险物质的识别和响应、灾难和大规模伤亡事件管理、感染控制和预防、航空医疗调度和通信等方面的培训。

（4）医疗人员

需要对医疗人员定期开展航空医疗安全、病人登机和下机、飞行应急程序、紧急降落程序、紧急撤离程序、机上医疗设备操作、与机组的沟通等方面的培训。

（5）地面保障人员

地面保障人员需要根据任务需要进行飞机起降安全、地面保障设备使用及其他特殊要求的培训。

2.2.2　直升机搜索与救援

搜索与救援是指实施指定区域内搜寻救助遇险人员的作业，包括山区搜救、海上搜救等。与其他类任务对比该类任务要经常使用绞车进行直升机悬停时人员的上下机操作，同时到达现场面临的环境可能是山区、水面等多种情况，因此对救援机组的综合能力要求较高。

直升机搜救与救援任务需要的人员主要包括以下几类。

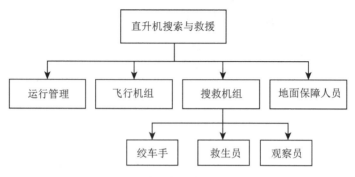

图 2-3　直升机搜索与救援人员

运行管理：运行管理人员负责搜救飞行的航线拟定、飞行计划申报、飞行监控等工作。

飞行机组：一般包括 2 名直升机驾驶员，其中机长负责飞行任务安全评估，副驾驶辅助机长安全驾驶。

搜救机组：在任务中负责遇险人员搜寻、索降救援、短途运输/伤患转运伤病员护理等搜救作业的人员。到达救援地点后，搜救机组负责飞行机组和地面救援人员的连接协调工作。可包括绞车手、救生员、观察员等。

绞车手：包括 1 名绞车手，在直升机上负责使用绞车设备的人员，同时引导机长操纵飞机到指定位置。

救生员：包括 1 名救生员，负责具体营救作业，从直升机上索降至遇险船只或遇险地点，将遇险人员送至直升机上。

观察员：包括 1 名飞行观察员，负责飞行观察。

地面保障人员：负责直升机起降准备以及场地的安保维护，确保直升机有效执行起降任务以及起降场地不受外来干扰和威胁。

下文直升机搜索与救援的人员资质要求和培训要求参考团体标准《直升机山区搜救人员资质与培训规范》（T/CATAGS 13 – 2020）。①

1. 资质要求

（1）机长

机长应具备必要的飞行经验，为执行应急救援任务的过程提供安全有效的操作，并负责机组所有人员的安全。符合 CCAR – 91 部中规定的机长资格、飞行经历和训练等相应要求。机长最低飞行经历须符合相关要求。

（2）副驾驶

副驾驶应具备必要的飞行经验，协助机长提供安全有效的操作，以确保机组所有人员的安全。应符合 CCAR – 91 部中规定的航空器副驾驶资格。应完成外载荷训练并取得资质认定。

---

① 直升机水上搜索与救援的相关人员资质及培训要求可参考交通运输部的相关标准：《直升机救生员训练和考核要求》（JT/T 1017 – 2015）、《直升机水上救生装备配置要求》（JT/T 1145 – 2017）、《直升机救生员教员培训与考核要求》（JT/T 1232 – 2018）。

（3）搜救机组成员

通过民航直升机/载荷组合的相关知识和技能的考试。担任绞车手、绞车员、索降作业人员等应符合相关岗位及培训要求。直升机飞行累计培训时间满足相关要求。夜间飞行累计培训时间满足相关要求。

2. 培训要求

（1）驾驶员

驾驶员（机长和副驾驶）需要进行地面训练和飞行训练，包括搜救飞行安全风险、障碍物识别与规避、特殊搜救设备的操作与固定、专用设备的训练、飞行模拟机/训练器的使用、飞行训练课程、夜间训练等。

（2）搜救机组成员

搜救机组成员的培训要求包括直升机搜救飞行安全风险管理、救援对象的上下机、飞行中的应急程序、应急着陆程序、应急撤离程序、与飞行员的安全有效通信、夜间飞行等培训。

（3）地面保障人员

地面人员的培训要求包括直升机山区搜救地面运行安全风险管理、直升机山区搜救安全风险管理、直升机停运时的装卸、应急着陆程序、直升机撤离程序等方面的培训。

2.2.3 直升机消防救援

直升机消防救援是使用直升机及专用设备实施消防救援的航空作业，包括城市消防、森林草原消防等。

直升机消防救援任务需要的人员主要包括以下几类。

运行管理：运行管理人员负责消防救援飞行的航线拟定、飞行计划申报、飞行监控等工作。

飞行机组：一般包括 2 名直升机驾驶员，其中机长负责飞行安全评估，副驾驶辅助机长安全驾驶。

救援机组：负责搭乘直升机执行救援任务，一般包括飞行观察员、直升机

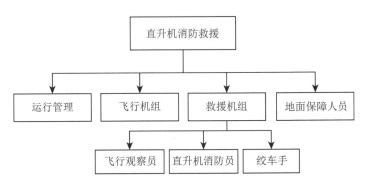

图2-4 直升机消防救援人员

消防员、绞车手。

飞行观察员：包括1名飞行观察员，负责巡护飞行、火情侦查、航空灭火等森林航空消防救援时飞行观察。

直升机消防员：包括1名消防员，负责在机上使用各式消防设备，从事直升机消防灭火、应急救援作业的人员。

绞车手：包括1名绞车手，在直升机上负责使用绞车设备的人员。

地面保障人员：负责直升机起降场地的安保维护，确保起降场地不受外来干扰和威胁。

下文直升机消防救援的人员资质要求和培训要求参考团体标准《森林航空消防救援人员资质和培训规范》（T/CATAGS 9－2020）和《直升机城市消防应急救援人员资质与培训规范》（T/CATAGS 11－2020）。

1. 资质要求

（1）机长

符合 CCAR－91 部中规定的机长资格、飞行经历和训练等相应要求。符合直升机类别机长最低飞行经历要求。满足城市消防队操纵直升机的相关要求。

（2）副驾驶

应具备必要的飞行经验，协助机长提供安全有效的操作，以确保机组所有人员的安全。符合 CCAR－91 部中规定的副驾驶资格、飞行经历和训练等相应要求。直升机类别副驾驶应完成外载荷训练并取得资质认定。

（3）飞行观察员

应具备所需的经验与能力，安全有效地执行飞行观察任务。飞行观察员应具有资格级别及技术等级。满足飞行累计培训时间及夜间飞行培训时间的要求。

（4）绞车手

满足绞车手的培训和考核要求。满足飞行累计培训时间及夜间飞行培训时间的要求。

2. 培训要求

（1）直升机驾驶员

直升机驾驶员需要进行飞行安全、通讯、夜间飞行训练、机降灭火、吊桶灭火、外载荷使用程序、操作和飞行方法、应急程序处置等方面的培训。

（2）飞行观察员

飞行观察员需要进行扑火案例分析、林火原理、飞行观察、飞行安全、夜间飞行作业、机降灭火、吊桶灭火、索降灭火、紧急着陆、绞车使用、水上吊运、陆上吊运、载重物吊运等方面的培训。

（3）绞车手

绞车手需进行扑火案例分析、林火原理、飞行观察、飞行安全、夜间飞行作业、机降灭火、吊桶灭火、索降灭火、紧急着陆、绞车使用、救援手语、水上吊运、陆上吊运、载重物吊运等方面的培训。

（4）地面保障人员

地面保障人员需要根据任务需要进行飞机起降安全、地面保障设备使用及其他特殊要求的培训。

2.2.4　直升机物资运送

直升机物资运送指使用直升机及专用设备实施应急救援物资转移的航空作业，包括运输物资、吊挂物资、空投物资等。

直升机物资运送任务需要的人员主要包括以下几类。

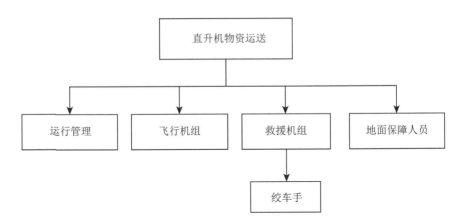

图 2 - 5 直升机物资运送人员

运行管理：运行管理人员负责物资运送飞行的航线拟定、飞行计划申报、飞行监控等工作。

飞行机组：包括 1 名或 2 名直升机驾驶员，负责驾驶直升机，副驾驶辅助机长安全驾驶。

救援机组（绞车手）：使用绞车投递物资时，需要 1 名绞车手，在直升机上负责使用绞车设备。

地面保障人员：负责直升机起降场地的安保维护，确保起降场地不受外来干扰和威胁。

1. 资质要求

（1）飞行机组

按照使用的直升机的机型，符合民航 CCAR - 91 部、CCAR - 135 部对于驾驶员的相关要求。

（2）绞车手

满足绞车手的培训和考核要求。满足飞行累计培训时间及夜间飞行培训时间的要求。

2. 培训要求

（1）飞行机组

直升机驾驶员需要进行飞行安全、通信、夜间飞行训练、外载荷使用程序、操作和飞行方法、应急程序处置等方面的培训。

（2）绞车手

绞车手需要进行飞行观察、飞行安全、夜间飞行作业、紧急着陆、绞车使用、救援手语、水上吊运、陆上吊运、载重物吊运等方面的培训。

（3）地面保障人员

地面保障人员需要根据任务需要进行飞机起降安全、地面保障设备使用及其他特殊要求的培训。

2.2.5 直升机人员运送

直升机人员运送指使用通用航空器及专用设备实施人员转移的航空作业，包括受灾人员、救援人员等。

直升机人员运送任务需要的人员主要包括以下几类。

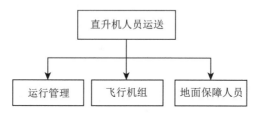

图 2 - 6　直升机人员运送人员

运行管理：运行管理人员负责人员运送飞行的航线拟定、飞行计划申报、飞行监控等工作。

飞行机组：包括 1 名或 2 名直升机驾驶员，负责驾驶直升机，副驾驶辅助机长安全驾驶。

地面保障人员：负责直升机起降场地的安保维护，确保起降场地不受外来干扰和威胁。

1. 资质要求

（1）飞行机组

按照使用的直升机的机型，符合民航 CCAR – 91 部、CCAR – 135 部对于驾驶员的相关要求。

（2）绞车手

满足绞车手的培训和考核要求。满足飞行累计培训时间及夜间飞行培训时间的要求。

2. 培训要求

（1）飞行机组

直升机驾驶员需要进行飞行安全、通信、夜间飞行训练、外载荷使用程序、操作和飞行方法、应急程序处置等方面的培训。

（2）绞车手

绞车手需要进行飞行观察、飞行安全、夜间飞行作业、紧急着陆、绞车使用、救援手语、水上吊运、陆上吊运、载重物吊运等方面的培训。

（3）地面保障人员

地面保障人员需要根据任务需要进行飞机起降安全、地面保障设备使用及其他特殊要求的培训。

2.3 直升机救援地面保障网络

直升机救援网络包括天网、地网和指挥网。"天网"指低空空域的开放和管理，提升空域申报和飞行计划申报的效率，确保救援直升机飞得起来；"地网"是整合点救援机构资源及现有运输机场、通航机场资源，完善基地、起降点建设，建立地面保障救援网络，让直升机能安全起降；"指挥网"指建立通信指挥网络，通过多级指挥通信机制及指挥通信装备配备，实现对空监视和指挥调度，实现飞机"看得见、叫得到、控得住"。

直升机救援的高效开展需要地面救援网络的支撑，尤其在森林消防、医疗救护等常态化的任务执行中，合理的救援网络布局可以提高每一个任务的执行效率。直升机救援的常态化运行是分区域覆盖，应急任务需要时可从其他区域调配直升机资源。地面保障网络的分布一般按照覆盖人口数量、覆盖灾害易发地区范围、覆盖重要设施等原则进行规划。[①]

1. 网络组成

地面保障救援网络可由基地、保障点、临时起降点多级组成。

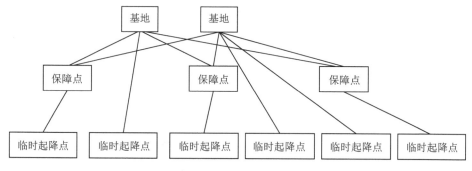

图2-7 救援网络多级组成

（1）直升机救援备勤基地

直升机救援备勤基地是直升机救援队伍的备勤地点，能实现常态化的直升机救援运营，能执行空地一体化的救援备勤任务，能满足救援直升机的起降、保障、养护维修的需求，能满足机组人员、专业救援人员备勤、办公、生活的基本需求。直升机救援备勤基地需具备以下主要条件：

①固定的起降场地，符合起降要求的环境；

②备勤直升机及机组人员（包括机载设备等）；

③备勤机务人员；

④备勤救援人员（满足专业救援任务要求的救援人员）；

⑤地面保障设施，如保护围栏、夜航灯光、航空器的油水汽电保障等；

---

① 常态化的救援按照直升机的救援时效设计可到达的救援范围，以轻型直升机为例，通常可达到50公里/15分钟、100公里/30分钟、200公里/1小时的救援网络覆盖范围。

⑥支持空地互通的通信指挥系统；

⑦航空气象、交通等情报系统；

⑧直升机的维护保养区域；

⑨机组人员、救援人员、机务人员的备勤区域、办公区域；

⑩运行流程规范、配套管理制度等。

直升机救援备勤基地可选择已有救援基地或应急管理部门已有的综合性救援场站，也可以选取机场，在已有基础上进行直升机备勤相应的基础设施和条件建设，满足基地的备勤需求。

（2）直升机救援保障点

直升机救援保障点作为短时备勤地点，能实现针对若干次空中救援任务的需求，具备航油补给等功能。直升机救援保障点需具备以下主要条件：

①符合起降要求起降场地和环境；

②直升机的航油补给设施；

③配置支持空地互通的通信指挥系统；

④直升机的临时维护保养区域；

⑤机组人员、救援人员、机务人员的备勤区域；

⑥运行流程规范、配套管理制度等。

直升机救援保障点可选择符合条件的救援场站、通航机场、运动营地，在已有基础上进行条件建设，建立协同工作的机制，满足短时备勤的需求。

（3）直升机救援临时起降地点

直升机救援临时起降点能满足直升机起降的地面及环境需求、满足空地协同转运地点的要求。直升机救援临时起降地点需具备以下主要条件：

①符合起降要求起降场地和环境；

②符合救援任务的其他特殊需求。

直升机救援临时起降地点应优先纳入已勘测确认的临时起降点，同时可考虑广场、学校、高速服务区、航空运动营地、野外空地等，可发动当地力量进行定期复勘、检查条件具备情况，在开展任务时保障周边环境满足起降要求。

直升机救援综合保障能力建设需结合地区实际情况，各级网络节点须满足选址条件①，配备相应的设备设施、人员，满足运行条件要求，提供常态化直升机救援服务。

2. 起降场地

提供救援起降的场地主要包括机场、临时起降地点。可做民用的机场包括运输机场、军民合用机场和通用机场。运输机场和通用机场是直升机最常见的起降场地。

（1）运输机场

民用运输机场是指可以供运输旅客或者货物的民用航空器起飞、降落、滑行、停放以及进行其他活动使用的划定区域，包括附属的建筑物、装置和设施。主要供公共航空运输活动使用，也可以供通用航空活动使用。

截至 2021 年年底，我国境内民用运输机场（不含港澳台地区）共有 248 个。其中定期航班通航运输机场 248 个，定期航班通航城市（或地区）244 个，新通航的机场 7 个、迁建机场 2 个。

民用运输机场是航空救援中地面保障网络的重要组成。在涉及跨省长距离运输交接、日常备勤、接力转运等救援任务执行时具备完善设施带来的优势，但同时运输机场繁忙的航班也会与救援的实时性存在一定冲突。

（2）通用机场

2012 年，以民航局在全国范围内展开通用机场大普查为标志，通用机场作为民用航空的基础保障设施，正式进入国家行业管理部门重点关注的领域。近十年，是国家高度重视通用航空工作的十年，在通用航空利好政策推动和市场积极培育的合力作用下，省、市、县三级地方政府发展通用航空的积极性被调动起来，我国的通用机场建设由此进入了崭新的快速发展时期。

截至 2019 年年底，全国 31 个省级行政单位先后以多种形式明确了辖区内通用机场的规划方案。2019 年至 2022 年，多个省市陆续发布了应急救援体系建设的相关规划，通用机场已在多个规划中被列入航空应急救援网络。②

---

① 对起降地点选址的具体要求参见第 5 章 "航空安全与求生"。
② 各省通用机场规划详见附录。

截至 2022 年 3 月 31 日，全国通用机场达到 377 个，国家各部委和各省市发布通用机场相关政策 15 部。据中国 AOPA 通用机场研究中心统计，截至 2022 年 3 月 31 日，全国在册通用机场已达 377 个，其中取得通用机场使用许可证的机场 88 个，通过通用机场信息管理系统完成备案的机场 289 个。按照通用机场分类分级情况统计，A 类通用机场达到 140 个（其中 A1 级机场 90 个，A2 级机场 33 个，A3 级机场 17 个），B 类通用机场达到 237 个。①

未来我国通用机场将基本形成层次分明、功能清晰、兼容互补的网络体系，基本覆盖通用航空服务需求较强的偏远地区、地面交通不便地区、枢纽机场周边地区、自然灾害多发地区、人口稠密地区、农产品主产区、主要林区、景区和通用航空产业培育区，将有力推动通用航空在应急救援、工农林业、运动旅游、科技应用和商务飞行等方面实现广泛应用。

在建设标准方面，自 1999 年起，为了适应通用航空的蓬勃发展，国家质量技术监督局发布了《通用航空机场设备设施》（GB/T 17836 - 1999）；民航局出台了《通用机场建设规范》（MH/T 5026 - 2012）、《通用机场空管运行管理办法》（AP - 83 - TM - 2021 - 01）；民航局空管行业管理办公室出台了《通用航空飞行服务站系统建设和管理指导意见（试行）》（AP - 93 - TM - 2012 - 02）；七大民航地区管理局陆续出台了通用机场建设管理程序或办法，为通用机场和运输机场建设标准分离提供了思路，初步降低了通用机场建设标准，明确了通用机场建设、配套设备设施及航空服务保障体系建设的具体要求。2017 年，民航局发布了《通用机场分类管理办法》（民航发〔2017〕46 号），对全国通用机场建设与运行管理做了具体规定，将空管设施、安保设施和航油设施从通用机场必要设施清单中去除，改为按需设置，进一步规范和简化了通用机场的建设标准。同时，根据适飞机型、场地条件和服务对象等，分别制定了适用于陆地型跑道机场、直升机场、水上机场和飞行营地等不同类别机场的技术标准。《民用直升机场飞行场地技术标准》（MH 5013 - 2014）规定了民用直升机场飞行场地的技术要求，主要包括飞行场地的物理特性、直升机场障碍物限制、目视助航设施、救援和消防等内容。

---

① 各省通用机场分布详见附录。

（3）直升机场

依据《民用直升机场飞行场地技术标准》（MH 5013 - 2014），直升机场是指全部或部分供直升机起飞、着陆和表面活动使用的场地或构筑物上的特定区域，包括附属的建筑物、装置和设施，类型包括表面直升机场、高架直升机场、直升机水上平台、船上直升机场、水上直升机场五种类型。

①表面直升机场

表面直升机场指位于地面上或水体表面构筑物上的直升机场，可支持工农作业、应急救援、飞行培训、交通运输、通航消费等各种类型的航空飞行活动。有的表面直升机场拥有短跑道以及机库等设施，有些表面直升机则只有起降坪。

图 2 - 8   表面直升机场

图片来源：https://hngyyl.ok.1688.com/offer/629687573763.html

一般情况下，在同一时间内一个最终进近和起飞区内只允许一架直升机运行。直升机需要在相邻两个最终进近和起飞区内同时运行时，两个最终进近和起飞区之间间距的确定需考虑旋翼下洗流、空域等影响，并确保每个最终进近和起飞区的飞行航径不重叠。

②高架直升机场

高架直升机场指位于陆地上高架构筑物或建筑物顶部的直升机场，主要用于商务出行、应急救援、空中旅游、航空摄影等城市服务及通航消费类型的航空飞行活动。

图 2 - 9　高架直升机场

图片来源：https：//www. 163. com/dy/article/EMQMN8TA05454PW7. html

③直升机水上平台

直升机水上平台指位于漂浮的或固定的水上设施上的直升机场，主要用于油、气的勘探、开采或施工作业等航空飞行活动。

图 2 - 10　海上钻井平台停机坪

图片来源：https：//new. qq. com/omn/20210707/20210707A03Q8P00. html

④船上直升机场

船上直升机场指建造于船舶上的直升机场，主要用于海上航空飞行作业活动。

图 2 – 11　船上直升机场

图片来源：http：//www. 81. cn/mlxyjy/2014 – 03/10/content_5803547. htm

⑤水上直升机场

水上直升机场指降落或起飞场地位于水面上的直升机场。

图 2 – 12　水上直升机场

图片来源：https：//www. sohu. com/a/418534358_120508047

⑥临时起降地点

本书的"临时起降地点"主要指临时性开展航空救援活动的直升机起降场地。在通用航空中还有"临时起降点""临时起降场"等叫法。

直升机救援使用的临时起降地点可以根据救援直升机的辐射半径和响应时间来分布，设置在具备垂直起降条件并可以对救援任务快速响应的场地，主要实现在接到突发救援任务时可以快速响应并保障垂直起降飞行器到达救援现场进行施救。

a. 选建场地要求

临时起降地点可利用学校、广场、体育场、高速服务区等既有场所进行选点。在选点的基础上，部分场地可视使用需求进行基本条件的建设，选建场地需满足相应的标准要求。2021 年，中国航空器拥有者及驾驶员协会发布的团体标准《直升机临时起降场选址与建设规范》（T/AOPA 0018 – 2021）中规定了直升机临时起降地的申请设立程序与要求、场址确定、建设基本要求、安全与环境保护要求。其中，提出直升机临时起降地的位置应与当地城乡规划和土地利用规划相协调，直升机起降场场址的确定应考虑下列因素：

· 空域条件；

· 气象条件；

· 电磁环境复杂区域；

· 鸟类栖息地及迁徙路径经由地；

· 净空条件；

· 噪声敏感区域；

· 地面易燃易爆设施；

· 建设条件；

· 土地利用；

· 周边配套设施；

· 机场规模及功能的扩展；

· 便利性；

· 邻近起降场地；

· 其他不适合开展通用航空活动的因素。

b. 申请设立流程

如果是通用航空中的临时起降点，需要遵循相应的流程进行申请。2009 年，针对临时起降点空军司令部发布《临时起降点设立及使用管理暂行办法》，标志着军方对通用航空飞行场地开始系统性的规范化管理。这个办法提出了连续使用临时起降点和短期使用临时起降点，两种起降点的申请函提交、审批、军地协议签署、建设标准和验收部门的级别不一样，使用期限也不一样。

2014 年，空军司令部发布《关于新建通用机场场址核准问题》，首次提出通用机场的概念，并决定要暂停审批并逐步取消已经批准的临时起降点。2017 年，军方提高了审批级别，增加了征求诸兵种以及有关部门意见环节，但对通用机场的概念没有变化。至此，军方体系下同时有了通用机场和临时起降点两个概念。

临时起降点可分为连续使用和短期使用两种类型，使用期限不同，审批的流程也不同。连续和短期使用的区别和审批流程如下图所示。

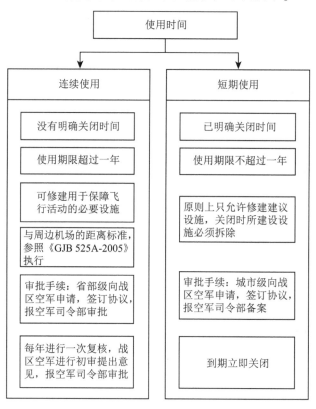

图 2-13　长期使用和短期使用的区别

长期使用的报批流程如下图。

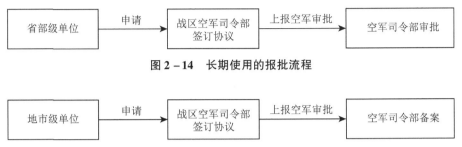

图 2 – 14　长期使用的报批流程

| 地市级单位 | --申请--> | 战区空军司令部签订协议 | --上报空军审批--> | 空军司令部备案 |

图 2 – 15　短期使用的报批流程

3. 地面保障网络建设案例

直升机救援网络以直升机救援基地为中心，起降地点为结点，在直升机航程范围内开展救援任务，通过地面保障的油料补给点、航空器维修保养场所等措施保障救援任务在覆盖范围内的正常开展和救援区域的扩展。直升机救援基地可选择单独建设、在通航机场内建设、与医疗机构（医院或急救中心）结合建设、与应急救援基地结合建设等。

当前我国尚未建立全国范围的直升机救援网络，但部分地区建立起了专业性的地面保障网络，如内蒙古自治区巴彦淖尔航空医疗救护基地建立了蒙西直升机救援网络，四川攀枝花攀钢集团总医院航空医疗救护基地建立了攀枝花直升机救援网络。

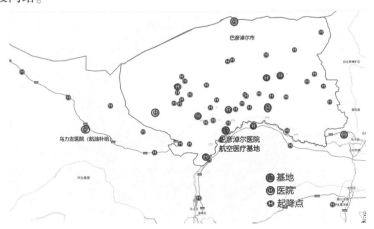

图 2 –16　巴彦淖尔市医院救援网络分布

蒙西直升机救援网络以巴彦淖尔市医院航空医疗救护基地为核心，在周边七个旗县医院建立转运点，同时结合蒙西地区人稀地广的特点，实地勘测了70余个临时起降地点，可实现以基地为中心200千米半径救援范围覆盖；通过在直升机救援单程可覆盖的距离（乌力吉卫生院）部署航油补给点，将覆盖区域大幅扩展，能够在内蒙古自治区最西部的额济纳地区实施直升机救援，为边远地区的牧民及铁路沿线、部队官兵提供保障；建立了基地、旗县医院＋航油补给点、临时起降地点三级的地面保障救援网络。

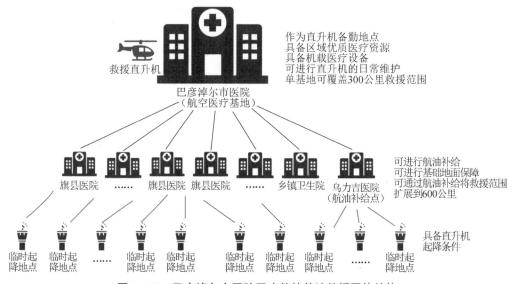

图2-17 巴彦淖尔市医院医疗救护基地救援网络结构

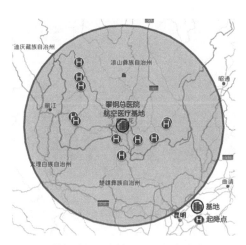

图2-18 攀钢集团总医院医疗救护基地救援网络

攀枝花直升机救援网络以攀钢集团总医院航空医疗救护基地为核心，在县区医院及周边地区勘测临时起降地点十余个，形成了覆盖攀枝花市及周边区域的救援网络。

2.4　指挥通信网络

直升机救援指挥中心是直升机救援任务的组织和执行机构，直升机救援指挥中心可分级设立，覆盖不同的救援范围，分级对接应急部门、医疗机构、公安等有任务需求的单位。

直升机救援指挥中心可接收所覆盖区域范围内应急部门或其他单位下达的直升机救援任务及其他来源的直升机应急救援任务，研判评估后进行资源匹配，对在能力范围内的任务，组织飞行器运营单位、机场（起降地点）、专业救援机构等单位执行任务；对于能力不足的直升机救援任务上报上级指挥中心进行协调。直升机救援指挥中心可接收所覆盖范围内应急管理部门等下达的直升机救援任务及其他来源的直升机救援任务，研判评估后匹配直升机救援中心的能力进行任务分解，下达给有相应能力的一个或多个直升机救援中心。直升机救援中心执行分解的任务，向上级指挥中心汇报任务执行情况。直升机救援指挥中心协调下属指挥中心的任务执行，汇总任务进展报告给任务下达部门。

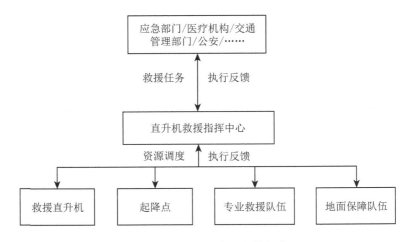

图 2 – 19　直升机应急救援指挥体系

直升机救援指挥中心包括单独机构、部门、小组或席位等形式。可设立在各级应急、急救管理部门中，也可设立在航空器运营公司或在运营航空救援服务的医疗、搜救或其他类型的组织。救援过程中需要应急部门、医疗机构、公安、民航管理部门、军航管理部门等多类单位的协同。

直升机救援任务的指挥通信是保障快速响应、多级联通、高效协同的基础支撑，在救援过程中各参与组织及相关方都需要及时掌握需要了解的语音、数据、图片、视频等各类信息，做到在救援任务执行中看得到、听得到、叫得到。

按照通信网络的介质分为陆基、空基、天基：

（1）陆基通信主要指运营商提供的公共网络（移动网通信、宽带通信、电话网络）；

（2）空基通信主要包括 VHF（Very High Frequency，甚高频）通信、微波通信、Mesh 自组网等；

（3）天基通信主要包括各类卫星通信。

一般根据通信的环境、通信对象的距离、通信对象的数量、通信内容、通信数据量的大小、可支付的成本等可选择不同的通信方式。本书不再详述各类通信方式、设备，请参考其他通信专业类书籍。

按照救援参与对象来看，救援中的指挥通信包括指挥中心与直升机之间、直升机与救援现场之间、直升机与直升机之间、救援现场与指挥中心之间的通信。

大型救援任务（如重大自然灾害等场景）的指挥分为"远程指挥"与"现场指挥"两级。在任务处置过程中，由指挥中心和派出的现场指挥中心（人员）协同指挥。现场指挥到位后，指挥人员在任务现场范围内进行现场资源的调度指挥，掌握第一手的现场情况。指挥中心负责对现场指挥中心的指挥及现场范围之外的资源调度。救援现场的指挥调度由现场指挥中心承担，优先确保现场范围内各类设备的通信。现场指挥中心人员根据现场网络带宽等实际情况，选择将现场的信息部分或全部传输到指挥中心。现场指挥中心和指挥中心之间可通过运营商网络、卫星网络等通信方式。

"远程指挥"负责整体任务下达、并协调各救援参与方的总体协调与资源调配；"现场指挥"在"任务现场"指挥调度现场资源，组织实施救援行动。

任务现场范围一般在以"现场起降点或移动机场、现场指挥中心"等为圆心、一定半径内，实施"任务现场"的现场保障、任务指挥、资源调度等"现场指挥"。

"指挥中心"与"任务现场"间，采用运营商移动通信网络、有线网络、卫星通信等多种公网通信方式，确保有备选通信链路。VHF 电台是各单位、现场作业人员与飞行器上作业人员在飞行中语音沟通的主要方式；同一"任务现场"内，可采用"自组网、微波"等临时局部组网通信方式。任务现场至少可进行语音指挥、沟通。

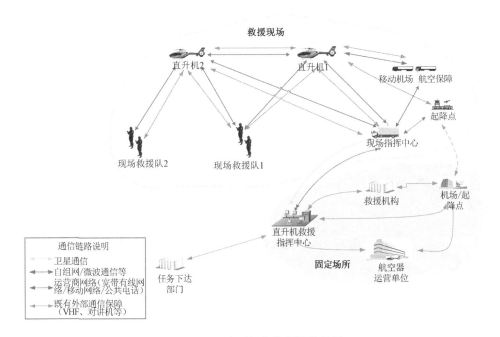

图 2-20　大型任务指挥通信场景

常态化的救援任务无现场指挥，由指挥中心统一远程指挥，如医疗转运、一般性的救援任务等。远程指挥指在任务处置过程中，由指挥中心统一对现场范围及外部资源进行指挥调度。现场以飞行器为临时核心协同作业，完成救援任务。

按照地理位置分为固定场所和救援现场两部分，优先确保现场范围飞行器、现场人员之间内各类设备的通信，指挥中心通过现场飞行器获取现场一手信息，飞行器的机组人员需承担现场起降点、各类作业人员协调的工作。现场飞行器和指挥中心之间可通过运营商网络、卫星网络等通信方式。

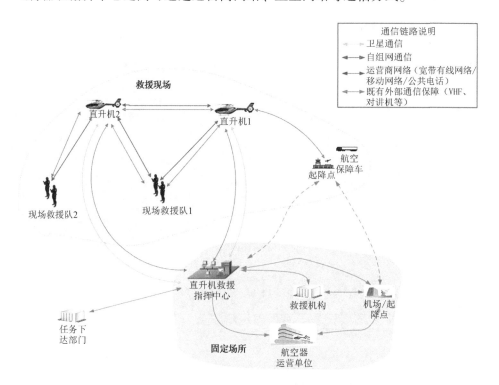

图 2－21　常态化救援任务指挥通信场景

2.5　低空空域的开放和管理

低空空域开放是直升机救援能飞起来的关键，通过低空空域的开放及空域申报和飞行计划申报支撑系统的建设，可构建提高救援飞行准备的效率的"天网"，实现直升机救援的快速响应。直升机救援任务中，空域管理是指挥体系中的重要组成部分。

2010 年，国务院、中央军委印发的《关于深化我国低空空域管理改革的意见》（国发〔2010〕25 号），将低空空域划分为管制、报告和监视三类空域。

管制空域是指为飞行活动提供空中交通管制服务、飞行情报服务、航空气象服务、航空情报服务和告警服务的空域。在低空管制空域中的飞行活动按照现行体制实行飞行计划审批，接受管制服务。

　　监视空域是指为飞行活动提供飞行情报服务、航空气象服务、航空情报服务和告警服务的空域。在管制空域活动的飞行活动实行备案管理，接受飞行服务。

　　报告空域是指为飞行活动提供航空气象服务和告警服务，并根据用户需求提供航空情报服务的空域。对报告空域的飞行活动实行备案管理，接受飞行服务。

2016 年 5 月，国务院办公厅印发《关于促进通用航空业发展的指导意见》（国办发［2016］38 号），提出扩大低空空域开放。

　　科学规划空域。及时总结推广低空空域管理改革试点经验，实现真高 3000 米以下监视空域和报告空域无缝衔接，划设低空目视飞行航线，方便通用航空器快捷机动飞行。

　　优化飞行服务。完善基础性航空情报资料体系，制定并发布目视飞行航空图，实时发布监视空域和报告空域的飞行动态、天气条件情况，提升低空空域航空情报、航空气象、飞行情报与告警服务能力。简化通用航空飞行任务审批、飞行计划申请和审批（备案）程序，原则上通用航空用户仅向一个空管单位申请或报备飞行计划；涉及管制空域的飞行活动，须申请飞行计划和空中交通管制许可，长期飞行计划只作一次性申请；仅涉及监视空域和报告空域的飞行计划，报备后即可实施。

　　提高审批效率。飞行管制分区内的飞行计划申请，应在起飞前 4 小时提出，审批单位需在起飞前 2 小时批复；超出飞行管制分区在飞行管制区内的，应在起飞前 8 小时提出，审批单位需在起飞前 6 小时批复；跨飞行管制区的，应在起飞前 1 天 15 时前提出，审批单位须在起飞前 1 天 18 时前批复。监视空域飞行计划，航空用户应在起飞前 2 小时向飞行计划受理单位报备，飞行计划受理单位需在起飞前 1 小时向空管部门报备；报告空域飞行计划，航空用户应在起飞前 1 小时向飞行计划受理单位报备。对执行应急救援、抢险救灾、医疗救护与反恐处突等紧急、特殊通用航空任务的飞行计划，应随报随批。

自 2020 年起，湖南、江西、安徽等地区相继出台低空空域管理改革的试点方案，湖南省和江西省已取得较大进展。

2020 年 9 月，中央空管委办公室批复《湖南省低空空域管理改革试点拓展实施方案》，湖南省成为全国第一个全域低空空域管理改革试点拓展省份。湖南省编制的《湖南省低空空域划设方案》（以下简称《方案》），为全国第一部省级空域划设方案。依据《方案》，湖南省低空空域（3000 米以下）分类划设管制、监视、报告三类空域共 171 个，规划常态化低空目视飞行航线 97 条。同时湖南省制定了《湖南省低空空域协同运行办法》（以下简称《办法》），作为《湖南省低空空域划设方案》落地施行的配套支撑。该《办法》规定在临时空域方面，将现行 7 个工作日前申请、3 个工作日前批复，改为管制空域 5 个工作日前申请、2 个工作日前批复，监视和报告空域 3 个工作日前申请、1 个工作日前批复；飞行计划方面，将现行飞行前一日 15 时前申请、21 时前批复，改为涉及管制空域的前一日 15 时前申请、21 时前批复，仅涉及监视、报告空域的，只需在飞行前 2 小时报备即可，大大简化了流程、缩短了时限。

截至 2021 年 9 月，江西省实现了境内低空空域资源的精细化和常态化管理。江西省域范围内获批划设了 7 个临时空域、2 条临时航线。依托"北斗 + 高分 + 5G"等技术应用创新、基础设施支撑的通航飞行监视和服务保障体系，建设 A 类飞行服务站和若干个 B 类飞行服务站，完成包括空域运行管理、飞行任务管理、飞行计划管理、飞行实施管理、飞行服务管理、飞行动态监视、数据信息管理和特殊任务管理等试点内容。

我国其他多个地区也陆续开展了试点改革的相关工作，低空改革范围进一步扩大，深度进一步加强，仍在全面推进的过程中。

2.6 直升机救援过程

直升机救援过程包括接报受理、评估决策、空中救援、返航落地四个阶段。以单一任务的接收处置过程为例，直升机救援的主要流程如下图所示。

图 2 – 22 直升机救援主要流程示例

2.6.1 接报受理阶段

接报受理阶段由直升机救援指挥中心的值守人员接收到应急管理、医疗救护等单位的任务，包括突发事件报警、急救转运报警、搜救报警等。指挥中心获取任务的相关信息，初步判定任务类型、任务区域、救援位置（经纬度）、任务需求等信息，并登记到直升机救援指挥系统或其他管理工具中。

2.6.2 评估决策阶段

评估决策阶段主要完成风险评估和资源调度工作。

直升机救援指挥中心的指挥人员根据接报信息进行初步的研判评估后，将任务信息同步给飞行器运营单位、专业救援机构，进行风险评估。相关机构根据接报信息和相关情报信息进行风险评估，包括任务风险评估和飞行风险评估，评估后将结果反馈给指挥中心的指挥人员。评估过程中需要救援地点的地理地形信息、航空气象信息、飞行情报信息及飞行专业知识、专业救援知识等多学科跨领域数据和信息的支撑。

指挥人员针对评估反馈选取预案或拟定处置方案，指挥人员根据预案或方案调度资源，向飞行机组、救援机组及地面保障机构的调度员下达相应的任务，调度直升机、起降地点、专业救援队伍及救援装备等进行航线规划。接受任务后，飞行机组、救援机组及地面保障机构反馈执行本次任务的装备及人员情况。

2.6.3 空中救援阶段

资源调度完成后进入空中救援阶段，该阶段主要过程包括：

（1）参与任务的飞行机组、救援机组、地面保障机构开始进行飞行前的准备；

（2）由飞行保障的机务人员进行航前检查，由运行管理人员申请空域、报批飞行计划；

（3）空域及飞行计划批复后，飞行机组及救援机组登机飞往救援地点执行飞行任务，并向指挥中心或现场指挥人员汇报任务进展；

（4）抵达救援现场，救援机组与飞行机组协同，执行专业救援任务（医疗、消防、搜救等），操作专业救援设备（急救、吊桶、绞车等），并向指挥中心或现场指挥人员汇报任务进展；

（5）地面保障人员在起降地点进行油水气电、机坪设施保障以及空地对接保障，并汇报任务进展。

空中救援的任务执行包括单次往返式的救援任务、多次往返式的救援任务。

救援过程中指挥人员汇总任务执行情况，与相关救援单位进行协同并对外发布信息。相关协同单位通过信息系统或电话等方式获取汇报进展。

2.6.4 返航落地阶段

完成任务后直升机返回基地，与地面接收人员进行任务交接，补充相关文书。地面保障人员进行航后维护保养、任务后保障、飞行总结、任务总结及信息记录，并向任务下达单位汇报任务完成情况。

2.7 空地救援的一体化

发生公共安全事件、自然灾害或常态化的医疗救护时，直升机救援有高效灵活的优势，但有时也无法达到救援对象当前的精确位置或需要与地（水）面力量协同救援。此时需要地面救援力量、海上/水上配救援力量配合送达或协同以便更快更好地完成救援整体任务。救援整体任务特别是重大突发事件的救援任务，往往是立体化、多种力量共同参与执行的，多方协同救援可实现因时因地制宜，快速响应和实施救援的目标，直升机救援作为各类救援中的快速机动力量，需要基于救援整体任务效能的提升来开展执行。在不同救援任务类型中，地（水）面协同资源会有所不同，我国海上救援、森林消防、医疗救助以及各类突发事件的救援处置中的空地（水）协同如下。

（1）海上救助在我国由交通运输部救助打捞局统一分区域进行救援力量部署，由专业救助船舶与飞行队协同完成所覆盖区域的海上救助工作。

（2）森林消防由应急管理部、南北方护林总站及各省森林消防主管部门按照区域进行力量部署，由专业航空队、通航救援力量及地面救援车辆、队伍协同完成日常巡查、护林及消防救援相关工作。

（3）医疗救护中常需采用救护车等地面急救资源与救援直升机协同工作的方式。一般由直升机救援运营基地与急救机构、医院协同完成救援任务。

（4）在应对各类突发事件中，各级消防救援队伍、专业救援队伍、社会救援组织都会与空中救援力量协同。

（5）在应对重特大自然灾害、事故灾害等突发事件时，解放军、武警部队作为应急处置的重要力量，会与民用空、地（水）的各类救援力量开展协同工作。

附录

表 1　2021 年年底我国民用运输机场数量

省区市	数量	机场密度 （座/万平方公里）
新疆	22	0.13
内蒙古	19	0.16
四川	16	0.33
云南	15	0.38
黑龙江	13	0.27
贵州	11	0.62

省区市	数量	机场密度 （座/万平方公里）
山东	10	0.63
广东	9	0.50
江苏	9	0.84
湖南	9	0.42
甘肃	9	0.21
辽宁	8	0.54
广西	8	0.34
浙江	7	0.66
湖北	7	0.38
江西	7	0.42
山西	7	0.45
青海	7	0.10
福建	6	0.48
安徽	6	0.43
河北	6	0.32
吉林	6	0.32
陕西	5	0.24
重庆	5	0.61
西藏	5	0.41
河南	4	0.24
海南	4	1.13
宁夏	3	0.45
上海	2	3.17
北京	2	1.22
天津	1	0.83

数据来源：2021 年全国民用运输机场生产统计公报

表 2　各省区市通用机场建设规划

序号	地区	发布文件	发布时间	规划内容
1	西藏	《西藏自治区通用航空发展规划（2014—2030 年)》	2015.07	至 2022 年，建设林周、聂拉木等 10 个通用机场（含起降点）；2030 年前建尼木、墨竹工卡等 19 个通用机场（含起降点）
2	云南	《云南省通用机场布局规划（2016—2030 年)》	2016.06	至 2030 年，在昆明、会泽等地布局建设一类通用机场 20 个，在安宁、宜良等地布局二类通用机场 30 个
3	北京	《北京市通用机场布局规划（征求意见稿)》	2016.10	规划形成"5＋8＋N"的通用机场体系，即 5 个一类通用机场、8 个二类通用机场、若干个三类通用机场
4	青海	《青海省"十三五"通用航空业发展规划》	2017.02	至 2030 年，再新建 24 个通用机场，其中 3 个一类、7 个二类、14 个三类
5	湖北	《湖北省通用航空中长期发展规划》	2017.02	至 2030 年，新建汉南、蔡甸等 42 个通用机场，通用机场总数达到 46 个
6	四川	《四川省通用机场布局规划（2016—2030 年)》	2017.03	至 2030 年，全省二类以上通用机场数量达到 80 个
7	吉林	《吉林省通用机场布局规划（2016—2030 年)》	2017.05	至 2025 年，通用机场总数达到 40 个
8	贵州	《贵州省通用机场布局规划（2016—2030 年)》	2017.06	至 2030 年，全省布局 17 个 A1 级通用机场、54 个 A2 级通用机场、一批 A3 级通用机场
9	江西	《江西省通用机场布局规划（2016—2030 年)》	2017.06	到 2030 年，建成 50 个以上通用机场
10	福建	《关于促进通用航空业发展的实施方案》	2017.07	至 2030 年，通用机场实现"县县通"
11	河北	《河北省通用机场布局规划（2016—2030 年)》	2017.09	到 2030 年，全省通用机场达 50 个左右

序号	地区	发布文件	发布时间	规划内容
12	广西	《广西通用机场规划布局方案》	2017.11	至2030年，布局90个二类以上通用机场和一批三类通用机场，其中"十三五"期间建设南宁青秀区、柳州城区和桂林兴安等16个二类以上通用机场
13	上海	《上海市城市总体规划（2017—2035年）》	2018.01	在青浦规划预留大型通用机场，以公务机起降服务为主要功能，兼顾城市管理、应急保障需求。在长江口、杭州湾等地区布局若干小型通用机场，以城市管理、应急保障需求为主要功能
14	天津	《天津市通用机场布局规划（2017—2020年）》	2018.02	到2025年，全市简称5个A1级通用机场和4个A2级通用机场
15	新疆	《新疆通用航空机场布局规划（2018—2035年）》	2018.02	至2025年，全疆A2级以上通用机场达65个；2030年，达89个；展望2035年，进一步增至98个
16	黑龙江	《黑龙江省通用机场布局规划（2018—2030年）》	2018.03	至2025年，A2级以上通用机场达到46个；2030年，达到68个
17	山东	《山东省民用机场布局规划（2018—2035年）》	2018.06	2022年，A1/A2级和B类通用机场达到40个；2025年，达到57个；2035年，达到94个
18	山西	《山西省通用机场布局规划（2018—2030年）》	2018.07	到2030年，全省布局38个A2级及以上通用机场、22个跑道型A3级通用机场、若干个直升机起降场
19	江苏	《江苏省"十三五"及中长期通用机场布局规划》	2018.07	到2035年，全省通用机场布局35个，远期布局约70个，其中区域级通用机场10个、地区级通用机场60个

（续表）

序号	地区	发布文件	发布时间	规划内容
20	湖南	《湖南省通用机场布局规划（2016—2035年）》	2017.09	至 2030 年，通用机场达到 25 个
21	辽宁	《辽宁省通用机场布局规划（2018—2025年）》	2019.06	至 2025 年，新规划布局通用机场 28 个，通用机场总数达到 41 个
22	安徽	《安徽省通用机场布局规划（2019—2035年）》	2019.12	至 2025 年，规划 A2 级通用机场达到 30 个；2035 年达到 65 个
23	广东	《广东省通用机场布局规划（2020—2035年）》	2020.11	到 2025 年，全省通用机场体系基本形成，通用机场布点达到 32 个，机场密度达到每万平方公里 1.8 个，到 2035 年通用机场服务覆盖所有县级行政单元，机场密度和通用航空运营服务能力接近发达国家（地区）水平
24	浙江	《浙江省通用机场布局规划（2020—2035年）（修编）》	2021.07	到 2025 年形成"9 + 20 + X"的通用机场布局。9 个运输机场兼顾通用航空功能。推动运输航空与通用航空融合发展，支持舟山机场打造成为华东地区通用航空特色基地，嘉兴、丽水等新建运输机场同步建设通用航空配套设施。建成 20 个 A2 级及以上通用机场。结合公共服务、市场消费、产业发展等需求，在现有 11 个的基础上，新建宁波宁海、温州泰顺、衢州开化等 9 个通用机场，改扩建杭州建德、东阳横店等通用机场。布局建设一批其他起降场地。在偏远山区、海岛地区、三甲医院、旅游景区、高速公路服务区等布设一批起降点
25	重庆	《重庆市民航发展"十四五"规划（2021—2025年）》	2021.12	到 2025 年，新增布局重庆新机场，研究万盛、城口、石柱、开州、秀山等支线或通用机场布点

序号	地区	发布文件	发布时间	规划内容
26	内蒙古	《内蒙古自治区"十四五"通用航空产业发展规划》	2021.08	到"十四五"末期，通用机场数量达到10个
27	海南	《海南省通用航空产业发展"十四五"规划》	2021.12	到"十四五"末期，省内通用机场数量达到10个左右
28	河南	《河南省"十四五"航空经济发展规划》	2022.01	至"十四五"末，通用机场数量达15个以上
29	甘肃	《西北民航"十四五"发展规划》	2022.03	2025年，建设通用机场13个
30	宁夏	《西北民航"十四五"发展规划》	2022.03	至2025年，建成同心等8个通用机场
31	陕西	《西北民航"十四五"发展规划》	2022.03	到2025年，建设12个通用机场

表3 2022年第一季度通用机场各省区市分布统计表

省区市	数量	省区市	数量
黑龙江	88	云南	6
广东	37	山西	5
江苏	24	湖北	5
内蒙古	20	重庆	4
浙江	19	天津	4
河北	19	宁夏	4
新疆	16	吉林	4
四川	16	海南	4
山东	15	甘肃	4
辽宁	15	福建	3
陕西	12	广西	2
湖南	12	安徽	2
北京	11	贵州	1
上海	9	青海	0
河南	9	西藏	0
江西	7		

表 4　通航机场分类统计

分类	A 类			B 类	合计
数量	140			237	377
	A1	A2	A3		
	90	33	17		
占比	23.87%	8.75%	4.51%	62.86%	100.00%

表 5　通航机场分级统计

机场类型	数量	占比
跑道型机场	181	48.01%
表面直升机场	118	31.30%
跑道型机场（兼表面直升机场）	39	10.34%
高架直升机场	36	9.55%
水上机场	1	0.27%
跑道型机场（兼表面直升机场、水上机场）	1	0.27%
表面直升机场（兼水上机场）	1	0.27%

参考文献

［1］关于发布航空医疗救护联合试点阶段性成果的信息通告：IB－TR－2021－02，［Z］.中国民用航空局运输司.2021.

［2］中国民航大学，中信海洋直升机股份有限公司，中国航空运输协会通用航空分会.直升机山区搜救人员资质与培训规范：T/CATAGS 13－2020［S］.北京：中国航空运输协会.2020.

［3］中国民航大学，中信海洋直升机股份有限公司，中国航空运输协会通用航空分会.森林航空消防救援人员资质和培训规范：T/CATAGS 9－2020［S］.北京：中国航空运输协会.2020.

［4］中国民航大学，中信海洋直升机股份有限公司，中国航空运输协会通用航空分会.直升机城市消防应急救援人员资质与培训规范：T/CATAGS11－2020［S］.北京：中国航空运输协会.2020.

［5］中国应急管理.打造"三张网"服务大应急［EB/OL］. https：//www.thepaper.cn/newsDetail_forward_10849134.2021－1－19.

［6］2021 年全国民用运输机场生产统计公报［R］. 中国民航局, http：//www. caac. gov. cn/XXGK/XXGK/TJSJ/202203/t20220322_212478. html. 2022.

［7］金伟, 高远洋. 中国战略性新兴产业研究与发展通用航空［M］. 北京：机械工业出版社, 2021.

［8］上海民航新时代机场设计研究院有限公司. 民用直升机场飞行场地技术标准：MH 5013 – 2014［S］. 北京：中国民航局, 2014.

［9］飞行邦. 2022 年第一季度全国通用机场数据简报［EB/OL］. https：//www. 163. com/dy/article/H4B5BO5V05503O4L. html. 2022 – 04 – 07.

［10］国网通用航空有限公司, 中国民用航空总局第二研究所. 直升机临时起降场选址与建设规范：T/AOPA 0018 – 2021［S］. 北京：中国航空器拥有者及驾驶员协会. 2021.

［11］翔龙领航. 通航小知识：临时起降点申请相关政策及报批流程解读［EB/OL］. https：//mp. weixin. qq. com/s/Z0zr21mYcN6n0ogdUbsJzQ. 2018 – 04 – 04.

［12］新华社. 中国低空空域管理改革稳步推进 正在法规标准［EB/OL］. http：//www. gov. cn/jrzg/2011 – 06/13/content_1883235. htm. 2011 – 06 – 13.

［13］国务院中央军委. 《关于深化我国低空空域管理改革的意见》（国发［2010］25 号）［EB/OL］. https：//www. shenyang. gov. cn/zwgk/zcwj/zfwj/qtxgwj/202112/t20211201_1701134. html. 2010 – 11 – 02.

［14］中国民航局. 国务院办公厅关于促进通用航空业发展的指导意见［EB/OL］. http：//www. caac. gov. cn/XXGK/XXGK/ZFGW/201605/t20160518_37445. html. 2016 – 05 – 13.

［15］低空经济研究. 湖南分类划设三类空域 171 个, 全域 1000 米以下空域划设无缝衔接［EB/OL］. https：//www. 163. com/dy/article/H6P5AOJE0552LIXC. html. 2022 – 05 – 07.

［16］江西深化低空空域管理改革 获批划设 7 个临时空域［EB/OL］. http：//news. sohu. com/a/509153283_120099902. 2021 – 12 – 17.

［17］飞行邦. 各省市"十四五"规划盘点之推进低空空域管理改革［EB/OL］. https：//m. 163. com/dy/article/H84GE2CP05503O4L. html. 2022 – 05 – 24.

［18］郭爱斌, 高雯, 刘斌, 等. 空地一体化医疗救援体系建设实践及运行模式研究［J］. 中国急救医学. 2021, 41（05）：438 – 443

第3章 直升机知识

3.1 简介

自人类第一架真正意义上的直升机 1939 年首次飞行成功以来，直升机从一种不稳定且振动较大的航空器最终发展成为具有精密飞行能力的航空器。直升机相比其他航空器最大的特点就是它们能够悬停、向前、向后和侧向飞行，特别是可在小面积场地垂直起降。直升机具有这些特殊的飞行特性，有广阔的用途及发展前景。如今全球有超过 40000 架直升机在空中执行不同的任务。它的民用领域职责包括空中救护、海上和山地救援、农业、消防、警用、企业服务、工业、渔业和石油钻井平台等服务。

在过去的百年间，经过第一次世界大战、第二次世界大战期间科学的积淀，许多不同领域的科学学科呈井喷式的发展；其中，直升机动力装置的可靠性和性能大大提升，主旋翼的空气效能有了质的飞跃。通过人们不断对空气动力学、流体力学的深入研究，更具空气效能的旋翼和更小机体阻力的直升机问世。目前直升机能够以超过 200 节（370 公里/小时）的速度进行水平飞行。进入信息时代后，计算机参与辅助设计、制造业的改良和新型轻质复合材料的问世，使直升机的外形设计呈现出更佳的气动能力，复合材料的应用使得直升机总质量更轻且更为坚固。当今的直升机是一种安全、多功能、可靠的航空器，在现代航空业中发挥着其他航空器无法替代的独特作用。

3.1.1 直升机发展的历史线

1. 公元前400年

最早垂直飞行航空器的想法可以追溯到公元前400年，由一根木棍及木棍末端粘上的羽毛组成，如今我们叫它竹蜻蜓。它的玩法是在双手之间快速旋转以产生升力，当手释放的一瞬间飞入空中自由飞翔。这种设计灵感可能来自古人观察到蒲公英等植物种子在微风中的飘扬。

图3-1　竹蜻蜓示意图

2. 文艺复兴时期

1483年，达·芬奇的这份设计蓝图被西方认为是世界上最早的直升机。这是一个用上浆亚麻布制成的巨大螺旋体，看上去好像一个巨大的螺丝钉。它的设计想法是：旋转垂直轴上的螺旋面，为弹簧充能。当达到一定转速时，就会把机体带到空中。驾驶员站在底盘上，拉动钢丝绳，以改变飞行方向。据说这个航空器的灵感来自我国古代时期的竹蜻蜓。

图3-2　达·芬奇设计蓝图

3. 20 世纪 20 年代——直升机的雏形问世

1922 年，西班牙工程师胡安进入旋翼机项目开发的最后阶段，这架航空器机翼功能被自由旋转的旋翼所取代，它的前进完全是靠螺旋桨的推进。着陆时，通过关闭发动机并执行自转来完成着陆。1923 年 1 月 9 日，斯宾塞中尉对此款旋翼机首飞。虽然旋翼机不算是真正意义上的直升机，但此设计发明确实对这类航空器有着跨时代的影响。尤其是，旋翼桨毂的设计为未来具有两个及以上桨叶布局的直升机旋翼奠定了基础。

1923年Juan de la Cierva的旋翼飞机

图 3 - 3　最早的直升机雏形

4. 20 世纪 30—50 年代——直升机商业时代的开始

1939 年 9 月 14 日，西科斯基驾驶着他的第一架可控直升机 VS – 300 实现首次飞行。不到 10 年后，全世界就有数百台不同尺寸和形状的直升机。1948 年 12 月 13 日，少数运营商和贝尔直升机公司的代表在加利福尼亚州伯班克的直升机公司办公室会面成立了直升机协会，因此 1948 年 12 月 13 日这天后来也被认为是商用直升机行业的开端。该组织取名为直升机委员会，但在次年更名为加州直升机协会（California Helicopter Association，简称 CHA）。

5. 20 世纪 50—60 年代——直升机井喷式发展

相比以笨重的活塞发动机为动力的直升机，重量轻、体积小的涡轮轴发动机问世，其动力强劲和性能稳定的特点，使得新一代直升机的载重和升限不断提升，推动了直升机工业又一次井喷式发展。

（1）1955 年：阿都斯特 II 发动机问世——涡轮轴发动机技术出现

由透博梅卡开发的涡轮轴发动机阿都斯特 II 的动力在当时达到了惊人的 450 马力。搭载着该型发动机的直升机于 1955 年 3 月 12 日首飞。仅仅两个月后，就完成了 78 次飞行。1955 年 6 月 6 日，第二架原型直升机上轻松打破了 8209 米的运行高度世界纪录。

1956 年 7 月 3 日，在勃朗峰山的附近的一个避难所，在海拔 4362 米的高度进行了第一次直升机救援。因此，与活塞发动机直升机相比，涡轮轴直升机的卓越能力得到了惊人的展示。阿都斯特 II 发动机为新一代直升机开辟了道路。阿都斯特 II 停产于 1975 年，在此期间一共生产了 1300 多台。1966 年推出了 SA318 "云雀" 直升机，这是搭载着透博梅卡公司由阿都斯特 II 发动机基础上开发的阿斯泰阻发动机，为 SA318 "云雀" 直升机提供更强大的动力版本。并在随后的 1969 年推出了 SA315 "美洲驼" 直升机。

图 3 - 4　SA315 直升机

（2）1956 年 BO46 的问世——无轴承主旋翼技术应用

从 1956 年开始，制造商开始着手开发无轴承主旋翼的高速直升机项目。无轴承主旋翼没有水平铰、垂直铰和轴向铰，而靠桨叶根部的扭转变形来实现桨叶变距运动的旋翼。其结构简单，重量轻，但对材料有较高要求。1964 年 1 月 30 日，搭载着由法国透博梅卡 "透默" 发动机提供动力的新型旋翼系统作为试验型的 BO46 直升机进行了首次飞行。它的设计者希望直升机能够达到接近 400 公里/小时的速度。它的旋翼桨叶由复合材料制成。一共建造了两架 BO

46 原型机进行飞行测试。

尽管最后由于旋翼桨叶摆动问题，工程师不得不暂停该项目，但其研制中验证的无轴承主旋翼技术对后期直升机的设计极具参考价值。

（3）1959 年 SA316／SA319"云雀"Ⅲ 直升机的问世——涡轮轴动力的成熟应用

继阿都斯特Ⅱ发动机成功研发后，涡轮轴动力直升机开始批量生产。此时，行业产生了更多新的需求，对性能更强大、任务执行力更出色、流线型程度更高、能携带两个担架的七座直升机的开发迫在眉睫。

搭载着阿都斯特Ⅲ发动机的"云雀"Ⅲ型直升机于 1959 年 2 月 28 日进行了首飞。当年 6 月，原型机在勃朗峰山脉 4000 多米的海拔高度降落，1960 年 10 月，在喜马拉雅山海拔 6000 米以上进行载人载物飞行。当时机上有一名飞行员、两名乘客和 250 公斤的设备。这架直升机的创新特点是它的燃气涡轮发动机。

"云雀"Ⅲ直升机专为高空飞行而设计，短时间内成功执行了多起救援任务，并迅速赢得了良好的声誉。它是第一架具有真正的多任务能力和与其任务难度相匹配性能的直升机，在民用和军用领域都大受欢迎。

尽管最后一架也是第 1437 架"云雀"Ⅲ直升机于 1979 年离开马里尼亚内装配线，但仍有近 500 架"云雀"Ⅲ直升机将在罗马尼亚、印度和瑞士获得许可生产。最后一架"云雀"Ⅲ直升机于 1985 年交付。即使距今过去了很多年，如今仍有数十台"云雀"Ⅲ直升机在大约 30 个国家/地区运行。

图 3-5 "云雀"直升机

6. 20 世纪 60—90 年代——经典机型的问世

随着直升机技术的快速发展和成熟应用，在不同应用领域或者技术领域都有相应的经典机型诞生。

（1）1965 年：SA330 "美洲豹" 直升机的问世——重型双发直升机

在 20 世纪 60 年代初期，法国和英国军队都开展了能够用于运送步兵排的军用直升机研发。该直升机必须具有除冰能力，并且还能够在热带地区运行。对直升机的另一个要求是可进行大型空运。

SA330 于 1965 年 4 月 15 日进行了首次飞行。为了解决振动问题，空客的工程师团队开发了一种新的减速器系统——减速器集成的技术，该技术将原本较大的主旋翼减速器集成到了较小的减速器系统模块中，使得其体积和重量减小。之后同样的系统被应用于该范围内的其他直升机。

图 3 - 6　SA330 直升机

（2）1967 年：BO105 直升机的问世——轻型双发直升机

BO105 是世界上第一架进入商业服务的轻型双引擎直升机。BO105 于 1967 年 2 月 16 日首飞，仅仅四个月后，这架直升机就在巴黎航展上亮相。它的主旋翼由四片桨叶组成，并且用上了由复合材料制成的加强旋翼桨叶。由于新材料的引入，BO105 比起先前的直升机有着更好的机动能力。

事实证明，BO105 的计划非常成功，因为它的能力完全符合当时所有的直升机业务，并且其双引擎的设计提高了安全性，它为德国和其他国家的直升机行业带来了飞跃。BO105 一共制造了近 1500 架，其更新的版本如今仍在世界各地广泛使用。

图 3 – 7　BO105 直升机

（3）1968 年：SA341 直升机——"Fenestron"涵道式尾桨技术的使用

涵道式尾桨技术不同于传统尾桨，通过涵道式技术可降低直升机噪声，同时由于非外露的桨叶设计对地面人员安全性的提升发挥了巨大作用。带有涵道式尾桨的第二架原型机 SA341 直升机于 1968 年 4 月 12 日首飞。

图 3 – 8　涵道式尾桨直升机

3.1.2 直升机的分类

直升机通常按最大起飞重量以及所安装发动机数量进行分类。

1. 按最大起飞重量分类

表 3 - 1   直升机分类（起飞重量分类）

类型	最大起飞重量	代表机型
小型直升机	低于 2 吨	R22
轻型直升机	2 吨～4 吨	H125 "松鼠"
中型直升机	4 吨～10 吨	H155 "海豚"
大型直升机	10 吨～20 吨	米 171
重型直升机	大于 20 吨	米 26

2. 按发动机数量分类

表 3 - 2   直升机分类（发动机数量分类）

类型	发动机数量分类	代表机型
单发直升机	1 个	贝尔 407
双发直升机	2 个	H135
多发直升机	3 个及以上	AC313

3.2 直升机结构及部件

尽管直升机和固定翼飞机使用相同的组装技术，但其基本结构有很大区别，这主要是因为航空器结构上所受的应力和载荷作用的位置不同。对于固定翼飞机，升力和推力是分开的，机翼连接点传递升力，发动机安装点传递推力。直升机的主旋翼既是机翼又是推进器，在机身上需要在同一位置承受推力和升力，这就需要建立一个中央结构来承载所受的两种力。

3.2.1 直升机的结构

从第一架直升机诞生之日起直升机经过几十年的技术发展，直升机结构所使用的结构构件基本一致。通常有三种基本类型用于直升机机身、尾部和发动机舱的设计。

1. 桁架式结构

早期一些小型直升机使用桁架式结构，尽管这种结构强度重量比较高，但制造成本也很高。桁架式机身骨架由铝合金制成，并且用实心杆件或管材制成撑杆，通过焊接、铆钉或螺栓连接成为整体。为了减小机身阻力，在桁架式结构外面固定有整形用的隔框桁条和蒙皮。这种结构很难保证尺寸紧密配合，且由于蒙皮不参与受力，其抗弯性和抗扭刚度较差，内部空间不能得到充分利用。桁架式结构的最大优点是外场修理①方便，只要不是严重性损坏和需要结构校准对中的，外场都可以修理。

桁架式结构支撑所有转动部件、传动系统和发动机驱动轴。它与其他部件的连接点均设在整体框架的节点上，节点上装有传递集中力的对接接头。

桁架式结构分成两种：一种是普拉特式（或称 N 形）；另一种是瓦伦式（或称 W 形）。两种结构形式都是围绕着大梁来搭建结构，而大梁是承载扭曲和弯曲的主要部件。

（1）普拉特式（PRATT）

机身大梁由横向和垂直钢管连接，通过对角连接件加强，钢管承受拉伸载荷。

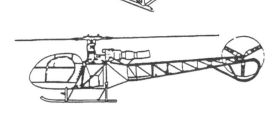

图 3-9　普拉特式结构

---

① 外场修理：相对于结构检查被通称为内场修理，航线维修和定期检查亦统称为外场维修。它是航空器维修工程系统的一个环节，是生产的重要组成部分，对保证航空器的持续适航、民航运输的安全正常具有很大影响。

（2）瓦伦式（WARRAN）

这种类型主要依靠对角件来承受拉伸和压缩载荷。

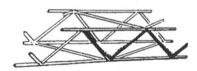

图 3 – 10　瓦伦式结构

2. 承力蒙皮结构

大多数现代直升机的机身设计都采用承力蒙皮理念。承力蒙皮通常很薄，主要用于承受剪应力和拉伸方向的应力，而与蒙皮所连接的机身框架承受压缩载荷。

承力蒙皮结构分为两种：硬壳式和半硬壳式结构。

（1）硬壳式结构

硬壳式结构是没有桁梁和桁条而由间距较密的隔框和蒙皮组成的机身结构。现代航空器几乎不采用这种结构，其最大问题是既要保持结构的强度又要使重量保持在允许的限制内。

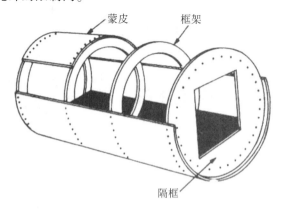

图 3 – 11　硬壳式结构

（2）半硬壳式结构

半硬壳式结构指的是机身纵向受力部件由纵向大梁与机身蒙皮共同受力的结构。该结构弯矩和剪力由纵向结构承担，扭矩由蒙皮承担。这样强度和刚性得到加强，应力蒙皮结构可以承受更大的损伤并保持其形状不变。其特点是结构布置更加灵活，重量更轻。

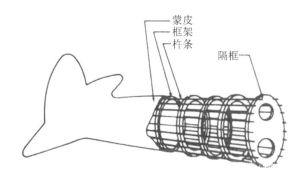

图 3 – 12　半硬壳式结构

3. 复合材料结构

复合材料是指两种或两种以上不同化学性质或不同组织结构的材料，以微观或宏观形式组合而成的材料。复合材料会用一种材料作为基体，另一种材料作为增强材料。

复合材料由于具有较高的比强度（强度/重量比）和耐腐蚀性，因此已被广泛应用在现代直升机结构上，大多数复合材料能够黏接在一起而不需要铆钉和螺钉，也减轻了直升机的重量。

直升机常见的复合材料有：

（1）Kevlar 和石墨纤维板；

（2）Kevlar 蜂窝；

（3）铝合金蜂窝；

（4）玻璃纤维。

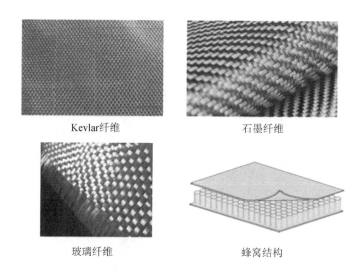

Kevlar纤维

石墨纤维

玻璃纤维

蜂窝结构

图 3 – 13　常见复合材料

3.2.2　直升机的主要部件

通常情况下，直升机由机身机体、主旋翼系统、尾桨、起落架、传动系统和动力装置六大部分组成。

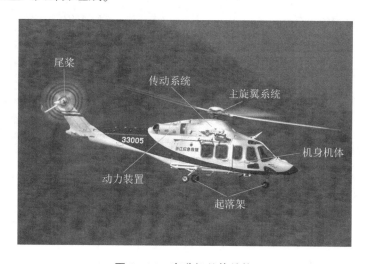

图 3 – 14　直升机总体结构

1. 机身机体结构

直升机的结构设计要满足各种适航标准，包括在飞行中和接地时所受的载荷、空气动力学的要求和有效携带各种商载的需要，更为重要的是安全方面的考虑。直升机的形状和布局是由它的操作类别和工作环境所决定的，所以直升机的外形、大小和配置千差万别，但总体构型是基本相同的。根据功能和失效后果的不同，直升机结构分为主要结构和次要结构。

（1）主要结构

结构部件的失效会直接导致结构塌损、动力损失，会严重影响直升机的安全和操纵，这样的结构称为主要结构。

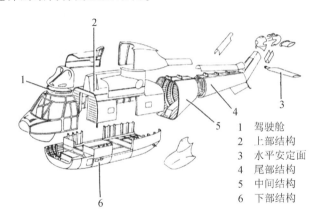

1	驾驶舱
2	上部结构
3	水平安定面
4	尾部结构
5	中间结构
6	下部结构

图 3-15　直升机主要结构

（2）次要结构

主要结构以外的其他结构称作次要结构，如驾驶舱地板、仪表板、客舱地板、电气安装架和脚踏板等。与主要结构相比，允许次要结构有安全裕度的降低。

2. 旋翼系统

旋翼系统是直升机的主要升力面和操纵面，旋翼系统由主轴、桨毂和桨叶组成。

（1）单旋翼直升机

最常见的直升机只有一个主旋翼系统，另外在机身后部与主旋翼不同平面内安装一尾桨系统。尾桨用于平衡因主旋翼转动对机身引起的反扭矩，同时尾桨还可以用于实现直升机的方向操纵。

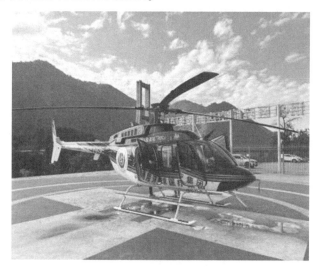

图 3 - 16　单旋翼直升机

（2）共轴反桨式直升机

两个主旋翼上下安装在同一主轴上，由一台或两台发动机驱动。两个主旋翼转动方向相反，可以互相抵消反扭矩，使机身不随旋翼转动。

图 3 - 17　共轴反桨式直升机

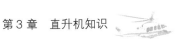

（3）横列交叉式直升机

有两个主旋翼轴，安装在机身两侧，两旋翼转动不互相啮合且带一定角度，以避免旋翼碰撞。

图 3 - 18　横列交叉式直升机

（4）双桨纵列式直升机

有两个主旋翼轴，分别安装在机身的前端和后端，两个旋翼轴的叶片转动方向相反，它的反扭矩相互抵消。

图 3 - 19　双桨纵列式直升机

3. 尾桨

(1) 常规开放式尾桨

带有单个主旋翼系统的直升机需要单独的反扭矩系统。飞行员改变反扭矩系统的推力，以便在主旋翼扭矩变化时保持方向控制，或在悬停时改变方向。大部分的直升机都是通过来自主变速器的尾传动轴驱动尾桨来保证尾桨的控制。

图 3 – 20　常规开放式尾桨

(2) NOTAR "无尾桨"

它是一种避免使用常规开放尾桨的旋翼系统，由麦道直升机公司研究开

图 3 – 21　NOTAR "无尾桨"

发。该系统使用尾梁内部的风扇来产生大量低压空气，里面的空气通过两个狭槽排出，并利用康达效应沿尾梁形成边界层气流。边界层改变了尾梁周围的气流方向，产生与主旋翼的反扭矩，使机身具有与主旋翼扭矩反向的推力。方向控制是通过尾梁末端的鼓风机获得的，称为直接喷射推进器。与传统的尾桨相比，该系统提供了更安静、更安全的操作。

（3）涵道式尾桨

涵道式尾桨与传统的开放式尾桨不同之处在于它整体安装在尾梁内，与它所取代的传统尾桨一样，它的作用是抵消主旋翼产生的扭矩。传统的尾桨通常有 2 个或 4 个叶片，而涵道式尾桨有 7 到 18 个叶片。这些叶片具有可变的角间距，因此噪声分布在不同的频率上。通过将尾桨放置在管道内，可以获得优于传统尾桨的几个明显优势，例如减少叶尖涡流损失、显著降低噪声的潜力，同时还能保护尾桨本身免受碰撞损坏，以及避免对地面人员造成伤害。

图 3 - 22　涵道式尾桨

4. 起落架

直升机的起落架主要分成两种形式：滑橇式和轮式。

（1）滑橇式起落架

此种起落架结构简单，重量更轻，因此它是小型直升机的最优选择。此外，滑橇式起落架几乎不需要维护，但缺点是地面移动较为困难。在地面移动轻型直升机时，先要将地面辅助轮安装到滑橇上，直升机才可以由两个人进行推动。较大的直升机（例如 Bell 206 或 AS350）可以使用地面辅助轮移动，但通常需要更多的人。因此诞生了各种各样的动力辅助拖车来协助人们自己移动更大的直升机。另一种地面移动的方法是平台小车，飞行员可以降落在平台小车上，然后拖着小车和直升机四处移动，但这对飞行员的技术要求更高。

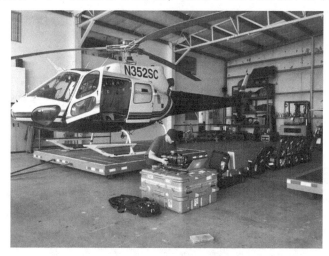

图 3 - 23 滑橇式起落架

（2）轮式起落架

该种起落架结构相对复杂，重量更大，一般在起飞重量更大的直升机上采用。轮式起落架的优点在于直升机可以在地面滑行（而不是空中滑行）。如果是可收放式的起落架还可以减少飞行阻力，从而实现更高的巡航速度。在地面移动可借助拖车牵引杆，只要连接到前轮即可以轻松地移动直升机。

图 3 - 24 轮式起落架

5. 传动系统

传动系统将发动机产生的动力传送到主旋翼、尾桨和其他附件。传动系统的主要部件是主旋翼传动装置、尾桨传动系统、离合器和单向离合器。

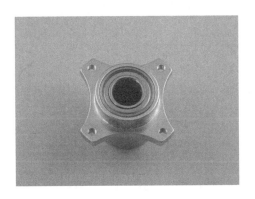

图 3 – 25　单向离合器

6. 动力装置

直升机的动力装置可为直升机提供升力及推进力，常见的动力装置可分为活塞式发动机和涡轮轴发动机，直升机经历了从多数使用活塞式发动机的时代到多数使用涡轮轴发动机的时代变革。从 20 世纪 50 年代开始，涡轮轴发动机逐步取代活塞式发动机，成为直升机主要动力装置。得益于科技的不断进步，人们对直升机的动力有更大需求，因此涡轮轴发动机的研究与发展愈显重要。

表 3 – 3　活塞式发动机和涡轮轴发动机对比

分类	优点	使用机型特点	使用燃油
活塞式发动机	低空性能较好 经济成本较低 易操控	航校训练机 低空观光旅游 对动力需求较小的飞行作业	95 号汽油 98 号汽油 100LL（航空汽油）
涡轮轴发动机	更少的震动 航空器性能的提升 可靠性 易操控	对动力需求较高的飞行作业（如航空医疗救援、航空物探、工业飞行、搜救飞行等）	JET A（航空煤油）

图 3 - 26　活塞式发动机（左）和涡轮轴发动机（右）

3.2.3　直升机的操纵系统

在飞行中，飞行员通过三个主要的操纵装置来控制直升机的飞行姿态，它们是周期变距杆（驾驶杆）、总距杆以及反扭矩脚蹬。除了这些主要操纵装置，飞行员还必须使用油门操纵装置，这个装置通常直接安装在总距杆上以方便驾驶直升机（即油门环）。对于操纵系统的描述并不局限于单旋翼构型的直升机，同样也适用于大部分其他构型的直升机。

图 3 - 27　直升机驾驶舱布局

1. 周期变距杆（驾驶杆）

周期变距杆（也称"驾驶杆"）通常从驾驶舱地板向上伸出，位于飞行员两腿之间或某些型号位于两名飞行员的座椅之间。驾驶杆是飞行的主要操纵装置，能够控制直升机向前后左右的任意方向飞行。操纵驾驶杆的目的是使主旋翼桨尖平面倾斜到所需的水平方向。飞行员操纵驾驶杆使旋翼桨盘相对于水平面倾斜，使旋翼拉力的方向改变，从而控制直升机移动的方向。当驾驶杆向前移动，旋翼桨盘向前倾斜产生对机体的前向拉力；当驾驶杆向后移动，桨盘向后倾斜，以此类推。

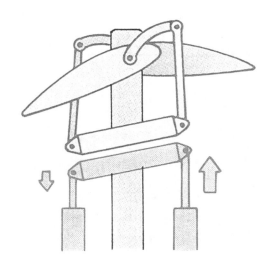

图 3 - 28　直升机驾驶杆驱动原理

2. 总距杆

总距操纵杆（简称总距杆或者推力杆）位于飞行员座位左侧并且由左手控制。正如其名，总距杆用于同时改变主旋翼桨叶的安装角。简言之，当上提总距杆时，主旋翼桨叶安装角加大，直升机会发生上升的运动趋势；当下放总距杆时，主旋翼桨叶安装角减小，直升机会发生下降的运动趋势，这一系列变化是通过一系列的机械连接来实现的。

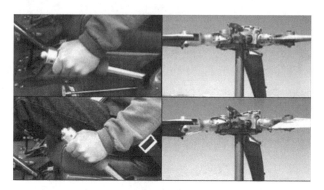

图 3-29 直升机总距杆驱动原理

3. 反扭矩脚蹬

反扭矩脚蹬位于驾驶舱地板上，飞行员的脚部附近。通过控制尾桨桨叶的桨距或其他反扭矩系统从而控制其拉力。方向控制除了用于抵消主旋翼的扭矩，尾桨还被用于悬停回转时控制直升机方向。悬停回转通常被称"脚蹬转弯"。

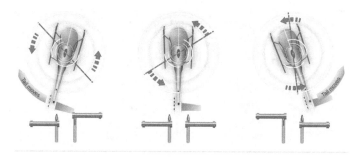

图 3-30 直升机反扭矩脚蹬原理

4. 油门操纵装置

在直升机运行中，维持恒定的旋翼转速是十分必要的，当总距变化时会引起桨叶阻力变化，此时需要通过油门操纵装置或调速器来调节发动机功率，以补偿阻力的改变，保持旋翼的恒定转速。

油门的功能是调节发动机转速。当总距杆提起或放下时，如果联动装置或调速器没有保持所需转速，或者没有安装这样的系统，此时必须人工转动油门环来保持转速。

3.2.4 直升机的仪表系统

飞行仪表是指示直升机在飞行中运动参数的仪表。飞行状态参数有飞行高度、飞行速度和加速度、姿态角和姿态角速度。相应的飞行仪表主要包括：空速表、姿态表、高度表、垂直速率表、航向指示表、转弯协调表。这六个仪表一般分布于飞行员的正前方，飞行员靠这六个仪表可以实现对直升机飞行的监控。传统的飞行仪表是机械式仪表，当前仪表正逐渐向电子化、综合化发展，但机械式仪表仍作为电子仪表的备份显示手段。

图 3 – 31 机械式仪表与综合电子仪表

1. 空速表（Airspeed Indicator）

显示的是直升机的指示空速（Indicated Airspeed），单位通常为"节"（knot）[①]。指示空速是飞机和空气相对的速度，也是空速表上显示的速度，有时简称为"表速""空速"。

图 3 – 32 直升机空速表

---

① 节：一种速度表示单位，节（英文：knot），单位符号 kn，是一个专用于航海的速率单位，后延伸至航空方面，相当于船只或飞机每小时所航行的海里数（1 节 = 1.852 公里/小时）。

2. 姿态表（Attitude Indicator）

显示直升机相对于地平线的姿态，通过姿态仪指示，飞行员能判断直升机俯仰、滚转角度。姿态仪是仪表飞行时的重要仪表，在能见度差的飞行天气中，该仪表是飞行员判断飞行姿态的最重要仪表。

图 3 – 33　直升机姿态表

3. 高度表（Altimeter Indicator）

提供直升机气压高度的指示（以米及英尺为单位）。高度通常是显示修正海平面高度。飞行员在飞行时，每飞过一地，要调整高度表的设定，为当地的气压表拨定值，以保证高度表可以显示正确的高度。

图 3 – 34　直升机高度表

4. 垂直速率表（Vertical Speed Indicator）

显示直升机爬升及下降的速率，单位通常为英尺/每分钟（ft/min）。

图 3 – 35　直升机垂直速率表

5. 航向指示表（Heading Indicator）

显示直升机机头的磁方位角①。

图 3 – 36　直升机航向指示表

———————————

①　磁方位角（magnetic azimuth），是由通过某点磁子午线北端起算，顺时针方向至某一直线间的夹角（即地球南北极上的磁南、磁北两点间的连线）。

6. 转弯协调表（Turn Coordinator Indicator）

显示转弯的方向及直升机转弯的速率。转弯协调表可显示直升机的转弯是否为协调转弯（Coordinated Turn）①，亦可作为姿态仪的辅助仪表。在仪表飞行时，转弯协调表可指示应有的转弯速率（度/秒）。

图 3 - 37　直升机转弯协调表

3.3　直升机起飞着陆特点

长久以来，有一部分人会将直升机误写为直升飞机，其实从航空器类别上定义，这是两种完全不同的航空器。在所有有关直升机的专业书籍里面，绝对不会出现"直升飞机"这个词，就是为了和固定机翼的"飞机"区别开来。

飞机，英文名称 airplane，由固定翼产生升力，由推进装置产生推（拉）力，在大气层中飞行的重于空气的航空器。

直升机，英文名称 helicopter，一种以动力装置驱动的旋翼作为主要升力和推进力来源，能垂直起落及前后、左右飞行的旋翼航空器。

---

① 协调转弯：航空器的零侧滑转弯。

3.3.1 起飞

根据起飞的特点不同，可分为三种方式，即正常起飞、滑跑起飞和大功率起飞。

1. 正常起飞

直升机通常的起飞流程可以分为三个阶段。第一阶段将直升机悬停至一定的高度，同时保持直升机的稳定且对准起飞的航迹。第二阶段在功率一定的情况下，直升机保持当前高度和轨迹稳定向前增速。第三阶段当直升机空速超过过渡速度①后，向后带杆直升机升空离地，同时调整直升机发动机的功率恢复正常爬升速度，完成起飞全过程。

（第一阶段为1；第二阶段为2~4；第三阶段为4~5）

图3-38　正常起飞

2. 滑跑起飞

如果在爬升起飞前没有足够的动力能够使直升机悬停，首先应该考虑的是放弃起飞。然而，如果是必须执行的紧急飞行任务，那么滑跑起飞可能是有限

---

① 过渡速度：直升机在起飞增速和着陆消速阶段时的某一飞行速度范围内，会出现明显的抖动现象，这个出现抖动的速度范围习惯上称为"过渡速度"。"过渡速度"抖动，是直升机所特有的一种现象。

的选择之一。滑跑起飞时直升机前方的表面道面必须是光滑的，并且直升机的滑橇可用于滑跑起飞。由于加速很慢，尤其是在起飞的早期阶段，因此必须确保前方区域没有障碍物。在滑跑起飞时，飞行员将直升机处于逆风的方向，平稳地施加全部允许功率，保持略微向前推动驾驶杆。一旦直升机加速到接近过渡速度，它就可以在地面效应下飞离地面。如果前方有障碍物，飞行员可能需要以最佳爬升速度开始爬升，并在飞越障碍物后恢复正常爬升速度。

滑跑起飞由于可以借助地面效应进行起飞，所耗费的功率较小，因此常常在功率受限的情况下使用此类方法，但滑跑起飞属于较为接近极限的一种起飞方式，尤其是对于滑橇式直升机。

图 3 − 39　滑跑起飞

3. 大功率起飞

大功率起飞常见的使用场景就是受周围地形限制且此时直升机没有过多的空间在任何方向上机动进行，需要直接垂直起飞来越障。此类起飞方式耗费的发动机功率最大。

首先直升机应定位在最佳起飞地点，利用任何有利的风、较低的障碍物和起飞航迹上发生紧急情况时可以中断起飞着陆的位置。在开始起飞之前，飞行员应规划从起飞点到最高障碍物顶部的爬升越障路线，当直升机处于最大功率爬升的过程中，飞行员需要与后面乘员配合，乘员需时刻关注周围环境的障碍物与直升机的相对位置，待直升机通过障碍物的最高处以上，缓缓前推驾驶杆以增加向前的速度，此时必须做到直升机不能有下降的趋势。当直升机完全越过航迹上的障碍物且达到过渡速度以上后，才可以降低功率，继续正常飞行。

该种起飞过程有一定的危险性，因为直升机此时处于起飞包线的阴影区。一旦单发直升机发生发动机失效，飞行员可能没有足够的时间处理，会置入一个较为困难的窘境。

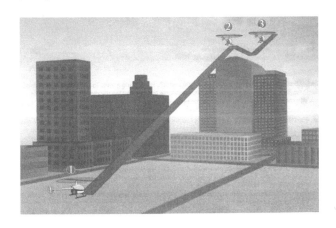

图3-40　大功率起飞

3.3.2　着陆

直升机的起飞和着陆并非像好多人想象的那样是直上直下的，只有在条件限制很大的情况下，才会用此方法进行起飞着陆。一般直升机着陆都采取进近着陆方式。直升机的进近分为三个角度，如下表所示。

表3-4　直升机进近方式

类型	角度	使用场景
低进近	5°下滑角	直升机功率不足 直升机在高海拔运行
正常进近	10°下滑角	净空良好的着陆点
高进近	≥15°下滑角	净空较差，且有障碍物或受限空间着陆点

1. 高进近着陆

高进近主要用于进近航迹上的障碍物过高无法执行正常进近的情况。直升机使用高进近进入限定区域，有时也用于避开山顶尖峰周围的颠簸区域。进近角约13°至15°视为高进近。

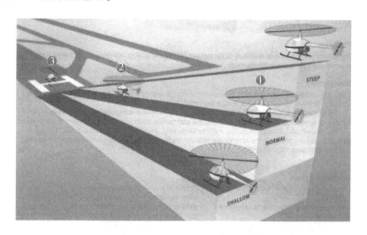

图 3 - 41　三种进近着陆角度

2. 低进近着陆

当较高的海拔高度总重较大的情况下，或者某种的组合导致悬停功率不足而无法实施正常进近或高进近时，则使用低下滑线进近和滑跑着陆方式着陆。为补偿功率不足，低下滑线进近和滑跑着陆利用过渡升力①直至接地。如果使用轮式直升机，还可以使用滑跑着陆使下洗气流的影响最小。低下滑线进近的下滑角约为3°至5°，这个角度与仪表着陆系统进近的下滑角相似。由于直升机在该机动飞行时将滑跑至停止，所以着陆区域必须平整并且起落架运动轨迹方向必须对齐，防止动态翻滚的发生。着陆区域还必须足够长，以完成着陆后的滑跑减速。

---

① 过渡升力：直升机在起飞和着陆时，由于速度从零增大，或者减为零，这个过程中由于旋翼的升力增大或减小，旋翼前行桨叶和后行桨叶的升力不对称。左转旋翼直升机在过渡速度到来时，会出现左偏头和抬头趋势。过渡速度的范围一般在 20 节 ~30 节之间。

图 3 – 42 低进近着陆

3. 自转着陆

直升机自转是一种无动力下降机动飞行，此时发动机从主旋翼系统脱开且旋翼桨叶仅由流经旋翼的向上气流来驱动。换句话说，发动机不再向主旋翼提供动力。自转最常见的原因是发动机失效或传动系统故障，但也可能在尾桨完全失效的情况下进入自转，因为在自转过程中几乎没有扭矩产生。之所以会出现这样的状况，常见的诱因是不恰当的维护。发动机失效也可能是燃油污染或耗尽引起，并被迫进入自转。如果发动机失效，单向离合组件①会自动将发动机与主旋翼分离，以使主旋翼自由转动。单向离合组件的作用就是当发动机转速小于旋翼转速时，它会将发动机与旋翼系统脱开。在发动机失效瞬间，主旋翼桨叶因为桨叶迎角（AOA）② 和飞行速度产生升力和推力。通过下放总距（这个动作必须在出现发动机故障时就立即进行），从而降低了升力和阻力，直升机立即开始下降，从而产生流经旋翼系统的向上气流。在整个下降过程中，这些流经旋翼的向上气流提供了足够的推力来保持旋翼转速。由于自转过程中尾桨由主减速器驱动，直升机的航向仍然能通过脚蹬控制，就像正常飞行

---

① 单向离合器：俗称单向轴承，也是仅能单一方向（顺时针方向或逆时针方向）传动的机械传动基础件。

② 桨叶迎角：指螺旋桨桨弦线和螺旋桨旋转平面之间的夹角，它随半径变化而变化，其变化规律是影响桨工作性能最主要的因素。

时一样。当直升机快接近地面时，将总距油门杆向上拉，旋翼变为正迎角，瞬间会在旋翼下方形成一个气垫，使直升机软着陆，自旋降落即完成，所有人员安全落地。

影响自转下降率的因素有以下几个：坡度、密度高度、总重量、旋翼转速、配平情况和空速。控制下降率最重要的方法是控制空速和旋翼转速。改变空速可使直升机的下降角从垂直下降到最小下滑角，也即最大航程之间变化。在零空速时自转下降率很高，在空速大约 50 节 ~ 60 节时下降率减小至最低，具体取决于特定的直升机机型和前面提到的那些因素。当空速增加到最小下降率空速以上时，下降率将会再次增大。当自转着陆时，唯一能减缓下降率并确保轻着陆的能量是储存在旋翼桨叶中的动能。桨尖重量可以大大增加这种储存的能量。与下降率小的直升机相比，下降率大的直升机需要更大的旋翼能量来缓冲着陆。因此，在非常低或非常高的空速下（这两种情况下降率都大），自转下降比在最小下降率的空速下进行的下降更加危险。

每个机型的直升机都有一个特定的无动力下滑最高效的空速和旋翼转速。一些直升机需要对冬季和夏季条件下的最旋翼低转速设定值以及高空和海平面飞行高度进行微调。不同型号直升机的特定空速和旋翼转速是在平均天气、风的情况和正常载荷的基础上设定的。当直升机在高密度高度或阵风条件下重载

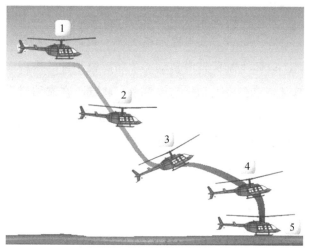

图 3 – 43　自转着陆

阶段 1 – 旋翼故障；阶段 2 – 向下高速俯冲；阶段 3 – 控制旋翼变为正迎角；
阶段 4 – 准备着陆缓冲；阶段 5 – 着陆成功

荷运行时，自转下降过程中，最佳性能的特定空速稍有增加。对于在低密度高度和轻载荷下的自转，略低于特定空速即可获得最佳性能。遵循以上将空速和旋翼转速与现有条件相匹配的一般程序，飞行员可以在任何情况下获得大致相同的下滑角，并精确预测着陆点。

3.4　直升机飞行的限制条件

鉴于直升机经常以低速、低空的状态下飞行，对于直升机的运行主要分为低空气象运行限制和直升机本身性能限制；同时由于直升机飞行作业中经常要进行低空悬停作业，因此地面环境（包括地形、建筑、气象等条件）对飞行也有一定的影响。

3.4.1　气象限制

由于直升机长期处于低空飞行阶段，因此受气象因素限制较大。通常能见度的好坏、气流是否会稳定对直升机的安全有着关键性影响。

1. 雾

对直升机飞行环境影响最大的常见因素是导致能见度变得极低的雾。

悬浮于近地面气层中的水滴或冰晶，使地面能见度小于 1 公里的现象叫雾。不像毛毛细雨，它不会滴落到地上。雾与云唯一的区别仅在于它在地表，而云在地表之上。即使气温低于冰点，云里水滴也可以保持液态。由水滴组成的雾，温度在冰点或以下称为冻雾。当雾由冰晶组成时，称为冰雾。当空气的温度和露点变得相同（或几乎相同）时，就会形成雾。这可能通过将空气冷却到略高于其露点。雾形成时温度露点的差值很少大于 2℃（35.6 ℉）。雾的类型有多种，包括下列这些。

（1）辐射雾

辐射雾是比较浅的雾。它可以密布整个天空，也可能只遮盖部分天空。辐射雾形成的因素是：逆温层下相对潮湿的空气；晴朗的天空；轻微的地表风。

辐射雾的特点如下。

①季节性和日变化明显。我国辐射雾多出现于秋冬季。辐射雾一般多生成于下半夜到清晨日出前后最浓。此后随着气温的升高或风速的增大，雾逐渐消散，地面能见度也随之好转。但有时如果雾比较浓，逆温层又被迅速破坏，也可能抬升成低云。

②地方性特点显著。辐射雾多产生于大陆上潮湿的谷地、洼地和盆地。

③范围小、厚度不大（数十米到数百米）、分布不均，越接近地表越浓。在辐射雾上空飞行，往往可见地面高大目标，甚至可见跑道，但在下滑着陆时，就可能什么也看不见。

图3-44　辐射雾

（2）平流雾

当温暖潮湿的空气在寒冷的地面上移动时，会形成平流雾。与辐射雾不同，平流雾可能在多云的中到强风下形成。一旦形成，它在沿海地区最常见，但经常移动到大陆地区深处。在海上，它被称为海雾。随着风速增加到约15节，平流雾也逐渐加深。当风速超过15节，平流雾将抬升变为一层低层云或层积云。

平流雾的特点如下。

①季节变化与辐射雾相反，呈现出春夏多、秋冬少的特点。日变化不明显，只要条件适合。天中任何时候都能出现，条件变化后，也会迅速消散。但

总体而言，以下半夜至日出前出现最多。

②变化速度较快。在沿海地区，如果风向为由较暖的海面吹向较冷的陆地，平流雾可很快形成，短时间内迅速覆盖飞行的区域。一旦风向转变，雾就会迅速消散。因此，春、夏季节在沿海地区进行飞行任务一定要关注风向的变化。

③范围广、厚度大。水平范围可达数百公里以上，厚度最大可达2000米。总体而言，平流雾对飞行任务的影响比辐射雾大。平流雾来去突然，不好预测，在平流雾上空飞行，很难看见地标，平流雾遮盖机场时，着陆极为困难。

图3－45　平流雾

（3）上坡雾

空气沿山坡上升，由于绝热膨胀冷却而形成的雾，称为上坡雾。上坡雾形成时，气团必须是稳定的，雾会出现在迎风坡的方向。

总体而言，上坡雾对山区飞行任务的影响较大。上坡雾会将不少山区内的障碍物和地形地貌覆盖，飞行员不易察觉障碍物（电线线缆），导致可控触地（CFIT）[1] 和撞线的可能。

---

[1] 可控触地：指飞机是可控的，但因某些失误撞到山峰、障碍物等复杂地域的某一部分而失事。

（4）锋面雾

在冷暖空气的交界处也常有雾产生，称为锋面雾。锋面雾一般以暖锋附近居多，锋前锋后都可能发生。锋前雾是由于锋面上面暖空气内云层中的较暖雨滴落入地面冷空气内，发生蒸发，和空气达到饱和而凝结而成的；锋后雾则是暖湿空气移至原来被暖锋前冷空气占据过的地区冷却达到饱和而形成的。

锋面雾对飞行任务中能见度的影响相比于其他类型的雾影响更大，有持续时间较长、范围较大且雾中含有大量水汽的特点。飞行机组在低空低能见度环境下飞行，长时间的精力集中造成飞行机组疲劳累积，可能导致情景意识丢失，对飞行产生威胁。

2. 雷暴

对直升机飞行环境影响较大的还有降水，其中又以雷暴最为突出。因为除了影响能见度以外，雷暴带来的雷电、冰雹、大风、颠簸甚至风切变也会严重影响飞行安全。

雷暴从形成到消散会经过三个不同的阶段。它从积云阶段开始，在这个阶段较低的暖湿空气开始形成上升气流。如果这部分的空气存在足够的水汽和不稳定性，则会支撑云层在垂直高度上继续发展。连续、强劲的上升气流会阻止水（固或液态）的下落。在大约在 15 分钟内，雷暴就可以到达成熟阶段。这是雷暴生命周期中最猛烈的时间段。这时，水滴无论是雨还是冰都变得太重，云已经不再能承托其重量，开始以雨或冰雹的形式下落。这样带动的空气形成一个向下的运动。温暖上升的气流与冷却的降水带动的下沉气流和强烈的湍流都同时存在于云内和云附近。在云下，下沉的空气增加了地面风速并降低了温度。一旦云顶部附近的垂直运动减慢，云的顶部就扩展开来并呈砧状。此后，雷暴进入消散阶段。这时以下沉气流为主，替代了之前维持雷暴云体所需的上升气流。

轻型航空器不可能飞越雷暴。强烈的雷暴可以穿透对流层顶，根据纬度的不同，雷暴可能达到 50000 英尺至 60000 英尺（15240 米至 18288 米）的惊人高度。在雷暴下飞行可能会使飞机遭受雨、冰雹、破坏性闪电和强烈的颠簸。对于雷暴的经验法则是：因为冰雹可能落在云外数英里远，对于严重的雷暴或

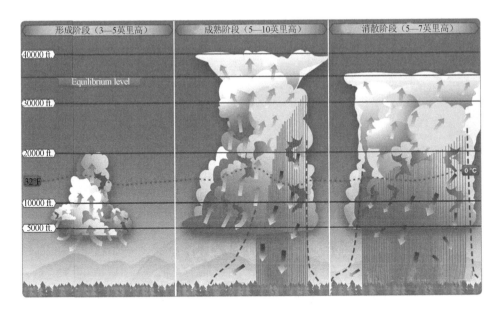

图 3 - 46　雷暴的三个阶段

强烈的雷达回波天气，至少距其 20 海里（37.04 公里）绕飞。如果不能绕飞雷暴则不要起飞，直到雷暴通过。

形成雷暴的条件是：空气必须具有充足的水汽、一定的温度递减率和使雷暴产生的初始抬升力。一些雷暴在不稳定的空气中随机发生，持续仅一两个小时，并且仅产生中等强度的阵风和降雨。这些被称为气团雷暴，通常是由于地表加热造成的。稳态雷暴与系统天气有关。锋面、辐合的风和高压脊等迫使空气向上的运动所形成的风暴，经常会形成飑线。在成熟阶段上升气流变得更强；持续时间比气团雷暴更长，因此称为稳态。

（1）雷暴伴随的危险

所有的雷暴都包含对航空有危害的情况。这些危害可能有多种不同的组合，并不是每个雷暴都包含所有的危害情况，也不可能通过目视确定雷暴包含哪些危险。

（2）飑线

飑线是一条狭窄的活跃雷暴带。通常它在冷锋或其前方湿润、不稳定的空气中发展，但它也可能在远离任何锋面的不稳定空气中发展。飑线可能非常长，不能轻易绕飞过去，也可能太宽而且强烈，不能穿越过去。飑线必然包含稳态雷暴等会给飞机带来最严重影响的天气灾害。它的形成可能很快，通常在下午和天黑后几个小时之间达到最大强度。

（3）龙卷

最强烈的雷暴会将周围的空气猛烈地吸入云底。如果被吸入的空气带有初始旋转运动，一般会从地表到云中形成非常强烈的涡旋。气象学家估计，此类涡旋内部的风速超过 200 海里/小时，而且涡旋的内部气压非常低。强风汇聚沙尘和碎屑，同时低压会产生漏斗状的云体，这种云会从积雨云的底部一直向下延伸。如果这种云没有连接到地面，被称作漏斗云；如果接触到地面，就形成了"陆龙卷"；如果接触到水面，则形成"水龙卷"。孤立的雷暴或者飑线雷暴都有可能产生龙卷，产生龙卷的大气环境很有可能存在剧烈的颠簸。进入龙卷涡旋区的航空器会失去控制并且遭受结构损坏。由于涡旋区能够延伸到云中，无意中进入雷暴的航空器可能会遇到隐藏的龙卷涡旋区。

作为雷暴主云体的附属体，龙卷风会延伸到雷电及降水区域几英里外。因此，任何与强烈雷暴相连的云体都有可能隐藏涡旋区。

图 3 – 47　龙卷风

（4）湍流

在所有的雷暴中都可能隐藏有危害性的湍流，较严重的湍流可能会对航空器造成损害。云中最强的湍流往往存在于上升和下冲气流之间的切变处。即使在云的外部，距强雷暴云顶数千英尺或者横向距云体 20 英里（32.19 公里）

外仍然可能遇到切变及湍流。低空湍流区是与阵风锋相关的切变区域。通常，从风暴前缘上的"滚轴云"标志着该切变中涡流的顶部，并且它表示极其颠簸的区域。阵风锋面的位置通常在相关降水之前（可高达 15 英里/24.14 公里）。阵风锋面在即将来临的雷暴之前就会导致地面风的快速或者剧烈的变化。

（5）积冰

雷暴中的上升气流中含有大量尺寸较大的液体水滴。当超过冻结高度时，水变为过冷却的。当上升气流中的温度冷却至约 -15℃ 时，大部分剩余的水蒸气凝华成冰晶。在该高度以上，在更低温度下，过冷水滴的量降低。

过冷水在与航空器撞击时会冻结。明冰可能发生在高于冻结高度的任何高度，但在较高的高度上，较小液滴的积冰可以是雾凇或混合的雾凇和明冰。在 0～-15℃ 之间，大量的过冷水滴会很快形成明冰，并且在雷暴群的单体雷暴中可能经常遇到。雷暴积冰是非常危险的。

雷暴不是飞行员可能遇到积冰条件的唯一区域。任何时候温度接近 0℃ 并且存在可见水汽时，飞行员应警惕积冰。

图 3 - 48　机翼积冰

（6）闪电

闪电可能会击穿飞机蒙皮并对通信和电子导航设备造成损伤，还可能会点燃燃油引发爆炸，但闪电造成的严重事故却并不多见。飞行员可能被附近的闪电短时致盲，以至于暂时无法通过仪器或目视进行导航，甚至无法控制飞机。近距离的闪电也可能对磁罗盘造成永久性的损伤。即使是较远的闪电也可能会对低频及中频无线电通信造成影响。虽然闪电的强度及频率与雷暴的参数没有直接联系，但是通常认为强雷暴内部发生闪电的频率较高。

图 3 – 49　闪电

3. 下击暴流

下击暴流是雷暴中的局部下沉空气柱（下沉气流），直径通常小于或等于 4 公里。下击暴流会在地表造成广泛的破坏，在某些情况下，可能会危及生命。下击暴流主要有两种类型：湿下击暴流和干下击暴流。潮湿的下击暴流伴随着大量降水，并且在夏季的几个月里很常见。是什么导致了下击暴流？主要是雷暴的发展和上升气流中悬浮的水滴/冰雹。有时，上升气流过于强烈，以至于将大量的水滴和冰雹悬浮在雷暴的上部。这些水和冰在对流运动过程中的蒸发或融化会极大地冷却周围空气，形成巨大的下沉趋势。一旦发生这种情况，上升气流就不能在云体中保持大雨/冰雹的核心。结果，核心坠落到地面。当它撞击地面时会向各个方向扩散，下击暴流首先击中地面的位置会经历最大的风和最大的破坏。

下击暴流中的风速可以达到 180 公里/小时甚至更高，会对地面的建筑和航空器产生巨大影响。下击暴流对低空航空器尤其危险，特别是在起飞或着陆时。接近下击暴流的航空器将首先遇到强逆风，会导致指示空速增加。因此，进场时以设定的空速飞行时，飞行员可能会倾向于降低功率，这是非常危险的。因为当飞机通过下暴流时，风变成顺风并且指示的空速和升力下降。下击暴流空气的显著向下力可能足以将飞机拍到地面或至少导致其失去相当大的高度。随着航空器遇到顺风，随后的性能损失可能会导致高度进一步降低甚至航空器失速。一旦陷入暴风雨中，只有直飞才能逃离；无论航空器以哪种方式转弯，都会遇到顺风和相关的性能影响。如果航空器此时正在转弯，那么失速速度会更高，情况可能会变得更糟。

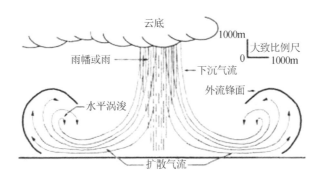

图 3 - 50　下击暴流

4. 风切变

风切变被定义为风速或风向的突然变化。风切变可能是垂直的或水平的，或两种类型的混合。国际民航组织将风切变的垂直和水平分量定义为：垂直风切变为水平风向或风速随高度的变化，这将通过安装在单个桅杆上不同高度的两个或多个风速计来确定；水平风切变为水平风向或速度随水平距离的变化，这将由安装在跑道上相同高度的两个或多个风速计确定。

低空湍流可能与锋面、雷暴或对流云、微爆流或周围地形有关，对起飞或着陆阶段的航空器特别危险。风切变通常与以下现象之一有关：锋面；雷暴或对流云（尤其是积雨云或高耸的积云）；山地波；下击暴流；飞机尾流。

风切变带来的主要影响是：湍流；剧烈的空气运动（向上或向下的气流或旋转的气流）；突然增加或减少空速；地速的突然增加或减少，或航空器出现突然的侧滑。

晴空湍流（CAT）也可能非常严重，有时晴空湍流会与飞机尾流有关。山地背风面的下降气流也会造成困难的飞行条件，甚至可能导致失控。

无论是否预期风切变条件，飞行员必须能够快速识别风切变何时影响直升机。飞行员可以通过以下疑似风切变情况的迹象判断：

（1）指示空速变化超过 15 节；

（2）地速变化（减少逆风或增加顺风，或从逆风转向顺风）；

（3）500 fpm 或更高的垂直速度偏移；

（4）5 度或更多的俯仰姿态偏移；

（5）更多的下滑道偏差；

（6）10 度或更多的航向变化，并且带有异常的动力输入或油门所处位置。

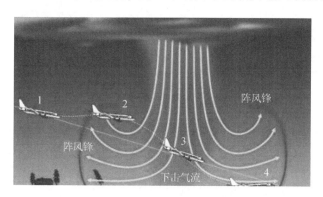

图 3－51　风切变对航空器的影响

5. 能见度

能见度是对物体或光线能被清楚辨别的距离的度量。能见度可能因方向和视角以及观察者的高度而异，受雾、云、霾和降水的影响。能见度单位视相关国家而定，通常以米（或公里）或英里为单位。

（1）可见性报告

能见度或跑道视程（RVR）[①] 在常规和特殊报告中使用简明的语言或气象终端空中报告 METAR[②] 或 SPECI[③] 代码报告。在机场，自动终端信息服务（ATIS）传输中还会以简明的语言报告能见度和 RVR。

（2）能见度的重要性

能见度在飞行的所有阶段都是一个重要因素，尤其是当航空器在地面或靠近地面机动时，即在滑行、起飞和初始爬升、进近和着陆以及滑行期间。

航空器起飞和着陆受到能见度或 RVR 的限制，其程度取决于地面设备的复杂程度、安装在航空器上的技术设备和机组人员的资格。许多机场和航空器配备了能够在能见度极低的条件下着陆的设备，前提是机组人员具备适当的资格；然而，在能见度非常低的情况下，即使完成了着陆，飞行员也可能无法滑行到停机位。

6. 沙尘暴

沙尘暴是干旱和半干旱地区常见的气象现象。当阵风或其他强风从干燥的地表吹散沙子和灰尘时，就会出现沙尘暴。

随着松散颗粒的灰尘力增加，沙粒首先开始振动，然后在称为盐化的过程中穿过地表。在反复撞击地面时，它们会松开并分解较小的颗粒，然后开始悬浮移动。细颗粒通过盐化和悬浮传输，是土壤从一个地方移动并沉积到另一个地方的过程。当风速高于导致最小悬浮的风速时，会有一群尘埃颗粒通过一系列机制移动：悬浮、跳跃和蠕变。2008 年的一项研究发现，沙粒的初始跳跃会通过摩擦产生静电场。跳跃的沙子相对于地面获得负电荷，这反过来又松散了更多的沙粒，然后开始跳跃。已经发现这个过程会使先前理论预测的粒子数量增加一倍。

---

① 跑道视程（Runway Visual Range，RVR）：指航空器的驾驶员在跑道中线上观察起飞方向或着陆方向的最大距离。

② METAR 代表"例行天气报告"，每隔一小时或半小时发出一次。这种报告表述指定时间内在机场台观察到的气象要素。

③ SPECI 代表"特殊天气报告"，当机场的天气状况明显地恶化或转好时，除例行天气报告外，机场气象台会发出特殊天气报告。

颗粒变得松散主要是由于长期干旱以及高风速。阵风锋可能是由强烈雷暴的雨水冷却空气流出产生的。或者，阵风可能是由干冷锋产生的。也就是说，冷锋正在移动到干燥的气团中并且不产生降水。在干冷锋通过后，较冷空气在加热地面上移动所导致的对流不稳定性可以维持在锋面发起的沙尘暴。

在干旱沙化地区，沙尘暴最常见的原因是雷暴外流或强压力梯度导致大范围风速增加。扬起的灰尘或沙子的垂直范围在很大程度上取决于地面以上大气的稳定性以及颗粒物的重量。在某些情况下，由于低空逆温，灰尘和沙子可能会被限制在相对较浅的地层中。在其他情况下，灰尘（但不是沙子）可能会被提升到 6000 米（20000 英尺）的高度。

干旱和强风会导致沙尘暴的出现，过度耕作和放牧习惯也会增加形成沙尘暴的可能。

对于航空运行，沙尘暴活动导致能见度急剧降低，沙尘颗粒进入发动机、皮托管静压系统和空调组件，造成堵塞和腐蚀。并且沙尘暴通常伴随着大风，若此时直升机在空中，会对飞行安全产生极大的影响。如果直升机已经在地面上并且沙尘暴即将来临，需要做到：

（1）如果预计风很大，请考虑将直升机转向风并系留；

（2）将盖子安装到进气口、通风口和管道上，以防止沙子和灰尘进入；在直升机内，覆盖任何灰尘进入可能会干扰飞行控制的区域；

（3）在随后的飞行检查中，清除任何在进气口和通风口前的沙子和灰尘，如果可行的话，用真空吸尘器吸走尽可能多的灰尘。

图 3–52　沙尘暴

7. 冰雹

雷暴中冰雹与湍流混杂对航空器而言是最大的危险。过冷水滴在冻结高度之上开始冻结，一旦有过冷水滴开始冻结，其他水滴也会附着其上，有时可以形成巨大的冰球。随着强烈的上升气流，在强雷暴内部较高的高度会形成大块冰雹。冰雹可能会在距离雷暴中心较远的地方坠落，因此可能会在距离雷暴数公里远的云外遭遇冰雹。

当外界温度高于0℃时，下落的冰雹开始融化，并以冰雹或降雨的形式到达地面。地面降雨并不能表明上方没有冰雹。飞行员应当知晓，在雷暴附近可能出现的冰雹，尤其是强雷暴的砧状云下方。直径约 0.5 英寸（1.27 厘米）的冰雹在几秒内可对航空器机体造成严重损伤。

图 3 – 53 被冰雹影响的航空器

3.4.2 性能限制

直升机性能取决于发动机的输出功率和旋翼系统产生的升力，可能是主旋翼，也可能是尾桨。影响发动机和旋翼效率的因素都会影响直升机性能。影响性能的三个主要因素分别是湿气（湿度）、重量和风。

1. 湿气（湿度）

在相同高度和温度下，湿度大的空气与干燥的空气相比，直升机性能约衰减 3% ~4% 。因此，在高湿度环境下，直升机悬停和起飞时，应考虑到性能的衰减。虽然 3% ~4% 的衰减看上去似乎并不重要，但如果直升机已经处在极限运行状态，这些就可能导致意外的发生。

2. 重量

重量是最重要的因素之一。通过减小直升机的载重，飞行员可能在原来不可能安全起飞或着陆的地点安全地起飞或着陆。直升机总重较大时，飞行时需要更大的功率以带动旋翼产生足够的升力和牵引力，同时旋翼会产生更大的反作用力矩，这意味着需要尾桨产生更大的侧力抵消，也就是需要更大的反扭矩拉力。某些直升机在较高的高度运行时，由于空气密度降低，桨叶气动性能变差，即使总重在限制范围内，悬停时尾桨产生的最大侧力也无法抵消主旋翼的反作用力矩。

3. 风

风向和风速也影响着直升机的悬停、起飞和爬升性能。飞行中直升机与空气会产生相对气流，相对气流可能因直升机的移动或者自然风而产生，当它流过旋翼桨盘时，会随时产生过渡升力。比如在逆风情况下，风速增加时，过渡升力增加，悬停所需功率就会减少。

3.4.3 有/无地效悬停

有地效悬停（IGE，In Ground Effect）是来自主旋翼的下洗气流与坚硬的表面（地面）发生反应，发动机只要提供较小的功率就能获得相对较多的升力。空气与地面碰撞，并导致旋翼桨盘下方区域的气压小幅积聚形成气垫，然后直升机"漂浮"在气垫上。这意味着维持恒定高度悬停所需的功率更少。有地效悬停条件通常出现在主旋翼直径的 0.5 到 1.0 倍的高度内。因此，如果直升机的旋翼直径为 48 英尺（14.63 米），则 IGE 区域将在地面上方约 24 英尺至 48 英尺（7.32 米至 14.63 米）处。有地效悬停条件的高度会根据直升机的类型、地面的坡度和性质以及盛行风而有所不同。

无地效悬停（OGE，Out of Ground Effect）与上述相反，没有硬表面可供下洗流反应。例如，一架直升机在海面上方 150 英尺（45.72 米）处盘旋就处于无地效悬停状态，并且比在 15 英尺（4.57 米）处盘旋时需要更多的动力来保持恒定的高度。因此，受可用发动机功率的大小的限制，直升机的无地效悬停上限总是低于有地效悬停。给定直升机的性能数据如下：

最大重量悬停高度 = 4000 英尺（1219.2 米，无地效悬停）和 6000 英尺（1828.8 米，有地效悬停）

这意味着满载的直升机最高可以在任意 4000 英尺（1219.2 米）海拔高度处悬停（即下方没有坚硬的表面），或者可以在下方有地面的高原地区的 6000 英尺（1828.8 米）海拔高度处悬停（离地面高在 0.5 ~ 1.0 旋翼直径内）。

再循环是在地面效应的低高度悬停期间可能发生的一种情况。直升机起降时被引导到地面的气流，在地面效应中形成气垫，其中侧面气流从地面反弹并返回到旋翼系统的顶部。当它再次通过旋翼返回下方时，它会被加速。该过程可以随着每次通过旋翼时增加的空气速度而继续，最终速度加大，以至于从上方进入旋翼的空气不断循环加速从而导致升力损失。此时除非飞行员增加动力，否则直升机将向地面下沉。这意味着如果发生再循环，直升机将需要更多动力来保持恒定高度。再循环不会总是发生，但会因地面或附近障碍物的类型而加剧，导致试图从直升机侧面逃逸的空气被引导回旋翼系统，造成下洗空气的"再循环"。

图 3 - 54　直升机气流再循环

附录：常见救援直升机机型

1. Bell 407

制造商：

贝尔直升机

基本介绍/主要用途：

乘员：2＋5/1＋6

发动机数量：1 个

最大起飞重量：2381 千克

最大航程：550 公里

最大升限：6096 米

主要用途：

医疗救护、搜索救援、空中巡查、空中消防

图 3－55

2. Bell 429

制造商：

贝尔直升机

基本介绍/主要用途：

乘员：1＋7/2＋6

发动机数量：2 个

最大起飞重量：2800 千克

最大航程：700 公里

最大升限：3048 米

主要用途：

医疗救护、搜索救援、空中巡查、空中消防

图 3 - 56

3. H125

制造商：

空客直升机

基本介绍/主要用途：

乘员：1 + 5/2 + 4

发动机数量：1 个

最大起飞重量：2250 千克

最大航程：670 公里

最大升限：7010 米

主要用途：

医疗救护、搜索救援、空中巡查、物资吊运、空中消防

图 3 - 57

4. H130

制造商：

空客直升机

基本介绍/主要用途：

乘员：1 + 7/2 + 6

发动机数量：1 个

最大起飞重量：2250 千克

最大航程：606 公里

最大升限：7010 米

主要用途：

医疗救护、搜索救援、空中巡查

图 3 - 58

5. H135

制造商：

空客直升机

基本介绍/主要用途：

乘员：1 + 6/2 + 5

发动机数量：2 个

最大起飞重量：2980 千克

最大航程：633 公里

最大升限：6096 米

主要用途：

医疗救护、搜索救援、空中巡查

图 3 - 59

6. H145

制造商：

空客直升机

基本介绍/主要用途：

乘员：1 + 10/2 + 10

发动机数量：2 个

最大起飞重量：3800 千克

最大航程：650 公里

最大升限：6096 米

主要用途：

医疗救护、搜索救援、空中巡查

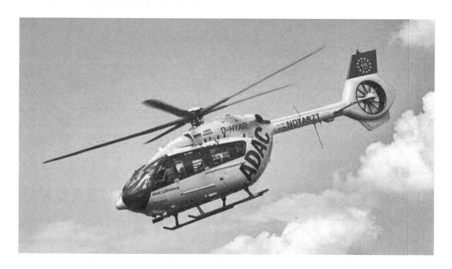

图 3 – 60

7. S – 76

制造商：

西科斯基

基本介绍/主要用途：

乘员：1 + 13/2 + 12

发动机数量：2 个

最大起飞重量：5307 千克

最大航程：832 公里

最大升限：4572 米

主要用途：

医疗救护、搜索救援、空中巡查、物资吊运

图 3 – 61

8. AW109

制造商:

阿古斯塔

基本介绍/主要用途:

乘员: 1 + 7/2 + 6

发动机数量: 2 个

最大起飞重量: 2600 千克

最大航程: 948 公里

最大升限: 4572 米

主要用途:

医疗救护、搜索救援、空中巡查

图 3 – 62

9. AW119

制造商：

阿古斯塔

基本介绍/主要用途：

乘员：1 + 7/2 + 6

发动机数量：1 个

最大起飞重量：2720 千克

最大航程：1013 公里

最大升限：4572 米

主要用途：

医疗救护、搜索救援、空中巡查

图 3 - 63

10. AW139

制造商：

阿古斯塔

基本介绍/主要用途：

乘员：2 + 15

发动机数量：2 个

最大起飞重量：6400 千克

最大航程：1061 公里

最大升限：6096 米

主要用途：

医疗救护、搜索救援、空中巡查

图 3 - 64

11. AC311

制造商：

中航工业

基本介绍/主要用途：

乘员：1 + 5/2 + 4

发动机数量：1 个

最大起飞重量：2200 千克

最大航程：670 公里

最大升限：6010 米

主要用途：

医疗救护、搜索救援、空中巡查、物资吊运、空中消防

图 3 – 65

12. AC313

制造商：

中航工业

基本介绍/主要用途：

乘员：2 + 27

发动机数量：3 个

最大起飞重量：13800 千克

最大航程：900 公里

最大升限：5300 米

主要用途：

医疗救护、搜索救援、空中巡查、物资吊运、空中消防

图 3 – 66

13. 直 9

制造商：

中航工业

基本介绍/主要用途：

乘员：2 + 12

发动机数量：2 个

最大起飞重量：4500 千克

最大航程：900 公里

最大升限：6780 米

主要用途：

医疗救护、搜索救援、空中巡查、物资吊运、空中消防

图 3 - 67

14. 卡 32

制造商：

卡莫夫设计局

基本介绍/主要用途：

乘员：2 + 15

发动机数量：2 个

最大起飞重量：13600 千克

最大航程：800 公里

最大升限：5200 米

主要用途：

搜索救援、空中巡查、物资吊运、空中消防

图 3 - 68

15. 米 171

制造商：

米里设计局

基本介绍/主要用途：

乘员：2 + 16

发动机数量：2 个

最大起飞重量：13000 千克

最大航程：500 公里

最大升限：5000 米

主要用途：

医疗救护、搜索救援、空中巡查、物资吊运、空中消防

图 3 − 69

参考文献

［1］FEDERAL AVIATIONADMINISTRATION. Helicopter Flying Handbook FAA − H − 8083 − 21B ［M］. U. S. FAA, 2019.

［2］FEDERAL AVIATIONADMINISTRATION. Pilot's Handbook of Aeronautical Knowledge FAA − H − 8083 − 25B ［M］. U. S. FAA, 2016.

［3］Walter J. Wagtendonk. Principles of Helicopter Flight ［M］. U. S. Independent Pub Group, 2006.

第4章 直升机救援装备

执行各类救援任务的直升机需要搭载专用的救援装备，用于完成搜索、救生、急救、灭火、物资转运等作业任务。直升机救援装备可分为航空器、机载救援装备、人员保障装备以及综合保障装备，如图4-1所示。本章将围绕机载救援、人员保障以及综合保障中主要的装备类型展开介绍，其中无人机会作为与直升机协同开展救援的装备，放入综合保障装备介绍。

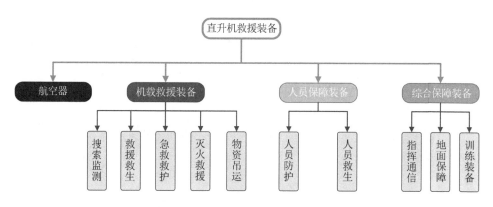

图4-1 直升机救援装备组成图

4.1 机载救援装备

机载救援装备为安装在航空器上，或者执行直升机救援所需的便携式装备，针对不同航空救援任务和航空器共同完成救援任务。按照救援任务类型机载救援装备可以分为搜索监测、救援救生、急救救护、灭火救援以及物资吊运等装备。

4.1.1　搜索监测

搜索监测涉及的设备主要包括光电吊舱、航空搜索灯、夜视仪。

1. 光电吊舱

机载光电吊舱是用于航空侦察的一种光电设备，通常安装在直升机外部，如腹部下面，用于直升机对目标的观察、精确搜索、跟踪和锁定。机载光电吊舱设备最早应用于军事，后逐渐在民用搜索、勘测等领域应用。近年来，随着传感器技术的发展，视频传感器的分辨率也显著提高，可见光通常采用 1080p 数字高清视频，红外传感器分辨率也达到了 640×512 以上。

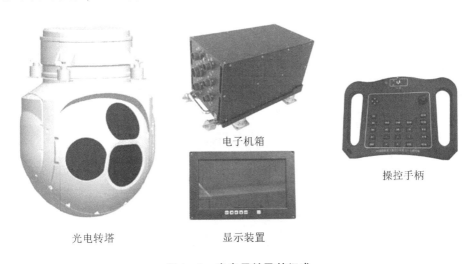

电子机箱

操控手柄

光电转塔　　　　　显示装置

图 4 - 2　光电吊舱及其组成

机载光电吊舱通常由光电转塔、电子机箱、显示装置以及操控手柄组成。

光电转塔由光电传感器组件、转塔运动机构组成。光电传感器组件用于探测外部光学信息，包括可见光、长波红外、中波红外、激光、紫外光等，是获得外部信息的关键部件。转塔运动机构承载光电传感器，为光电传感器方位、俯仰转动提供平台，是机载光电吊舱设备的重要组成部分，保证光电传感器对目标的跟踪以及传感图像稳定。

图 4 - 3　光电转塔

　　电子机箱是控制光电转塔以及内部传感器的电气组件，是光电吊舱工作的
"大脑"，主要对光电传感信息进行图像处理、图像分析，生成图像显示信息，
接收显控装置的信号驱动光电传感器的探测和转塔运动。

图 4 - 4　电子机箱

　　显示装置是光电吊舱的机上显示终端，接收电子机箱的信号实现光电可见
光视频、红外视频等图像的直接显示。

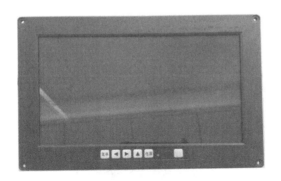

图 4 – 5 显示装置

操控手柄为吊舱人机操控终端，对光电转塔的传感器进行控制，操作转塔运动。

图 4 – 6 操控手柄

2. 航空搜索灯

直升机执行夜间任务时，搜索灯是不可或缺的设备。搜索灯又名小太阳，从直升机的交流发电机直接取电，功率大，射程远，在能见度好的情况下，照射距离可达到 300 米至 400 米。航空搜索灯由搜索灯、遥控盒、接线盒、万向架四大部分组成，可为直升机提供高强度光源，并能遥控光束的指向和焦距。航空搜索灯是直升机夜间执行陆地或海上救援、搜索和监视、精确观察等任务时的必要装备。

图 4 - 7 航空搜索灯

图片来源：https：//www. airbushelicopters. ca/optional-

equipment/sx16-searchlight-installation/

3. 夜视仪

搜索监测作业往往要求全天候进行。相对昼间飞行，夜晚环境能见度低，地面参照光线不充足，作业难度加大。对直升机来说，夜视仪（NVG）能很好地提高夜间作业能力。

夜视仪由望远光学系统、图像增强管和高压供电装置组成，采用夜微光和红外线技术，把人眼看不见的目标转换成人眼能看到的目标，具有体积小、重量轻、机动灵活等特点，有利于增强直升机飞行员夜间视觉，进而提高直升机夜间搜救、侦查、支援等行动能力。

图 4 – 8　夜视仪

图片来源：https：//cdn. officer. com/files/base/cygnus/ofcr/image/
2008/08/960w/nvag6nightvisionaviatorgoggle_10050092. jpg

对直升机夜间作业来说，夜视仪是一种比较合适的夜视视觉辅助装置，其优点可以概括为：不需要固定的设备，可直接安装在飞行员的头盔上；正、副驾驶员可独立获得各自的夜视图像，也可独立实现各方向的观察和瞄准；可让驾驶员在夜间有直接视觉以及立体视觉效果；重量轻、成本低、使用维护方便。但其也存在一些缺点：外部环境的高光亮度和低光亮度的频繁出现将使驾驶员难以适应；在无明显特征的地形环境执行任务，夜视仪效果会受到影响；需要最小光亮度；座舱照明必须与夜视仪兼容。

4.1.2　救援救生

救援救生涉及的设备主要包括救援绞车、救生担架、救援吊篮、救援吊带、救援吊椅、救生软梯、索降装置以及空投设备等。

1. 救援绞车

救援绞车源于 20 世纪 50 年代建筑业广泛使用的简易吊车，通常是以液压或电力作为驱动力，通过缠绕钢索或缆绳来提升载荷。作为直升机的选装设备，救援绞车通常与直升机机体之间采用快卸的连接方式：当直升机需要绞车作业时，就快捷地安装上绞车进行作业；当不需要时，能方便地从直升机上拆卸，减轻直升机重量，便于直升机执行其他任务。绞车目前已被抢险救援、医疗救护、公安执法、交通管理、消防救火、反走私与缉毒等多个领域应用。救援绞车主要应用于悬停飞行中状态机组登离机、人员救生、物资吊运等方面。

图 4 – 9　直升机救援绞车

图片来源：https：//prd – sc101 – cdn. rtx. com/ – /media/ca/product-assets/

marketing/h/hoist-and-winch-catalog. pdf? rev = 557bd0f14df3495e8ce1e

0db129b5aa4&hash = 8951726EB91354A1BF715488CCD7286A

　　液压绞车由于拆装不便、调速困难、液压油易渗漏等缺点已逐渐被淘汰，而电动绞车由于安装便利、使用可靠、重量轻等优点成为目前市场上的主导产品。电动绞车由驱动系统、钢索缠绕系统、电气控制系统、吊钩等部件组成。

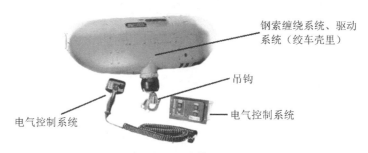

图 4 – 10　绞车组成图

绞车按照维度有不同的分类方式，见表 4 - 1。

表 4 - 1　绞车不同分类方式表

序号	分类维度	具体分类
1	按动力源	分为液压驱动的绞车、直流/交流电驱动的绞车
2	按照钢索速度	恒速绞车、变速绞车
3	按安装部位	外部安装的绞车、机舱内安装的绞车
4	按用途	救生绞车、货物绞车和声呐绞车
5	按额定载荷	300 磅（136 公斤）、450 磅（204 公斤）、500 磅（227 公斤）、600 磅（272 公斤）等
6	按钢索的有效长度	45m、50m、60m、76m、90m 等

2. 救生担架

直升机救生担架专为各类救援任务而设计，整体结构紧凑且携带方便，具备悬钩、吊绳能与直升机挂钩相连接，实现直升机野外救援。救生担架的选取需要依据具体的救援实地情况，下面将介绍两种常用的直升机救生担架。

（1）篮式救援担架

篮式担架的构造符合急救的特性，除了适用于空中救援，还适用于山区、海上等救援场景，担架用多条安全绳稳定，固定被救者；整个担架采用不锈钢管和不锈钢网制造，坚固耐用的同时不会对伤员造成二次伤害；担架配备的悬钩能与直升机上的挂钩连接，实现野外救援。

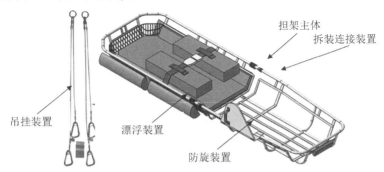

图 4 - 11　篮式担架及漂浮装置

图片来源：https://www.dan-jia.com.cn/

篮式担架由担架主体、吊挂装置、防旋装置等组成，在海上救援时可配置漂浮装置。担架主体用于伤员安置并提供其他部件安装位置；吊挂装置用于提供挂点，便于担架吊运；防旋装置能够抑制担架旋转；漂浮装置能够保证伤员在水中口鼻露出水面。救生担架在设计时可采用两折式结构，便于担架在机舱内的放置。

（2）SKED 担架

又称卷筒式担架，一般由聚乙烯制成，设有 4 条横向固定带，两侧各有两个提手，尾部还有用于拖拽的拉绳和硬质把手。不用时可成卷筒形状，使用时摊开成担架形状，体积紧凑、重量轻，适用于在复杂、狭窄地形中转运伤员。

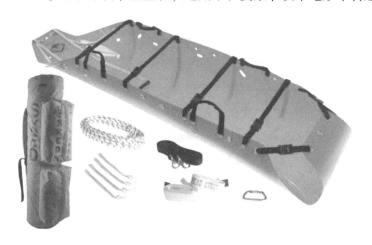

图 4 – 12　SKED 担架

图片来源：http：//www. texo. cn/h – nd – 10. html

3. 救援吊篮

救援吊篮作为一种直升机应急救援专用设备，具备运送救援人员、转运伤病员和重要物资等功能，其主要与绞车共同配合救援。救援吊篮通常由吊篮主体、浮筒和支架等组件构成。支架结构一般采用铝合金或不锈钢以提升强度和刚性，具有防腐蚀的优点。吊篮主体结构通常采用半刚质或柔性尼龙材料，便于折叠、存储。浮筒为吊篮提供浮力，其外侧通常包有橙色或黄色的材料，起到提醒作用并且能防鲨。

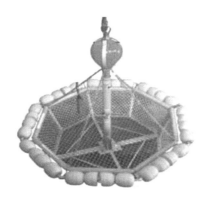

图 4 – 13　RB – 300/RB – 250 救援吊篮

图片来源：http：//www. wrleading. com/index. php？ id = 156

　　救援吊篮的收起和展开不需要外部工具辅助，能在数秒内收放，方便存储，更好地利用直升机内部狭小的空间。装备内部空间开放，能够容纳多名人员，配合绞车能够实现多人的同时救援，提高了现场救援能力并大大缩短了现场救援时间。

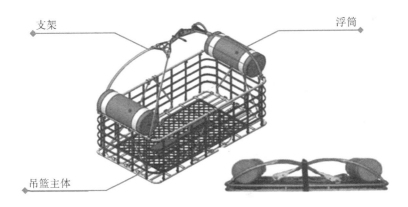

图 4 –14　国产 LS –495 型救援吊篮

4. 救援吊带

　　救援吊带主要用于直升机救援过程中对地面（水中）待救人员实施快速穿戴连接、起吊及回舱，其一般由主带、垫衬、提升带、防护带等组成。

（1）主带为救援吊带的主体部分，起包裹并架起待救人员的作用，是救援吊带的主要受力部件。

（2）衬垫加装在吊带上，是与人体受力部位接触的结构，主要缓冲人体受力点，起到提高救援吊带舒适性的作用。

（3）提升带主要是吊带主部的延伸端，使得吊带伸出长度足够，端头有金属环，主要与直升机起吊挂钩连接，拉起或下放被救人员，是主要受力部件。

（4）防护带两端头固定在吊带上，与吊带主部一起固定人体，防止移吊人员过程中人体滑移、掉落；防护带具有调节结构，可根据不同身材的待救人员进行调节，以便救援吊带符合各种身材的待救伤员使用。

救援吊带根据使用对象的不同，可以分为成人救援吊带和儿童救援吊带。

单套成人救援吊带结构见图 4-15。成人救援吊带是直升机救援过程中对地面（水中）待救人员实施快速起吊及回舱的工具。救援时，先将救援吊带衬垫围绕伤员后背，穿过待救人员腋下，再收紧防护带，固定好伤员；救援辅带在需要时可下移至腿部膝盖窝，兜起待救人员；最后将吊带主带与直升机绞车挂钩连接，启动绞车便可吊起待救人员。

图 4-15　单套成人救援吊带示意图

单套儿童救援吊带结构示意图如图 4-16 所示。儿童救援吊带是直升机救援过程中对地面（水中）待救儿童实施快速起吊及回舱的工具。救援时，待救儿童上半身躺入吊带，双臂分别穿出吊带主部上的左右两孔，将防护带横系于待救儿童胸前并收紧固定身体，再用弹簧钩连接吊带两边及裆部的三个挂环，最后将弹簧钩与直升机绞车吊钩连接，启动绞车便可吊起伤员。

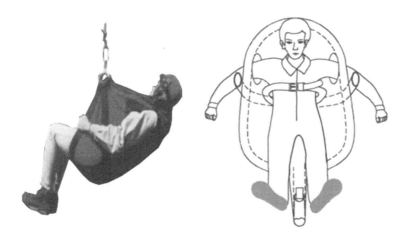

图 4 – 16　单套儿童救援吊带示意图

5. 救生吊椅

救生吊椅又称锚型吊座，外观像一个带有两个平的爪或座位的三爪锚，与绞车设备共同配合可以将被救人员转移至直升机。由于其结构紧凑、体积较小，通常用于丛林及山地等复杂的救援环境，也可用于水上救援。救援座椅由人员约束组件、漂浮组件、座椅支撑柱组件、座椅面旋转组件等构成，图4 – 17 所示。

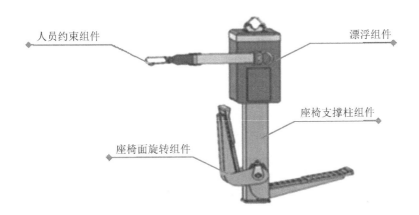

图 4 – 17　救生吊椅

救生吊椅一次可救起 1 至 2 名人员。吊起 1 名人员时，被吊人员可以跨坐在两个座位上，双臂抱住支撑柱即可；若吊升 2 人，被吊人员面对面各自跨坐在一个座位上，如图 4 - 18 所示。

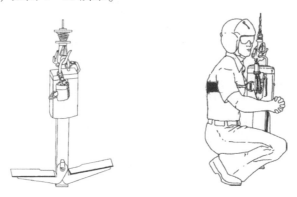

图 4 - 18　两种救生吊椅的使用方式

6. 救生软梯

救生软梯用于直升机应急救援过程中营救和撤离遇险被困人员。在救援直升机没有配备救援绞车或救援绞车不能使用时，救生软梯是保障救生员或被救人员安全登机的有效装备，是直升机救援的临时垂直通道，是救援直升机执行任务的重要装备。

图 4 - 19　救生软梯作业场景

救生软梯结构紧凑，一般由挂钩、连接带（绳）、横档安全销和把手组成。救生软梯由多个横档通过连接绳连接而成，救生软梯顶端为挂钩。连接带（绳）顶端各有一个挂钩，挂钩可以和直升机的挂环或挂索连接。救生绳梯不用时可以收在提包里，使用时可以快速释放。救生软梯执行飞行救援任务时卷绕并放置在机舱内。

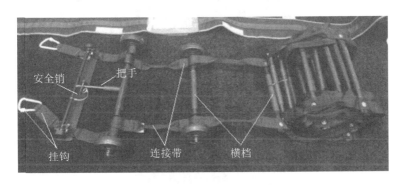

图 4 - 20　救援软梯组成示意图

　　救生软梯在使用时，如果出现意外情况时，可以拔掉安全销，扳动把手，软梯固定销和软梯主部的连接带脱离，实现在紧急情况下救生软梯与直升机快速分离，避免意外情况发生。

7. 索降装置

　　索降装置是基于直升机平台实施人员快速滑降的重要装备。索降装置可广泛用于火灾、地震和海上救援等情况下实现救援人员快速部署。

图 4 - 21　索降装置

图片来源：http：//hg - air. com/pro_2th. asp？id = 887&BigClassID = 113&SmallClassID = &parentID = 2

索降装置主要通过多股绳索编织缠绕所产生的摩擦力使滑降绳索形成一个有效的受力整体，其强度由选定的高强度聚乙烯丝绳和涤丝纤维保证。在使用过程中，需使用人员双手紧握绳索，双脚夹紧绳索，调整身体重心尽量贴近绳索，然后通过控制手套、鞋与绳索之间的摩擦力来实现快速安全的滑降。

图 4 - 22　索降装置使用示意图

图片来源：https：//baijiahao. baidu. com/s？ id = 1696981361998404503

8. 空投设备

以航空器为载体向遇险人员投放救生物资、设备，能使遇险人员有效应对各种恶劣环境中的生存挑战。空投设备空投时通常被集成在一个容器中，也就是物资包（舱）中。对物资包设计时，需要考虑空投物品的特性、空投任务需求、直升机装载要求、安全性等，以保证空投设备成功空投。

水上救援时空投设备中配备了多人救生筏、救援救生包、医疗包、发光标志浮标和其他所需工具配件，具备体积小、重量轻、通用性强、性价比高等特点，有些空投设备还会配备在水激活装置的作用下自动充气的救生船以及减小空投系统入水冲击力的稳定伞等。空投设备一般可挂载于各类航空器上执行任务，投放多次后也可回收重复利用。

图 4 - 23   UNI-PAC 水上空投救生设备

图片来源：http：//www. 360doc. com/content/20/1009/16/13664199_939599413. shtml

http：//www. hg - air. com/pro_2th. asp？ ID = 613&parentID = 5&BigClassID = 85&SmallClassID = 194

4.1.3   急救救护

执行医疗任务时直升机要通过改装成为"空中救护车"。主要的机载急救设备包括医疗担架、除颤仪、呼吸机、供氧系统、注射泵、吸痰器、医用急救包等。

1. 医疗担架

直升机内装备医疗担架，以便病患躺卧、固定。常见的用于直升机的医疗担架有专用医疗担架、真空负压担架、铲式担架等。

专用医疗担架可快速安装于医疗构型的直升机上，不需要特种设备、专用

图 4 - 24   专用医疗担架

图片来源：AeroLite、AAT 官网

工具、特殊人员，即可实现可靠连接，能够上机使用，具备足够的安全可靠性。专用医疗担架需要通过民航的适航安全性认证，以保证在直升机上使用的安全性。

真空负压担架采用真空成型原理，将担架气垫内空气抽出，形成硬性固定型体，使得固定气囊与人体形状相符并紧贴在一起。该种担架具备体积小、质量轻、携带方便、坚固耐用等特点，有利于伤员的转移、运送。真空负压担架一般与专用医疗担架配套使用。

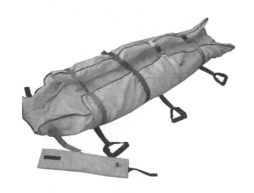

图4-25 真空负压担架

图片来源：https://img3.912688.com/o_1dqt128ca1odfj5s1t9m7
gd1jf6e.jpg? imageView2/2/w/1920#

铲式担架有别于一般的担架，可以拆分为两片铝合金板。使用时可分别将两块板插入病患身体下方，扣好头尾部的卡扣，并用固定带将病患固定，即可抬起。同时，铲式担架还可根据病患的身高调节长度，能最大限度地减少在搬运过程中对病人造成的二次伤害。同真空负压担架一样，铲式担架一般与专用医疗担架配套使用。

图4-26 铲式担架

图片来源：http://i00.c.aliimg.com/img/ibank/2014/013/032/
1147230310_101427147.jpg

2. 除颤仪

除颤仪又名电复律机，可用来抢救和治疗心律失常，具备疗效高、作用迅速、操作简便、与药物相比副作用小等优点，是抢救所必需的装备。除颤仪主要由监护部分、电复律机、电极板、电池等部分构成，其基本工作原理是在病患发生心律失常时，除颤仪将一定能量的电能储蓄在仪器内的储能器件上，然后以强高压脉冲的方式释放到人体的心脏处。根据除颤的自动化程度可分为自动除颤仪和非自动除颤仪，其中非自动除颤仪在直升机医疗救护中最为常见。非自动除颤仪需要专业的医护人员操作，一般结合了监护系统，可以监护心电、无创血压、血氧饱和度等，具有针对性强、治疗时间短、疗效观察确切、操作简单等特点，在直升机紧急抢救中发挥着重要作用。

图 4 - 27　ZOLL 卓尔 M 系列除颤监护仪

图片来源：https://www.bio-equip.com/img2017/4231899.jpg

3. 呼吸机

呼吸机通常配合氧气瓶使用，可以帮助人体吸入氧气，呼出二氧化碳，是一种以氧气或压缩空气为动力的通气设备，具有控制呼吸频率、潮气量①连续可调、气道压力监测、低压报警等多种功能。急救转运呼吸机通常分为简易呼

---

① 潮气量（Tidal Volume, TV），指平静呼吸时每次吸入或呼出的气量。它与年龄、性别、体积表面、呼吸习惯、机体新陈代谢有关。

吸器、气动气控型急救呼吸机、气动电控型急救呼吸机、电动电控型急救呼吸机，在直升机医疗救护中，由于电源、空间限制等因素限制，常用到的为电动电控型急救呼吸机、简易呼吸器、气动气控型急救呼吸机。

（1）电动电控型急救呼吸机

电动电控型急救呼吸机的通气源、控制系统均以电源为动力。传统的电动电控型呼吸机结构形式单一，通过活塞式气缸或微型泵将气体吸进腔内，再推入患者肺内，可实现在常压下对患者通气。但其体型笨重、功率大，因此这种电动电控型呼吸机几乎不用于急救转运中。

现代电动电控型呼吸机（如微型涡轮、微型气泵类）和之前的产品相比，具有体积小、报警功能齐全、通气监测模式多样等特点，常用于直升机医疗救护任务。

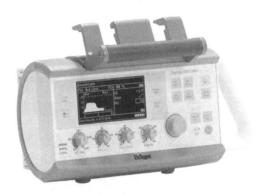

图 4 - 28　德尔格 Oxylog 3000 plus 型急救呼吸机

图片来源：https：//www.draeger.com/zh_cn/Products/Oxylog-3000-plus

（2）简易呼吸器

简易呼吸器又称为"加压给氧气囊""急救呼吸囊""手捏皮球"等，通常采用硅胶、聚氯乙烯（PVC）、氢化苯乙烯-丁二烯嵌段共聚物（SEBS）等材料制成。简易呼吸器可配套面罩、气管插管或气管切开导管使用，主要由弹性呼吸囊、呼吸活瓣、面罩或气管插管接口和氧气接口等组成。使用时将面罩紧扣患者口鼻部或与气管导管连接，另一只手将呼吸囊握于掌中挤压，将囊内气体吹入患者肺内；当松开呼吸囊时，患者的肺脏被动收缩而将肺内气体"呼"出。

图 4 - 29　简易呼吸器

图片来源：https：//img14. 360buyimg. com/n7/jfs/t19501/297/
2236613442/159543/2d1eecc6/5aea7b96Nee9b9744. jpg

(3) 气动气控型急救呼吸机

气动气控型急救呼吸机的通气源和控制系统均以氧气为动力，主机由开关阀、单向阀、节拍发生器以及节流阀等元件组成。各元器件设计可小型化、集

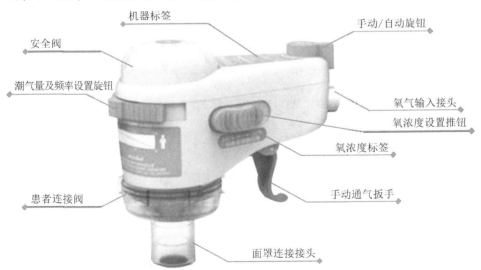

机器标签

手动/自动旋钮

安全阀

潮气量及频率设置旋钮

氧气输入接头

氧浓度设置推钮

氧浓度标签

患者连接阀

手动通气扳手

面罩连接接头

图 4 - 30　国产 6000E 系列呼吸机

图片来源：https：//amoulmed. com/products/6/

成化，从而使得呼吸机主机设计得较小，乃至手掌大小，重量不足 1.0kg，操作时，可与面罩或气管插管连接，根据患者体征情况进行调节使用。其便于携带、操作简便、安全可靠，极大地弥补了手捏皮球运送患者的不便，且通气效果良好，得到了越来越多的应用。同时，气动气控型急救呼吸机不使用任何电源，因此可以应用于航空器、高压氧舱、易燃易爆等环境。

4. 供氧系统

供氧系统用于氧气的补充，是直升机医疗救援必备的抢救设备。供氧系统包括氧气存储设备（氧气瓶）和输氧管路。直升机上的供氧系统根据安装形式的不同可以分为固定式供氧系统以及便携式供氧系统，供氧系统的氧气量需根据不同任务进行配置。根据《航空医学救援医疗装备的专家共识》，固定式供氧系统的氧气量需不小于2000L，便携式供氧系统的氧气量需不小于400L。

图 4 –31　AW139 机型货舱安装的供氧设备

5. 注射泵

注射泵能够控制输液流速和滴速，可让药物更加均匀准确地进入患者体内，从而发挥药物本身的作用，提高给药的效率和灵活性，同时还可以降低医护人员的工作强度，目前主要应用于静动脉输液、输血、抗休克治疗、麻醉剂注射等临床急救中。注射泵由传感器装置、输入系统、微量推进/控制系统、报警系统等若干个子系统组成，其动力源为步进电机，经主控电路驱动高精度推进系统完成推动注射器操作，同时还可通过测速、压力等传感器，确保注射精度及可靠性。

注射泵主要可以分为微量注射泵、恒速注射泵、靶控注射泵、高压注射泵。微量注射泵和恒速注射泵是直升机医疗救护中最常用的类型，一般以使用 5~50mL 的注射器为主，速率范围一般设置在 0.01~1200mL/h，并且速度恒定。这两类注射泵主要用于动脉或静脉输液等一般治疗用途，不仅体积小巧，操作简便，而且性价比高，功能强大，无论注射时间长短、速度快慢，都能够精准地输注药液，这是人工或者其他设备不能取代的输液方式。

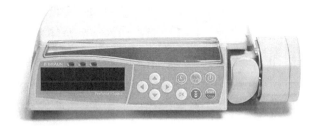

图 4 - 32 贝朗微量注射泵

图片来源：http：//www. medwant. com/UploadFile/image/20170905/20170905094432853285. png

6. 吸痰器

吸痰器主要用于将人员喉腔内的浓痰或黏液等杂质吸出，从而保持呼吸道通畅。吸痰器采用负压吸引的原理，其组成如下图 4 - 33 所示。

图 4 - 33 吸痰器

图片来源：https：//www. jinkoucaigou. com/company/weinmann/electrical-
mucus-suction-pump-handheld-battery-operated-accuvac-rescue. html

根据驱动力的不同，吸痰器可以分为电动、手动以及脚踏吸痰器，其中在直升机救护中较为常用的为电动式吸痰器。电动式吸痰器体积小、重量轻、吸引力大、结构紧凑、便于携带、坚固耐用，即使在没有电源的情况下也可以进行护理和急救吸痰。

7. 医用急救包

医用急救包是医疗救护人员携带的用于机上、现场急救的医疗救护装备。急救包内主要配备有用于包扎、止血、固定、通气、防护等的快速急救器材以及镇定、抢救、抗过敏等药品。医用急救包内的药品及耗材要根据所执行的任务及时调整，国内相关标准对急救包内物品给出了规范。如北京市地方标准《航空医疗救护服务规范》（DB11/T 1750 – 2020），对直升机医用急救包内药材和耗材的基础配置进行的推荐配置。

表 4 – 2　北京市地标《航空医疗救护服务规范》（DB11/T 1750 – 2020）推荐药品及耗材基础配置

序号	类别	条目
1	药品	抢救用药
2		静脉注射液
3		解痉止痛类
4		镇静类
5		心脑血管用药
6		消化系统用药
7		抗过敏用药
8	耗材	一次性医用包
9		一次性医用导管
10		伤口敷料、创护材料
11		医用胶带、胶贴
12		医用绷带、纱布
13		消毒用品
14		注射、输液、输血用品
15		医用缝合材料及器械
16		防护用品

针对不同的医疗任务，急救包配置也不同。如院前急救包涵盖药品包、创伤包以及基本呼吸支持包；医疗转运急救包里装有高级呼吸支持包（呼吸机）、高级生命支持包（监护仪）。

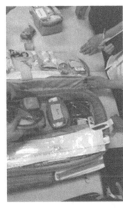

图 4-34　澳大利亚 Life Flight 航空医疗服务商配置的院前急救包

图 4-35　澳大利亚 Life Flight 航空医疗服务商配置的转运用急救包

4.1.4　灭火救援

灭火救援设备主要包括吊桶、水箱、消防水炮等。

1. 吊桶

灭火吊桶一般悬挂于直升机机腹，装满水或者消防药剂，飞临火场喷洒在火头、火线上，从而达到灭火、控火、阻火的效果。直升机灭火吊桶安装简单，能及时响应作业任务。直升机吊桶灭火作业时需要随时掌握火场风向、风速，才能保证喷洒的精准度。作业类型与水箱类似，适用于疏林地以及火场清理。消防吊桶主要由吊桶、控制装置和悬挂带三部分组成。吊桶为载水的容器，控制装置用于控制吊桶底部放水口开启和关闭，悬挂带用于连接直升机和吊桶。

当灭火吊桶安装完成，配挂于直升机机腹下方后，直升机可以携带灭火吊桶到达水源上空，将桶体放入水中，待桶体整个没入水中，将桶体提起，完成取水。直升机携带灭火吊桶飞行至火场上空，根据风向和高度确定放水时间。需要放水灭火时，直升机上操作人员操纵开关，打开放水口，将桶内水释放完毕，达到灭火效果。灭火吊桶可广泛应用于航空护林、森林灭火、草原灭火、高层建筑灭火等领域。

图 4 - 36　灭火吊桶示意图

采用吊桶灭火时需要准确确定吊桶载水量，应选择水深在 1.5m 以上，净空条件较好的水源打水；上提时不宜做急转弯；挂空桶飞行时，速度不宜过快。

2. 水箱

水箱主要用于森林、城市高楼灭火消防作业。相较于传统的地面防火扑火设备，水箱更机动灵活、灭火效率更高、作业风险更小。

灭火水箱大多由水箱箱体、快速吸水装置、释放活门、泡沫阻燃剂加注系统等组成。箱体具有强度高、重量轻等特点，其上部设有排气装置，以减小灭火剂排出时产生的负压对其流动性的影响；快速吸水装置通过电机或液压的驱动作用，使得直升机能够进行不着陆悬停取水操作；释放活门通常位于机腹式水箱下部，一般安装在直升机机舱地板下方或者尾部舱门处；泡沫加注系统一般由飞行员一键操作，将泡沫阻燃剂加注到水箱内与水混合。

机腹式水箱设备储水量更大，取水速度快，有效带水时间更长，同时洒水高度更低，稳定性及安全性更高。在灭火作业时可采取连续喷洒或阶段性分次喷洒方式，能迅速做到多火点的喷洒灭火。在扑救强度较高、蔓延速度快的森林火灾时，可以分次扑灭火头、火线、树冠火，以减少森林资源的损失。

图 4 - 37　Simplex 310 型灭火水箱

图片来源：http：//www.hg-air.com/pro_2th.asp? id = 987&parentID = 2

3. 消防水炮

消防水炮是通过喷射泡沫等灭火溶剂的方式以达到直接灭火或控制火势的设备，主要用于城市中高层建筑火灾的扑救，具有机动性强、使用灵活的特点。消防水炮可以分为固定式、随动式两种，可根据具体机型及用途进行选装。固定式消防水炮由炮管、水箱以及操控系统等组成，水炮的炮管由直升机驾驶员通过调整机体位置角度，实现点对点精准灭火，最终达到直接灭火或控制火势的目的；随动式水炮由炮身、操纵台、观瞄系统以及水箱等组成，一般架设在机舱内，由专门的操作员控制水流方向，驾驶员只需配合操作员将机身摆正，出水量相对固定式水炮较小。

图 4 - 38　直升机消防水炮

4.1.5　物资吊运

本节介绍的物资吊运设备主要包括吊钩装置、长绳以及吊网等。

1. 吊钩装置

直升机物资吊运设备能实现不着陆条件下货物吊运及快速、安全装卸，是直升机与物资之间的桥梁，能实现复杂环境和特殊条件下补给物资和救援物品的安全空中运送。吊钩是直升机物资吊运的常见设备，需要满足快速投放要求。在吊挂飞行过程中，若直升机出现紧急情况，应能快速释放外挂物，保证直升机的安全。所以吊运设备控制模式需进行余度设计，具有正常电气投放和手动机构投放等模式。

图 4 - 39　国产直升机吊钩装置

根据使用场景不同，吊钩分为机腹式吊钩和长绳下端吊钩。为了实现悬停状态下的快速物资装卸，机腹式吊钩的使用可搭配吊挂杆。吊挂杆由上环眼索套、举升杆、承力绳和下环眼索套组成。下环眼索套与货筐相连、快速补给作业挂钩员手持举升杆将上环眼索套挂到吊钩装置上。在进行物资吊运作业前，吊钩装置安装到直升机上，吊挂杆与货筐或货包相连。在进行物资补给作业时，直升机飞到补给区货筐或货包上方，已待命的挂钩员将吊挂杆挂到吊钩装置上。直升机飞离补给区到放货区后，将货筐或货包平稳放到地面，机上开钩员操作释放按钮使吊钩装置打开，吊挂杆滑落，直升机飞离补给区，即完成一次补给作业。

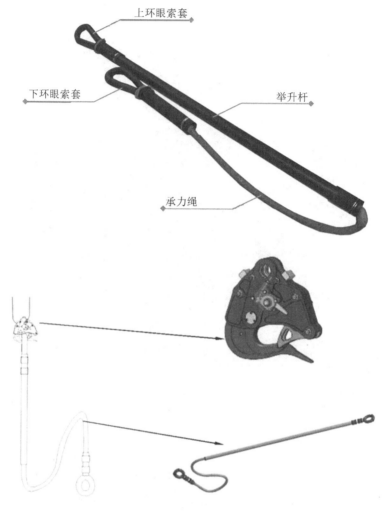

图 4 - 40　吊挂杆及使用示意图

2. 长绳

　　长绳可用于执行直升机外吊挂任务，其一般由超强聚乙烯纤维、聚酯、钢丝绳等材料制成，具备结实、轻巧、耐磨等特点，通常与直升机吊钩的连接件配套使用。采用机腹吊钩还是长绳下端吊钩，主要取决于直升机旋翼下洗气流对地面人员和吊挂设备的影响。

图 4 –41 长绳与连接件配套使用的场景

图片来源：http：//www. helihook. com/longline. htm

3. 吊网

吊网作为常用的物资调运设备，其外形类似渔网，具备耐磨、结实等特点。

图 4 –42 吊网调运

图片来源：http：//products. consolidatedcordage. com/Asset/Helicopter + Cargo + Nets. jpg

4.1.6 通信定位

通信作为救援中实现救援效率提升的必备条件，为实现直升机"看得见、叫得到"，解决直升机全空域指挥调度、管理运营等问题，需打通空地通信链路，实现直升机位置信息、语音、视频、数据的空地实时传输。直升机救援中通信设备是必不可少的救援装备。根据通信方式的不同，可以分为电台通信、卫星通信以及移动公网通信。其中，电台通信一般是作为直升机机载设备进行安装的，卫星通信和移动公网通信一般采用直升机后期加改装专用设备或便携设备的方式使用。

1. 电台通信

电台通信是指使用无线电方式实现空地的直接通信，主要分为高频通信（HF）和甚高频通信（VHF）。

高频通信主要用于话音通信，可以提供较远的通信范围，频率范围在2MHz 到 29.999MHz 之间，采用地球的表面和电离层之间的信号反射进行通信。通信的距离受高度、频率和时段的影响会有不同。

甚高频通信提供一个在目视距离之内的通信。甚高频通信可以提供机组与地面以及其他航空器语音和数据上的通信。该系统的无线电波段范围在118MHz 到 136.99MHz 之间。

2. 卫星通信

卫星通信系统是通过卫星基站使用无线电方式实现直升机与地面的通信。比起电台通信系统，卫星通信可以实现视距外高数据量以及语音的通信。常见的卫星通信有国际上采用的铱星、海事卫星等；国内则有天通、亚太、中星、北斗等卫星。

铱星主要面向传统话音与低速数据业务，针对海洋或偏远陆地地区的专业用户，是地面通信系统的补充。海事卫星应用于海上和陆地间无线电联络通信，集全球海上常规通信、遇险与安全通信、特殊与战备通信于一体，可以提供低速率语音和数据服务，也提供高速率数据服务。

在国内，天通卫星系统以国土移动用户为主要目标，实现对国土大陆、海域的覆盖，提供传统话音和低速数据接入服务。亚太卫星包括亚太 7 号、亚太 9 号、亚太 5C、亚太 6C 以及亚太 6D 卫星，覆盖亚洲、欧洲、非洲、大洋洲和太平洋岛国等地区，提供一站式卫星通信、广播等服务。中星卫星是一系列地球静止轨道通信卫星，主要用于电视广播以及数据传输，服务范围覆盖中国全境、亚太、中东、澳大利亚、欧洲、非洲等地区。

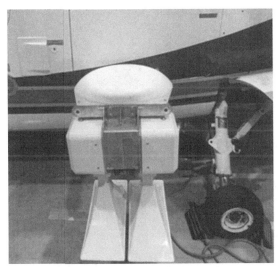

（左：天线安装试验，右：天线及通信处理机）

图 4 - 43　国产机载天通、4G 融合通信设备（具备北斗定位功能）

值得注意的是，卫星通信与卫星定位之间存在区别。卫星通信主要指卫星、地球站和航空器之间的无线通信；卫星定位则指通过卫星来连续发射无线电信号，从而向地面、海洋、空中和空间用户提供导航和定位。我国研发的北斗卫星定位系统除了具备导航定位功能外，还可提供短报文通信能力，因此能实现卫星定位与通信的双重价值。

3. 移动公网通信

移动公网通信通过地面移动基站实现空地通信，在通用航空器低空飞行时，如果在地面移动基站覆盖范围内，可实现空地通信。伴随第五代移动通信技术即 5G 的普及，移动公网通信高宽带、低时延、速度快等优势日益凸显，但其受到地域条件、建设成本等因素限制，地面基站难以实现全域覆盖，因此在山区、荒漠等区域，无法实现空中飞行阶段的全过程通信。

4.2 人员保障装备

人员保障装备主要指为直升机救援机组人员保障操作安全、提供防护的专业设备，主要分为人员防护装备以及人员救生装备。

4.2.1 人员防护装备

人员防护装备主要指救援作业人员为抵御外界因素伤害所穿戴、配用的各种防护用品。

1. 飞行服

飞行服采用诸如诺梅克斯等防火材料。阻燃材料不能长时间暴露在火中，但可以为快速逃离或逃离燃烧的残骸提供足够的时间。为了在皮肤和制服之间留出一层空气，制服较为宽松。袖子用于手臂保护，在飞行过程中不应该卷起，因为飞行服袖子上具备统一的荧光标记，在紧急救援中能够容易被识别。

图 4-44　飞行服、头盔及救援安全带

2. 头盔

头盔可以对头部起到很好的保护作用。坚硬的头盔还可以防止外力的意外冲击，特别是在直升机坠机时，使用头盔对头部保护意义重大。头盔可以有效降低飞行噪声，其集成遮阳板，可过滤高空刺眼的阳光和射线，避免佩戴人员迎光飞行时刺眼并免受灰尘和碎片的伤害。同时，在头盔内部的耳朵部位装有通信器材，可实现与机组的语言通话功能。

3. 靴子

靴子能够对脚部起到保护作用。靴子一般为高筒靴，可防止脚部受到玻璃和金属碎片等的伤害。皮革是阻燃的，在寒冷环境下，还能有保暖效果。

4. 听力保护设备

航空环境嘈杂，随着时间的推移，听力损失会发生在未受保护的暴露个体中。如前所述，头盔可以提供听力保护。对于病患者或不戴头盔的其他人员，单独的听力保护设备不仅能够提供听力保护，而且经济实惠。听力保护设备一般为泡沫材质，入耳佩戴，且便于携带。

5. 安全带

每个座位都配有安全带。安全带要从始至终系好。收紧安全带后，要把多

快脱扣

图 4 - 45　安全带

余的带子别好，这样在逃生的时候就很容易通过快脱扣把安全带打开。

当需要机上移动作业时，除了座椅安全带还需穿戴式安全带以及与直升机连接的安全带，从而起到多重安全保护作用。

图 4 – 46 穿戴式安全带

4.2.2 人员救生装备

本节介绍的人员救生装备主要包括救生电台、应急浮筒与救生筏、救生衣、防浸服、救生包、机舱灭火器以及应急定位装置。

1. 救生电台

救生电台也叫"呼救电台"，是飞机、直升机失事遇险时，用于报警、呼救的个人手持式无线电设备，由发信机、收信机、频率合成器、控制系统、电源等组成。能以人工或自动方式发出遇险求救信号，使失事直升机的机组人员生还和获救的可能性增大，是直升机救生装备中不可缺少的通信设备之一。

救生电台可以进行地—空、地—地通信联络。国际民用航空公约规定的国际通用救生频率为 121.5MHz 和 243.0MHz。按照国际海事通信的统一规定，海上救援直升机与遇险船舶通信联络，还会使用 HF（高频）2181KHz、

4125KHz 以及海上应急频率 VHF156.8MHz。救生电台一般具备体积小、重量轻、环境适应性强、防水性能好、电源性能高等特点。

图 4 – 47 AN/PRC – 154 电台

图片来源：https://www.junpin360.com/html/2016 – 05 – 31/5010.html

2. 应急浮筒与救生筏

海上作业的直升机都配置有四个浮筒。分为两个主浮筒和两个前浮筒，当

图 4 – 48 救生筏

直升机需要迫降到水面时，通过飞行员操作打开浮筒，航空器就可以迫降到水面。救生筏是水上求生的重要设备，当直升机迫降到水面后，最靠近救生筏（放置在航空器内紧靠门窗的位置）的人员将其带出去，通过抛投施放救生筏，依靠救生筏的上下浮胎提供浮力，可供人员离开航空器后转移到救生筏上等待救援。

3. 救生衣

直升机上的救生衣均为充气式，需按机组人员数量配置。救生衣一般为橘黄色，前后片对称，并贴有反射带。救生衣具备两个独立的储气室，每个储气室均配有一个装有二氧化碳或氮气的小瓶子，只要拉动救生衣外的开关即可实现自动充气；若出现气瓶故障，还可通过人工吹气的方式充气。需要特别注意的是，救生衣严禁在机舱内充气，以免逃生过程中将救生衣划破；同时，充气后救生衣体积增大，不利于人员从舱内逃出。

图4-49　求生类救生衣（左）与救援类救生衣（右）

4. 防浸服

一般在水温低于10℃的海域飞行时，直升机上必须配备有供机上所有人员使用的防浸服。防浸服可在机组服装外穿戴，具有水密性，可绝缘隔热，配备有外部浮力装置，带有荧光标记和警哨。

防浸服在登机飞行前应检查：是否存在撕裂现象，手套、吊钩、拉链是否完好，尺寸是否合适等。需注意的是，使用时绝不能在机舱内戴上手套。

图 4 – 50　防浸服

图片来源：https：//img. aeroexpo. online/images_ar/photo – g/175632 – 10861487. jpg

5. 救生包

　　救生包主要用于紧急情况发生后，为人员自救提供保障。直升机上的救生包多含以下物品：饮水淡化剂、药剂、驱鲨剂、应急电台、信号枪、小刀、彩色信号弹、烟雾筒和食品等。

6. 机舱灭火器

　　机舱内配有两个小型的手提式灭火器，可以用来扑灭机舱内的小型火灾。它们一个装在主驾驶员的座椅侧面；另一个放在第一排的座椅下面。

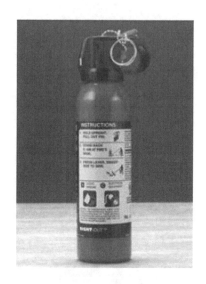

图 4 – 51　机舱灭火器

图片来源：http：//cn. ttfly. com/file/upload/201701/05/161152778245. jpg. thumb. jpg

7. 应急定位装置

应急定位装置是搜索监测的重要终端设备，主要用于航空器、船只、人员遇险后发射无线电信号，帮助搜救组织确定遇险对象的位置并快速开展遇险人员的救援工作。根据国际民用航空的约定，121.5MHz、243.0MHz 以及 406MHz 是应急定位设备常用的频率。当人员遇险后，应急定位设备可以通过人工或者遇险时的撞击、水浸而激活（激活后设备可以工作 48 小时）发出 121.5/243.0/406MHz 的遇险报警信号。

根据目前国际上航空应急定位设备（ELT）的使用情况及相关标准，将 ELT 分为自动固定式（AF 型）ELT、自动便携式（AP 型）ELT、自动展开式（AD 型）ELT 和救生式（S 型）ELT。

（1）AF 型 ELT

AF 型 ELT 在飞机失事前后都附设在飞机上，由发射机组件、安装支架、控制面板（驾驶舱内安装）、天线（机身外安装）和电池构成。主要用于失事地点的定位。

图 4 - 52　AF 型 ELT 设备

图片来源：https：//www.renrendoc.com/paper/162924947.html

（2）AP 型 ELT

AP 型 ELT 的构成、安装和使用方法与 AF 型相似。两者的差别是：除机身外部安装天线外，AP 型 ELT 的发射机组件集成一根辅助天线。AP 型失事前紧固在飞机上，遇险后可轻松拆卸。

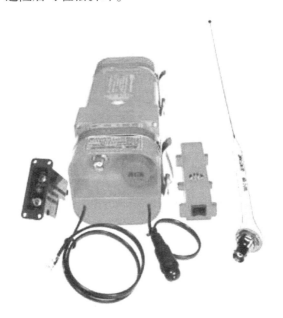

图 4 - 53　AP 型 ELT

图片来源：https：//www.airacm.com/read/371491/?btwaf = 5040984

（3）AD 型 ELT

AD 型 ELT 固定安装在航空器尾部，当航空器受到一定撞击力时，将自动分离、展开并自动触发。

（4）S 型 ELT

S 型 ELT 主要由发射机组件、安装支架、自动展开式天线和电池构成。其安装在飞机客舱内有明显标识的位置，一旦发生紧急情况，易于遇险人员取用。它可以通过手动触发或水触发，可漂浮在水面。

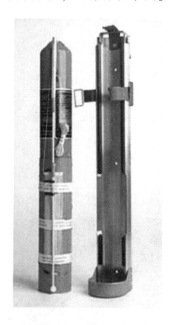

图 4 – 54　S 型 ELT 设备

图片来源：https：//www. renrendoc. com/paper/162924947. html

上述介绍的应急定位装置主要依托 COSPAS-SARSAT 卫星系统。该系统由美国、俄罗斯、加拿大、法国等国家研发并实施，使用卫星检测的地面 ELT 遇险信号，转发至地面用户终端，通过任务控制中心解析并确认，联系距离遇险地点最近的搜救指挥中心实施搜索救援行动。

随着我国自主研发的北斗卫星导航系统的发展，北斗定位及通信功能在各种突发的应急救援活动中发挥的作用也越来越大。北斗系统可以借助短报文功能，或配合通信卫星系统，将定位精确结果通过卫星转发至地面站，从而为营救提供确定的位置信息。

4.3 综合保障装备

综合保障装备虽然不是直接加装在作业直升机上用于救援的装备，但在直升机救援过程中也起着至关重要的作用。本节将围绕指挥通信装备、地面保障装备、训练装备、无人机展开介绍。

4.3.1 指挥通信装备

本节介绍的指挥通信装备主要包括指挥信息系统、地面通信设备。

1. 指挥信息系统

指挥信息系统是针对应急救援事件处置工作的辅助信息系统，由事件处置、态势监控、资源管理等多模块组成，可实现远程调度指挥，搭起直升机救援前后方沟通的桥梁，有利于更科学更有效地决策指挥。指挥信息系统一般部署在各级各类航空救援指挥中心，综合运用计算机技术，具备通航飞行器、机场等资源数据管理功能，可实现方案制订、计划下发、过程监控、事后总结的全流程管理，同时可对接地方应急救援系统，引入地面保障、医疗、消防、公安、气象等数据，解决应急救援过程多部门、多装备信息孤岛难题，并进一步

图4-55 航空应急救援指挥调度软件平台

优化调配航空器、车辆、人员等的调度计划，提高应急救援资源空地协同效率，提升救援指挥调度能力。

2. 地面通信设备

地面通信主要基于地面通信设备、通信基站、通信网关等设备实现地面与直升机的通信，根据部署方式分为基地级通信、移动通信车以及便携通信。

（1）基地级通信

基地级通信主要部署于各类航空救援指挥中心，用于"指挥中心"与"任务现场"搭建任务下达、协调各方救援力量的通信桥梁。指挥中心与任务现场之间，可以采用电台通信、卫星通信以及移动公网通信方式，确保有备选通信链路。目前甚高频电台是基地人员、现场作业人员以及航空器上机组在飞行中语音沟通的主要方式。

（2）移动通信车

灾害可能会破坏通信设备，使之无法正常工作，导致救援现场出现无信号、弱覆盖、网络拥塞等状况。应急通信车可在车内加载4G/5G、天线设

图4-56 航空应急救援机动指挥通信车

备、卫星通信设备等，为现场救援人员提供数据、上网、语音等多媒体信息实时传输和联合通信保障，为救援调度与决策提供便捷、有力的通信支持。

（3）便携通信

便携通信主要指个人可携带的无线电通信设备。无线对讲机是主要的便携通信方式，是一种双向移动通信工具，不需要任何网络支持就可以通话，且不产生任何话费，特别适合于救灾及突发事件现场使用。

按照通信业务不同，无线对讲机可以分为公众的对讲机、数传对讲机、警用对讲机、航空对讲机以及海事对讲机。其中，航空对讲机是航空器与地面指挥、飞行员与飞行员之间不可或缺的通信联络工具，按照国际有关规定，航空通信专用频率范围为 VHF 的 118MHz—136.975MHz；海事对讲机用于海上航行船舶的无线电通信，工作频率按照国际海事通信的统一规定。

图 4 - 57　无线对讲机

图片来源：百度百科

4.3.2　地面保障装备

地面保障装备按照执行地面保障任务种类的不同，可分为起降保障类、油、水、气、电综合保障类装备，可以针对不同的任务场景分配不同的保障资源。本节主要从基地日常保障和野外救援机动保障的角度对地面保障装备分别进行介绍。

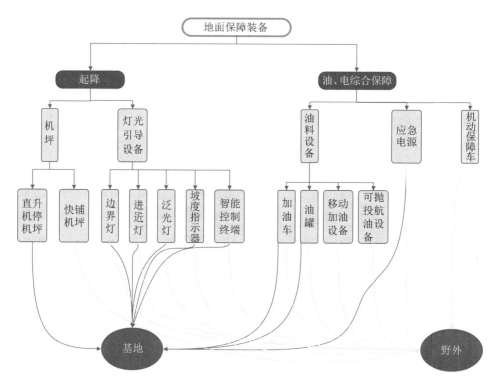

图 4 - 58　地面保障装备组成

1. 基地日常保障装备

基地日常保障装备主要指日常基地执行救援任务需要的保障装备，对装备的机动需求不高。以下将对基地日常保障装备涵盖的直升机停机坪、目视助航设备、气象观测设备、油料设备、应急启动电源等逐一展开介绍。

（1）直升机停机坪

直升机停机坪是供直升机起降、地面活动使用的场地，按照形式可以划分为表面直升机坪、高架直升机坪、船上直升机场以及直升机水上平台等。直升机停机坪的大小须是直升机全尺寸的 2 倍。

（2）目视助航设备

基地目视助航设备由助降灯光系统、风向标等组成。当直升机起降环境处于夜间或能见度低的白天时，需要相应的助降灯光系统，在机场内会在起降区建设相应的灯光。灯光建设的要求可参考《民用直升机场飞行场地技术标准》（MH5013 – 2014）规定执行。但目前国内航空救援直升机主要在通用机场备勤，通用机场多数没有建设直升机起降的助降灯光系统，因此可使用便携助降灯光。

图 4 – 59　风向标

图片来源：http：//machent. com/article/51. html

风向标是能够指示飞行员最终进近和起飞的风向，能对风速做出一般指示的标志物。根据国际民航组织规定每个直升机场必须至少设置一个风向标，安装位置选择应保证不受附近物体或旋翼吹起气流的干扰，必须保障至少 200 米外的直升机上能清晰辨认。风向标大都是由顶部的障碍灯、照明灯和风袋式风向标组成。障碍灯为夜间的飞行员提供障碍物提示；照明灯则是为夜间风袋提供照明；风袋式风向标是各类直升机场观测风力和风向的标志物。

（3）气象观测设备

气象观测设备能够实时获取本场的近地风向、风速、温度、湿度、气压、降雨量等气象信息，及时为直升机飞行提供所需的本场及周边区域气象要素。气象观测设备应置于平坦开阔的地方，附近无陡坡、洼地以及大面积的水泥地面，这样能较好地反映出该地的气象数据。主要的气象观测设备有以下几种。

①风向风速仪，用于测量瞬间风速风向和平均风速风向。

②温湿度表及温湿度传感器，用于自动采集、传输温度、湿度以及露点温度。

③振筒气压仪，用于采集气压数据，使用时应水平放置于室内无震动的平台上，所处环境应空气流通，周围无强磁场、强电源干扰。

④百叶箱，温湿度表、温湿度传感器、雨量计等需安装于百叶箱内，百叶箱应高于观测地面1.25米，箱门应当朝正北，牢固埋入地下。

图4－60　气象观测站

图片来源：https：//img1. baidu. com/it/u = 1207029126，974605424&fm = 253&fmt = auto&app = 138&f = JPEG？w = 666&h = 500

（4）油料设备

在基地日常油料保障设备中较为常见的是移动加油车。参照标准《运油车、加油车技术条件》（QC/T 653 - 2000），移动加油车按照油罐容量的不同可以分为小型（不大于5000L）、中型（5000 ~ 12000L）、大型（大于12000L），不同分类对应的主要参数如下表所示。

表 4 - 3　移动加油车分类及技术参数表

类别	加油软管内径 （mm）	单管额定加油流量 （L/min）	吸油性能		
			吸油深度 （m）	自吸时间 （min）	吸油流量 （L/min）
小型	25	150			30 ~ 80
	38	350			80 ~ 220
中型	51	750	≥4	≤4	220 ~ 400
	63	1200			400 ~ 800
大型	51	750			400 ~ 600
	63	1200			400 ~ 800

移动加油车主要由管路系统、气动控制系统、电气系统、储油设备等组成，可在 - 40 ~ + 40℃ 的环境正常工作。

图 4 - 61　移动加油车示意图

图片来源：http://image.hc39.com/file/upload/201910/17/1571296717.jpg

（5）应急启动电源

应急启动电源设备由高倍率电池组和电池充电机组成，用于为直升机提供启动保障。具有输出过流、欠压、充电过压等自动保护报警功能；具有显示输出电压的功能；故障时有声音报警功能。应急启动电源体积小、重量轻，既可用于野外临时保障点，也可以长期用于基地固定起降点。

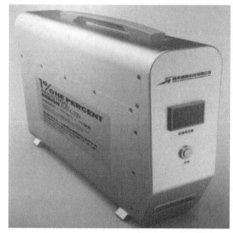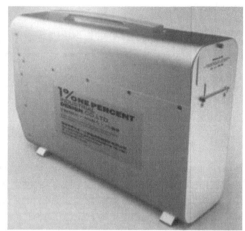

图 4 – 62　应急启动电源

2. 野外机动保障装备

野外机动保障装备更侧重于机动性、便携性，保障直升机可以在野外面对更加复杂的任务。野外机动保障装备能够适应车载、空投部署需求，因而其也具备小型化、高度集成的特点。以下将围绕快速铺设机坪、便携智能灯光系统、油料设备、机动保障车等进行介绍。

（1）快速铺设机坪

不同于基地的直升机坪，快铺机坪是一种便于拆装和运输的组合式停机坪，能够保证在多种复杂降落地形下实现快速拼装，从而有效解决直升机野外机降的各种问题。

快铺机坪包括单元拼装式停机坪、支腿式快铺机坪、便携式停机坪、可折叠式停机坪、便携式着陆垫等。

单元拼装式停机坪主要包括甲板和快速连接件，可以作为永久式和半永久式的直升机停机坪，以及道路垫板等使用。

图4-63 单元拼装式停机坪示意图

支腿式快铺机坪适用于有巨石、树桩不平整或陡峭的复杂地形。直升机停机坪包括支撑甲板和多个支腿，其中至少有一个支腿是可伸缩的。支腿式快铺机坪提高了离地间隙，减小了甲板支撑结构和地面障碍物干涉的可能性。

图4-64 支腿式快铺机坪示意图

可折叠式停机坪主要包括中间甲板和两个与中间甲板铰接的延伸甲板，展开使用时延伸甲板位于中间甲板两侧，中间甲板由四个支腿支撑，延伸甲板各由两个支腿支撑。该停机坪的单元重量较轻，组装时较为省力，在使用时也可以直接由直升机吊装。

图 4－65　可折叠式停机坪示意图

便携式着陆垫主要用于前线作战基地、武装和加油站点、空间区、医疗后送等。便携式着陆垫可以大大减小风沙、积雪和碎石的危险，同时预防给直升机或人员带来的危害。

图 4－66　便携式着陆垫示意图

图片来源：https：//www. mobi-mat-chair-beach-access-dms. com/helipad/

（2）便携智能灯光系统

在救援中便携助降灯光系统可为直升机提供可靠、快速的助航灯光保障，提高直升机起降作业的安全性。便携助降灯光系统不仅可以用于固定起降点和野外的临时起降点，也可用于基地保障。

便携助降灯光的布局与机场固定助降灯光一致，区别只是在使用方式的不同。便携助降灯光系统包括接地和离地区灯、进近恒光灯、起降平台泛光灯、坡度指示器以及智能控制终端等。

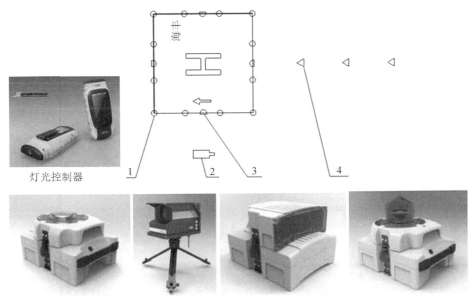

1. 接地和离地区灯；2. 坡度指示器；3. 起降平台泛光灯；4. 进近恒光灯

图 4 - 67 便携助降灯光设备组成及布置示意图

接地和离地区灯可划分直升机坪最终进近区，能够引导警示直升机安全起

图 4 - 68 接地和离地区灯示意图

飞、降落。接地和离地区灯必须沿接地和离地区边线或在距边线不超过 1.5 米的范围内设置，灯光光源为绿色。

进近恒光灯布置于停机坪进近方向，给直升机驾驶员提供进近方向的目视灯光信号。夜间使用的表面直升机场必须设置进近恒光灯，灯具须沿最终进近和起飞区的边缘均匀设置，且为恒定发白光的全向灯。

图 4-69　进近恒光灯示意图

起降平台泛光灯布置于接地和离地区外围发挥直升机停机坪表面泛光照明作用。泛光灯使机坪标志更可辨，给直升机降落提供准确的信息。安装时尽可能均匀照亮机坪，并且尽可能使飞行员在短距离内目视不感到眩目。泛光灯的排列和方向应使阴影减至最小，为发白色恒光的灯具。

图 4-70　起降平台泛光灯示意图

坡度指示器借鉴航母坡度指示器的设计思想，是目视进近灯坡度指示系统或准确进近航道指示器，可发出相对大地水平稳定的三色光束（黄、绿、红），能够帮助驾驶员检查和修正直升机的进入坡度，具备下滑引导功能。坡度指示器的三色光束具备不同的含义：黄色表示高于近进航道；绿色表示处于近进航道；红色表示低于近进航道。

图4－71 坡度指示器示意图

（3）油料设备

野外保障中常用的油料设备除了上文提到的移动加油车，还包括移动加油站、移动加油枪、可抛投航油设备等。

移动加油站方便移动，适用于通航机场、野外机场、临时起降点等多种通航飞行器保障站点，可外接油囊或油桶等多种储油设备进行加油作业，具备高机动、小型化、模块化、集成化等特点。移动加油站由泵滤模块、配电源模

图4－72 专用型移动加油站示意图

块、附件模块和储油油囊等组成，具备油料加注、过滤分离、实时加油量显示、智能存电、消静电、加油数据采集及上报等功能。

电动型与手摇式移动加油枪如图4-73所示。电动型由加油枪、抽油泵、进油管以及出油管组成，并通过电池驱动；而手摇式加油设备则由手摇柄、出油管、进油管以及油泵泵体组成。

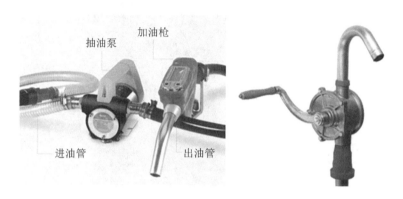

图4-73 电动型与手摇式移动加油枪示意图

图片来源：https：//cbu01. alicdn. com/img/ibank/2020/048/809/13358908840_1490895810. jpg

在野外机动储油方面，除了基地日常使用的油罐，还有可抛投航油设备。可抛投航油设备主要用于地面交通受阻、直升机不便降落的情况，能够保证油料的快速补给，提高野外机动保障能力。可抛投航油设备可通过车载、运输机、直升机，采用陆运、空运、外吊挂等方式进行立体化的油料运输。

图4-74 可抛投航油设备示意图

（4）机动保障车

机动保障车用于安装、运输直升机各类保障装备，并在其中操作各类设备，为设备提供环境保护，能够快速移动，满足快速部署等任务需求。机动保障车内设备依据集成化设计思路，可根据实际野外机动保障需求进行加改装，一般可基于卡车、拖车等进行改装，具有地面保障装备储运、野外指挥调度等功能。

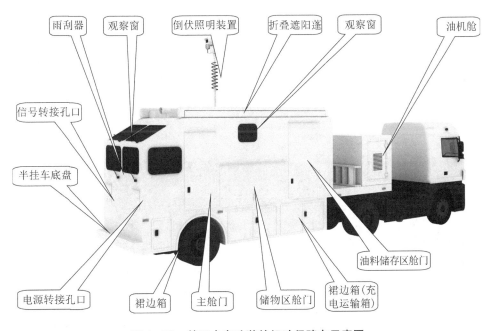

图 4 – 75 基于卡车改装的机动保障车示意图

4.3.3 训练装备

训练装备主要用于提升救援人员综合素质能力。培训装备的研发和使用需要按照"理论培训—模拟训练—实飞训练"的全流程培训体系要求开展相应设计。同时，直升机救援的训练需要综合考虑飞行、救援两方面的要素，涉及飞行机组、救援机组、地面协同人员的专项训练以及相互间的协同性训练，因此在训练装备研发中需要结合训练的多角色协同性开展设计。当前各类训练装备的研发大量采用半实物仿真、VR/AR、计算机等技术开展研制，这些训练装备包括虚拟仿真类、静态训练类、动态训练类等装备以及各种训练所需的软件系统。国际上针对航空救援已研发了相应的培训模拟装备，如各类直升机救援模拟训练系统、水下逃生训练系统等。

1. 虚拟仿真类

虚拟仿真类装备主要指利用 VR、AR 技术实现的模拟训练系统，可用于飞行、救援、医疗等多种场景训练。该类系统通过虚拟场景的构建，能够模拟海上搜救、山地搜救、城市搜救、医疗救援等多种救援场景，结合飞行员绞车手、救生员、医护人员等多角色的训练流程要求，开展航空救援全过程的协同运行训练。增强救生员和绞车手、绞车手与飞行机组人员、医护人员与飞行机组人员之间的相互配合，从而达到提高救援机组的救援水平和熟练度的目的。

图 4 – 76　基于 VR 技术的直升机救援训练系统示意图

2. 静态训练类

静态训练类装备通过 1:1 仿真实物模拟，制作静态训练设备，从而达到训练救援人员目的。模拟舱根据训练需求可配置声光电设备实现直升机飞行环境的模拟，舱内外观和布局都需要按照实际救援机型的配置开展设计，配置医疗急救设备、担架、绞车等真实救援设备，从而实现机组的进出机、被救者上下机搬（吊）运、舱内处置、安全及紧急情况应对等训练内容。

图 4 – 77　H135 型直升机医疗救援模拟训练平台示意图

3. 动态训练类

动态训练设备是采用机电技术、计算机技术、仿真技术等实现可运动的直升机飞行动态模拟训练系统，针对救援任务、安全求生等训练需求模拟出直升机救援的各类模拟动态环境，实现不同环境下救援机组的训练。该类训练设备普遍开发成本较高，但是可实现实际飞行训练前的动态逼真训练，从而实现理论教学到飞行实操训练的更好过渡。该类训练设备虽然开发成本高，但是相对采用直升机的真实飞行训练而言成本低，同时降低了受训人员在真实飞行训练中的训练风险，因此对人员训练具有更好的效费比。目前主要的动态模拟训练装备包括各类直升机的飞行模拟训练器、全动式直升机空地协同任务模拟训练平台、水下逃生模拟训练器等。

（1）飞行模拟训练器

飞行模拟训练器是用于飞行员飞行训练的仿真设备，由模拟座舱、运动系统、视景系统、运算系统、系统控制台组成。通过受训人员的座舱模拟设备操作，采用数字仿真技术驱动运动系统，以模拟飞行器飞行姿态，同时生成飞行虚拟场景，形成对受训人员的视景、声音、运动反馈。飞行模拟训练器目前已在飞行员的飞行训练中大量使用。

(左：训练器内部，右：训练器外观)

图 4 – 78　直升机飞行模拟训练器

（2）全动式直升机空地协同任务模拟训练平台

全动式直升机空地协同任务模拟训练平台用于救援机组与飞行机组的救援任务协同训练，结合地面、水面训练环境的搭建，可开展陆上、山地、水面等各类场景的救援训练，满足绞车救援、医疗急救、物资运输等多种任务的训练需求。

图 4 – 79　训练平台概况图

（3）水下逃生训练器

水下逃生训练器主要训练直升机在水面遇险，机组人员的逃生及求生技能。直升机水下逃生需要遵循规范的操作要领，才能实现快速逃离，提高求生机率。根据美国海军安全中心研究发现，没接受过水下逃生训练的人员在直升机坠水事故中死亡率高达27%，而接受过水下逃生训练的人员死亡率则为8%左右。由此可见，水下逃生装置对提升直升机机组在落水应急状态下的自救能力、增强水下逃生信心、提高落水人员生存率有重要作用。

水下逃生训练装置主要由训练模拟舱、训练模拟舱姿态控制部件、逃生出口、水下逃生灯以及水下呼吸器等组成。训练模拟舱是开展水下逃生训练的核心部件，主要有圆柱体结构、长条形结构以及球形结构三种形式。其中圆柱体是目前训练模拟舱最常采用的结构形式，这种结构形式能更好地体现直升机的外形结构特点。

图 4-80　长条形结构的水下逃生装置

4. 培训软件系统

培训软件是开展救援训练需要配套的各类软件，包括培训管理类、训练评价类、训练推演类等，可根据培训的具体需求进行使用。

（1）培训管理类系统

该类系统是应急救援训练的综合管理、教学平台，具备课程管理、课件管理、学员考核等功能，可实现互动式教学和自主式理论学习，提高学员学习兴趣和参与度，同时为各阶段训练提供课程管理和数据管理功能，实现学员、师资、课程、考核等综合管理。

图4-81　航空应急救援培训管理装备界面示意图

（2）训练评价类系统

该类软件能够对受训救援人员的训练过程、训练结果进行记录、评价，也可借助外接各类采集设备实现训练过程的参数采集，对人员技能、非技术能力进行综合评估，实现对受训人员的全过程、多维度评价。

（3）训练推演类系统

该类软件利用数字推演技术，实现多类人员的协同操作推演训练，具备"数字化"的桌面推演功能，有助于提高航空救援中各类人员的协同训练水平。

图 4 - 82　航空应急救援交互式流程推演装备界面示意图

4.3.4　无人机

无人机作为航空器的一种，在直升机搜索救援过程中，经常会与其他救援装备协同作业，提高搜救效率。无人机所履行的主要任务包括以下四类。

（1）无人机搜索

搜索无人机主要由无人机、高清相机、定位搜救器、信标、探测器和地面站六部分构成，其结合射频技术、人身定位搜索、投递系统、三维建模技术等，可对各类突发事故和安全隐患进行巡查、侦测、现场救援指挥以及防控，极大地解决了传统手段搜索监测难的问题。

（2）无人机三维建模

利用无人机三维建模技术，可以绘制三维灾区图和灾区地质灾害评估二维地图，从不同角度对灾区可能发生的次生灾害类型、规模、区域、临界因素等重要信息进行详细标识，还能估算出滑坡体的最大方量，从而针对性制定施工人员撤离路线图和疏散方案，为搜救工作提供进一步的保障。

（3）无人机应急运输

大载荷无人机可用于应急救援物资的投送，在突发事件的处置中，可发挥其更灵活的机动性，开展各类应急物资的运输。

（4）无人机通信中继

重特大突发事件中经常会面临通信中断的情况，采用无人机作为空中平台搭载通信基站，可实现空中的通信基站，为灾害现场提供应急通信能力。

图4-83 无人机地形测绘及应急物资运输

图片来源：http：//www.xytspatial.com/index.php

参考文献

[1] 贝伟锋. 航空应急定位设备的研究与实现 [J]. 测试工具与解决方案，2013，09.

[2] 沈迦南. 浅谈直升机夜间海上搜救 [J]. 中国水运，2017，17 (09)：35-36.

[3] 高幸. 强光搜索灯——"夜太阳"（Nightsun）SX-16 [J]. 世界直升机信息，2004 (2)：30-32.

[4] 张勇，毛晓珺. 浅谈特种担架的发展 [J]. 科技传播，2020，12 (22).

[5] 许世虎，鲁红雷. 便携式救援担架优化设计 [J]. 机械设计，2014 (4)：114-116.

[6] 朱小波，罗伍周，王秉玺，等. 一种直升机救援篮 [P]. 中国，201921709671.X，2019.10.

[7] 韩寒，朱铮. 国外空投型救生物资包的应用研究 [J]. 中国个体防护装备，2021，(03)，10-17.

[8] 北京市红十字会急诊抢救中心，北京市红十字会紧急救援中心，北京航空航天大学，中日友好医院. 航空医疗救护服务规范：DB11T 1750-2020 [S]. 北京：北京市市场监督管理局. 2020.

[9] 庞东华. 袖珍呼吸机应用于院前急救的观察及护理 [J]. 中华综合医学杂志，2005，6 (1)：37.

[10] 胡胜，熊利泽，陈绍洋，等. J-Ⅲ型袖珍急救呼吸机在心脏手术后患者转运中的应用 [J]. 心脏杂志，2008，20 (3)：351-353.

[11] 卢家强，邢世江. 吉斯呼吸机在院前心肺复苏中的应用 [J]. 岭南急诊医学，2001 (1)：2.

[12] Compact Caddy. 急救便携装置 [J]. 中国医疗器械信息，2007，13 (10)：71.

［13］航空医学救援医疗装备专家共识组．航空医学救援医疗装备的专家共识［J］．中华灾害救援医学，2019，4（7）：186 - 189.

［14］许坤明．除颤监护仪质量调查报告［J］．安徽卫生职业技术学院学报，2016，15（02）：3 - 5.

［15］王金龙．探析医用微量注射泵的设计与实现［J］．精品，2021（19）：287.

［16］陈浩，金伟，等．微量注射泵的工作原理及其应用［J］．中国医学装备，2012，9（10）：48 - 50.

［17］于树滨．医用输液泵注射泵质量控制监测技术［M］．北京：中国计量出版社，2010：27 - 34.

［18］王成俊，姜洪刚，等．微量注射泵阻塞压力测试中的问题分析和解决方法［J］．中国医学装备，2016，13（3）：145 - 146.

［19］李树宽，方海滨．大型直升机机载水箱洒水灭火技术的探讨［J］．森林消防，2004（1）：43 - 44.

［20］段瑶．美国突发事件应急处置系统探析［J］．武警学院学报，2008，24（3）：40 - 41，44.

［21］邵瑜．德国的危机预防信息系统［J］．信息化建设，2005，（8）：46 - 48.

［22］中国人民解放军空军油料研究所．空投油料补给装备规范：GJB2952 - 97［S］．北京：国防科学技术工业委员会.1997.

［23］毋德新．应急通信技术发展综述［J］．移动通信，2004（7）：15 - 46.

［24］王青．数字集群移动通信系统［M］．北京：电子工业出版社，1997：26 - 75.

［25］牛伟．无线局域网［M］．北京：人民邮电出版社，2003：106 - 179.

［26］RYACKBL，LURIAS，SMITHPF. Surviving helicopter crashes at sea：a review of studies of underwater egress from he1icopters［J］．Aviat Space Environ Med，1986，57（6）：603 - 609.

［27］TABER M J，MCGARR G W. Cofidence in future helicopter underwaler egress performance：an examination of training standards［J］．Safety Sci，2013，60：169 - 175.

［28］杨国甫．直升机防护救生系统技术与发展［M］．北京：航空工业出版社，2013.

［29］梁德文．直升机救生问题探讨［J］．航空科学技术，2002，（02）.

［30］孙喜庆，朱志平，宋振海．飞行人员救生手册［M］．西安：第四军医大学出版社，2005.

［31］上海民航新时代机场设计研究院有限公司．民用直升机场飞行场地技术标准：MH5013 - 2023［S］．北京：中国民用航空局.2023.

［32］张照洋．浅谈吊桶灭火应注意的几个问题［J］．森林防火，2003，（02）：31 - 32.

第 5 章　航空安全与求生

　　航空是一种高度专业的活动，应急救援同样也是，当两者相叠加时，由于专业性的相加，在运行中面临更多的风险要素，因此，航空救援的风险性远大于单一航空活动或应急救援活动。在执行航空救援任务时，应时刻注意安全风险，参与人员必须了解相应的安全与求生知识，以保证任务和救援人员的安全。

　　本章主要介绍和航空安全风险管理相关知识，以及直升机周边的安全工作守则、特情处置及逃生程序、野外及水上求生的基本知识，同时对直升机飞行时机上人员可能面临的生理性问题进行解释，以提高航空救援团队对自身和被救人员的安全保护认知。

5.1　航空风险管理

　　本节主要介绍航空安全风险管理，包括民航安全管理体系相关内容，以及安全风险管理、美国海岸警卫队风险管理等内容。

5.1.1　民航安全管理体系（SMS）

　　安全管理体系是通过有效管理安全风险确保航空器安全运行的系统。该系统用于持续改进安全，通过识别危险收集和分析数据，并持续评定安全风险。安全管理体系力求在航空事故和事故征候发生之前积极主动地控制或减轻风险，它是与航空运行企业监管责任和安全目标相称的系统。

　　安全管理体系对于航空组织弄清提供产品和服务时遇到的危险和管理安全

风险来说十分必要。

国际民航组织安全管理体系框架中所包含的 4 个构成部分和 12 个要素如下图所示。

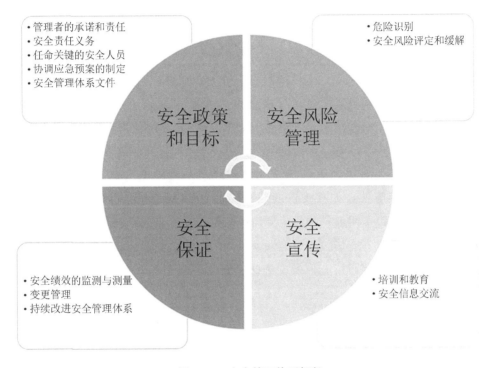

- 管理者的承诺和责任
- 安全责任义务
- 任命关键的安全人员
- 协调应急预案的制定
- 安全管理体系文件

安全政策和目标

安全风险管理

- 危险识别
- 安全风险评定和缓解

安全保证

安全宣传

- 安全绩效的监测与测量
- 变更管理
- 持续改进安全管理体系

- 培训和教育
- 安全信息交流

图 5-1　安全管理体系框架

有关航空安全管理体系的更多内容，可查阅国际民航组织发布的最新《安全管理手册》。

航空救援属于通用航空活动，然而目前我国的通用航空企业航空安全管理还处于起步阶段，民航规章对通用航空企业安全管理体系没有强制要求，但从航空管理的通用性考虑，安全管理方面仍需重视，需逐步探索通用航空企业的安全管理体系建设。

5.1.2　安全风险管理

在航空范畴内，安全是"一种状态，即通过持续的危险识别和安全风险管理过程，将人员伤害或财产损失的可能性降低到并维持在一个可接受的程度或其以下"。由安全的定义可知，要想保持航空安全，需要不断进行航空安全风险管理，以降低人员伤害或财产损失的可能性。

航空安全风险管理是一种处理危险源的形式化方法。它是一种逻辑过程，旨在权衡危险源所造成风险的潜在成本，以及缓解危险源所造成风险可能带来的后果。它也是一个决策过程，旨在系统地识别危险源，评估风险等级，并确定最佳的行动方案。一旦识别出风险，就必须对其进行评估。风险评估确定风险等级（分为可以忽略不计、低风险、中等风险或高风险），以及是否值得冒这样的风险。如果风险等级是"可接受的"，那么就可以进行计划活动。一旦开始计划活动，就必须考虑是否继续。如果原来的飞行不能按计划完成，飞行员必须有一个预先计划好且可行的备选方案。

风险管理中涉及两个定义：危险源和风险。危险源是一种可能导致或促成非计划或非预期事件（如事故）的现有状态、事件、对象或环境，它是危险的根源。比如脚蹬卡阻就是种危险源。风险是不受控制或未被消除的危险源的未来影响。它是损失或伤害的可能性。风险的等级由受影响的人数或资源、可能损失的程度（严重程度）以及损失的可能性（概率）来衡量。

1. 如何识别危险源

危险源是飞行员遇到的真实或可感知的状态、事件或环境。学习如何识别危险源，评估它们所带来的风险等级并确定最佳行动方案，是安全飞行的重要因素。

识别危险源，一般从四个风险要素开始。四个风险要素即飞行员、航空器、环境和外部压力。识别危险源，就是对每一个风险要素进行评估，以准确地了解飞行情况。机长必须做出的最重要决定之一即是否继续本次飞行。评估每一个风险要素都可以帮助飞行员决定是否应该终止或继续飞行。

（1）飞行员

飞行员必须持续对个人能力、健康状况、精神及情绪状态、疲劳程度和许多其他因素做出判断。例如：飞行员一大早就进行了一段长途飞行，只有几个小时的睡眠，并且表现出了可能感冒的状态，这样的飞行员能安全飞行吗？

（2）航空器

飞行员一般应根据个人对直升机（航空器）的评价，如航空器的动力装置、性能、设备、燃油状态或适航性等，来做出飞行决策。

（3）环境

包括许多与飞行员或航空器无关的因素，诸如天气、空中交通管制、助航系统（NAVAID）、地形、起降区域以及周围障碍物等因素。天气可能是随着时间和距离急剧变化的一个因素。

（4）外部压力

飞行员、航空器和环境之间的相互作用，在很大程度上受到每次飞行运行目的的影响。飞行员必须对这些要素进行综合评估，以决定终止或继续按计划飞行。

2. 如何开展飞行安全风险评估

根据上文提出的四个风险要素，任务执行前必须首先识别出危险源和随之而来的风险，一旦识别出危险源，下一步就是确定发生事故的概率（与之对应的风险等级）。对于风险等级评估有很多方法，矩阵法是其中常用的一种方法，下表定义了危险发生概率的五个等级。

表5-1 安全风险概率表

可能性	含义	等级
频繁的	可能发生多次（经常发生）	5
偶然的	可能有时发生（不经常发生）	4
少有的	不太可能发生，但有可能（很少发生）	3
不大可能的	不大可能发生（未曾发生过）	2
极不可能的	事件发生几乎是不可思议的	1

一旦完成概率评估，考虑到与危险相关的潜在后果，下一步就是评估安全风险的严重性。安全风险严重性的定义为若危险发生时其危害的严重程度。

严重性评估的依据可以是：可能造成人员伤害、死亡的数量（雇员、旅客、旁观者和公众）；可能会造成航空器、财产或设备损害的程度。

表5-2给出了安全风险性的严重性。

表5-2 安全风险严重性列表

严重性	含义	等级
灾难性的	设备损毁 多人死亡	A
危险的	安全裕度大大降低，操作人员的身体不适或工作负荷很大，以至于不能准确或完整地完成任务 严重伤害 主要设备损坏	B
重要的	安全裕度明显降低，由于操作人员工作负荷增加或出现损害其效率的情况，其应付不利操作情况的能力下降 严重事故征候 人员受伤	C
较小的	小麻烦 运行、操作限制 启动应急程序 较小的事故征候	D
可忽略不计的	后果微乎其微	E

安全风险概率和严重性评估过程，可用于生成安全风险指数，确定安全风险的可容忍度。

表5-3 安全风险评估衡量标准

风险概率		风险严重性				
		灾难性的 A	危险的 B	重要的 C	较小的 D	可忽略不计的 E
频繁的	5	[5A]	[5B]	[5C]	(5D)	(5E)
偶然的	4	[4A]	[4B]	(4C)	(4D)	(4E)
少有的	3	[3A]	(3B)	(3C)	(3D)	{3E}
不大可能的	2	(2A)	(2B)	(2C)	{2D}	{2E}
极不可能的	1	(1A)	{1B}	{1C}	{1D}	{1E}

〔[ ]：不可容忍的；( )：可容忍的；{ }：可接受的〕

安全风险可以评估为可接受的、可容忍的和不可容忍的三种程度。若经评估后仍处于不可容忍范围的安全风险，在任何情况下都是不可接受的。此风险后果的可能性和/或严重性达到如此规模，以及风险的破坏潜力对安全构成巨大威胁，就有必要立即采取缓解措施。

识别飞行安全评估与任务紧迫度评估构成风险识别矩阵。该矩阵可以帮助决策者对是否执行具体救援任务提供决策标准。

不同的企业、运营人、机长均有不同的飞行安全风险评估和衡量标准，但无论如何，飞行安全永远高于一切。如果机长认为飞行安全受到严重威胁，即可一票否决执行救援任务。

评估与任务相关的风险感知，以及开展风险管理是一个多步骤的持续性过程：

（1）情境意识——知识、信息和感知环境；

（2）危害评估——识别风险和相关的危险；

（3）危害（风险）控制——风险缓解措施及应用；

（4）决策——开始或中止行动的决定；

（5）评估——监控。

风险管理过程的这五个步骤是一个循环开展的过程（图 5 - 2）。到达评估和监控行动的第五步后，人员应该回到第一步，以便他们通过更准确的信息更新他们对任务的"心理形象"来提高他们的态势感知能力。通过持续不断的风险评估和行动，可以对事件发生的变化做出动态的实时反应。

图 5 - 2　风险管理的循环开展

5.1.3　美国海岸警卫队风险管理

美国海岸警卫队（USCG）对在海上开展危险的搜索与援救行动有着悠久的传统，但在 1991 年和 1993 年间经历了四次重大海上事故，美国国家运输安全委员会（NTSB）建议警卫队实施更规范的风险评估培训计划。因此，美国海岸警卫队在 1996 年执行了一个系统流程来持续评估和管理风险，称为"运营风险管理"（ORM）。ORM 通过应用适当的管理政策和程序来识别和控制所有活动中的风险。随着操作的进展和演变，要求应持续采用以下关键操作风险管理原则。

（1）不接受不必要的风险

搜索与援救行动会带来风险。不必要的风险不会对任务的安全带来相应的好处。完成任务最合乎逻辑的行动方案是那些满足所有任务要求，同时让人员和资源在尽可能低的风险下开展工作。

（2）当收益超过成本时接受必要的风险

权衡风险与机会和收益的过程有助于最大限度地提高单位能力。当决策者明确认知收益总和超过成本时可接受必要的风险。

（3）在适当的级别做出风险决策

做出风险决策的适当级别是最有效地分配资源以降低风险、消除危害和实施控制的级别。这包括地面救援人员审查他们自己的计划以请求直升机救援，以及这是否真的合适。制定行动计划的事故人员必须确保下属了解自己的局限性以及何时将决定提交给上级等。

（4）将 ORM 集成到各个级别的运营和规划中

虽然 ORM 在运营的规划阶段至关重要；但在实际任务期间，风险可能会发生巨大变化。参与人员应保持灵活性并将 ORM 集成到任务各阶段中。

美国海岸警卫队采用了一种非常有效的 ORM 工具，称为 GAR（绿 - 琥珀 - 红）风险评估模型，它创建了一个 GO - NO GO 决策工具。GAR 模型包含多个相关人员的意见，而其他规划工具可能仅包含一个人的输入。

GAR 受访者独立地将个人风险评分分配给予任务相关的 8 个不同元素，风险评分为 0（无风险）到 10（最大风险）。

在 GAR 模型中评估以下元素。

（1）监督——存在合规的、可访问的和有效的监督事件；有明确的指挥链。

（2）计划——事件信息足够可用且清晰；有足够的时间来计划；操作指南是最新的；个人简报的实施；并征求团队的意见。

（3）应急资源——可用的备份资源可以在需要时提供帮助；评估共享的沟通计划和频率；备份计划是否被评估。

（4）沟通——评估人员的简报和沟通情况；沟通系统的有效性如何；是否有既定的沟通计划；运营环境是否重视设计任务的所有人。

（5）团队选择——团队选择应考虑个人的资质和经验水平；考虑正在执行的任务的经验。

（6）团队身心——考虑船员的身体和精神状态。

（7）环境——考虑影响人员和设备性能的因素，例如时间、温度、降水、地形和海拔高度；评估场地因素，例如狭窄的峡谷、森林树冠、地形、雪、洪水等。

（8）事故复杂性——评估事故的严重性、暴露时间和概率；评估任务的难度和熟练程度人员。

一个团队的成员应单独完成计划任务的 GAR 评估，而无须其他团队成员的输入，将各个风险评分相加得出总风险评分。如果总分落在绿色区域（1～35），则风险评为低，任务被视为"可行"；黄色区域中的分数（36～60）表示风险中等，在继续执行任务之前应采取额外的缓解措施或控制措施；如果总分落在红色区域（61～80），则风险很大，这表明"不行"。GAR 评估完成后，将所有人的结果汇总到一起。

GAR风险评估分数		
1~35	36~60	61~80
绿色 GO-继续使命	琥珀色 注意-在继续之前减轻危险	红色的 NO GO-停止-不要 继续执行任务

图 5 - 3 GAR 风险评估表

5.2 维持人员和直升机的安全

任何航空器都有危险性，由于直升机救援任务的特殊性，以及执行任务环境的多样性，在其周围工作或登离机时，并未有像民航客机运行类似的监管和保护措施，所以，在直升机周围工作时，应时刻保持对直升机危险的清醒认识，保护自身安全和航空器的安全。

在执行航空救援任务前，救援任务的负责人应向其他机组乘员做出安全简报，以提示各项安全风险及安全程序，各机组成员应保证遵守安全程序与相关安全工作准则。同时，虽然直升机具有远超固定翼飞机的灵活性，可以在较小的起降场地，但为了起降安全，对起降场地仍具有一定要求。作为机组成员或地面保障人员，应明确直升机起降场地的最低要求，并按照要求对起降场地做好准备，以实现直升机的快速、安全起降。

本节主要介绍如何维持人员和直升机的安全，主要包括安全简报、在直升机周围安全工作、直升机起降场地的准备等内容。

5.2.1 安全简报

安全简报类似于民航客机上的安全须知，但与民航客机标准化的安全须知不同，航空救援与直升机作业相关任务的安全简报没有固定话术，由于任务类型不同，导致任务装备、直升机的机型也可能存在不同，各通航公司对安全简报的内容要求也有差异，但基本的安全简报的内容一般是统一的。安全简报一般由机长或负责本次救援行动的组长向所有参与救援任务的机组成员汇报。

一般的安全简报内容包括：个人准备及装备检查；直升机的危险区域；如何安全接近和离开直升机；如何系紧/解开安全带；如何操作机舱门及应急出口；应急程序及应急装备；机组人员/乘客须知。

下面对各项安全简报内容作简要说明。

1. 个人准备及装备检查

个人准备及装备检查包括：

（1）检查个人保护装备（PPE）是否处在质保期内，是否有撕裂、磨损情况，是否具备安全保护能力；

（2）检查个人保护装备是否穿戴整齐，一般来说，应根据任务类型配置不同的个人保护装备；

（3）检查救援任务装备是否配置齐全。

2. 直升机的危险区域

直升机的危险区域是向乘客介绍本架直升机的危险区域位于何处，以及危险区域的危险源识别，让乘客远离危险区域。

3. 如何安全接近和离开直升机

如何安全接近和离开直升机是向机组人员/乘客介绍进入和离开直升机时的相关注意事项，规划接近和离开路线，并强调听从机组人员的指挥。

4. 如何系紧/解开安全带

一般来说，直升机的安全带有两点式、三点式和四点式三种形式。

两点式安全带，与民航客机乘客安全带一致，采用一条髋骨腰带，将人体固定在座位上。使用时，从两边拿起安全带，将没有金属扣件的一端，顺沟槽和孔穿过金属扣件，拉好安全带，使其系紧。解开安全带时一只手拿牢释放装置，另一只手推动释放扣即可。

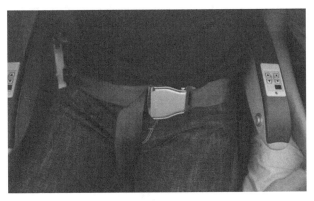

图 5-4 两点式安全带

三点式安全带，与小轿车使用的安全带一致，由髋骨腰带外和斜挎的一条保护带组成。使用时，一手拉出安全带，另一只手握住搭扣处，将搭扣片与搭扣卡紧，确保安全带牢牢拴住身体；调整腰带位置，要系在髋部，不要系在腰部；调整肩带位置，应舒适地斜挎在锁骨处，注意不要勒到脖子或擦到脸部，也不能放在胳膊下方；轻拽安全带，检查是否牢固。解开时，按动解锁按钮，即可解开。

图 5 – 5　三点式安全带

四点式安全带，包括一条腰带和两条肩带，是安全系数最高的安全带。执行航空救援任务的直升机一般都配置四点式安全带。

图 5 – 6　四点式安全带

5. 如何操作机舱门及应急出口

由于不同机型的机舱门开合方式不同，应急出口位置、抛放方式也不同，机组成员需要向乘客介绍执行任务的本架航空器的机舱门操作方式、应急出口位置、应急出口如何抛放等基础知识。

需要注意的是，无论何种机型，应急出口都应可以由一只手快速地打开。

图 5 - 7 应急出口

6. 应急程序及应急装备

机组成员应向乘客介绍突发情况的应急程序，以及相关应急装备的位置、使用方法。

需要注意的是，由于机型不同，任务类型不同，应急装备的种类、型号、存放位置均有所差异，同时，由于通航公司制度不同，应急程序可能也不尽相同。需按照组织的要求和实际情况，介绍应急程序与应急装备。

7. 机组人员/乘客须知

主要包括以下内容：
（1）当天的天气情况；
（2）机组人员介绍；
（3）重要手势；
（4）危险品；
（5）可能出现的航空生理现象等。

5.2.2 在直升机周围安全工作

1. 直升机的危险区域

直升机的危险区域包括：主旋翼和尾桨、机身突起物和发动机排气口。这些区域稍有不慎即会引发生命安全事故，因此，在直升机周围工作时应时刻保持对危险区域的警惕。

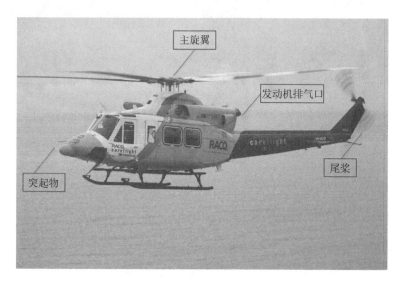

图 5-8　直升机危险区域

（1）直升机的主旋翼和尾桨

在直升机的旋翼和尾桨所造成的事故中，受伤人员包括飞行人员、围观群众、乘客和地面工作人员。该种事故不同于其他事故，因为它对人们造成的伤害都是非常严重的，甚至是致命的。原因有三点：

①由于机型不同，直升机的高度不同，造成主旋翼的翼尖高度不同，有些型号的直升机主旋翼离地垂直高度在某些地面条件下甚至低于头部，极易引起事故；

②直升机主旋翼和尾桨在低功率甚至慢车转速时，主旋翼的翼尖会进一步降低，容易引起事故；

③直升机主旋翼和尾桨在旋转时很难被发现，因此非专业的公众人士经常无法意识到它们的危险性，即使熟悉旋转的旋翼和尾桨危险的专业人士也有可能忽略其危险，如果靠近极易引起致命事故。

所以应谨记：直升机旋转的旋翼和尾桨极其危险，在操作时应保持高度警惕。

图 5 − 9　主旋翼和尾桨

（2）直升机的机身突起物

机身突起物包括皮托管、天线等。

皮托管内有加热装置，以防止皮托管结冰。当加热装置开启后，很容易造成烫伤，所以应注意皮托管的危险性。

天线包括雷达天线、通信天线等。天线通常是尖锐的，容易造成戳伤，所以应注意天线的危险性。同时，天线也是极易损坏的部件，要注意不要损坏相关部件，影响飞行安全。

图 5 − 10　突起物

（3）发动机排气口

直升机发动机排气口的排气温度能达到 750℃ ~ 800℃，在接近时一定要注意排气口所排的尾气，防止烫伤。

图 5 – 11   尾部排气口

2. 安全工作要素

在直升机周围工作，应做到以下几点：

（1）机组人员应定期接受有关安全知识的培训，从而使相关人员在直升机周围工作时保持警惕；

（2）执行救援任务前，应接收飞行前的安全简报；

（3）执行救援任务前，应穿戴正确的个人装备；

（4）直升机起动前，应确保直升机周围区域内没有任何散落的工具、杂物或其他可能被下洗气流吹起的物体；

（5）在直升机周围不要乱扔任何东西；

（6）通知飞行员所有的危险品；

（7）等待飞行员发出安全信号时，在其视线内进入或离开；

（8）人员和物品要注意尽量远离主旋翼和尾桨；

（9）机组人员应了解紧急设备的位置。

3. 安全接近和离开直升机

在接近和离开直升机时，应注意以下注意事项：

（1）远离直升机尾部；

（2）从 10 点到 2 点方向接近或离开直升机，且不能离开飞行员的视线；

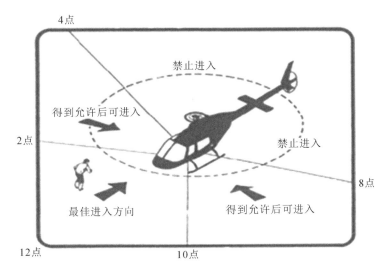

图 5 - 12　从安全区域接近直升机

（3）到达主旋翼之前及在主旋翼下行走时应采取弯腰伏身姿势；

图 5 - 13　弯腰低头

（4）扶稳帽子和其他不牢固的物件；

（5）不要举起手去抓或追赶被风吹走的帽子或其他物件；

（6）当乘客携带物品或工具时，应以水平方式持拿工具，工具高度应低于腰部（不能将工具立起或使之高度过肩）；

图 5 – 14　工具高度应低于腰部

（7）用一只手遮住眼睛或眯起眼睛，以保护眼睛；

（8）如果被沙尘或刮起的东西迷了眼睛，停下来坐在地上等待帮助；

（9）登机和离机路线听从机组人员或地面人员的指挥；

（10）如果是高架直升机平台（如屋顶）或直升机甲板，在机长发出登机信号或离机信号前，不要靠近平台或自行离机；

（11）如果起飞点或着陆点位于山上或有坡度的地面上，为避免旋翼与地面之间最低的区域，乘客应在下坡一侧但不能从尾部接近或离开直升机。

5.2.3　直升机起降场地的准备

虽然直升机救援一般选择就近机场备勤，但由于事故地点一般处于野外，起降条件恶劣，如何选择直升机起降场地并做好接引准备，是直升机救援中的重要环节。一般来说，为了使直升机能够尽快降落，缩短救援时间，应当谨慎选取安全、规范的直升机起降场地，并做好直升机的接引工作。

在选取直升机起降场地时，应尽最大可能避免对原有的救援计划进行调整，因为这样反而会增加救援的时间，耽误黄金救援时机。同时，应明确执飞机长永远具有对起降点的最终选择权。

1. 4S – W 原则

在选择直升机起降场地并提供场地信息时，一般遵循 4S – W 原则。4S，即地表形式（SURFACE）、周边障碍物（SURROUNDS）、坡度（SLOPE）、地点位置（SITE）；W，即气象条件（WEATHER）。

（1）地表形式（SURFACE）

选择地表形式时，应从以下三点进行。

①面积

直升机起降场地应有一块足够大的面积，场地可以为圆形或方形，其直径或最短边长应至少为直升机全长的 2 倍。这里的直升机全长指当直升机的旋翼完全转动时，直升机的最长值（主旋翼旋转区域最前端到尾桨旋转区域最尾端）。

②地面类型

应确保起降场地的地面结实坚硬，足够承受直升机重量。一般而言，水泥或沥青路面、停车场、运动场都是比较理想的选择。

③地面情况

检查起降场地地面的平整度。地面应当平整，相对平滑，场地内的固定障碍物高度不得高于 5cm，不得有未固定的物体。

确保起降点区域与救援现场和其他可能障碍保持安全距离，尽量避免选择沙土、碎石较多或有积雪的地面。

在低温条件下，为了地面人员的上下机安全应尽量选择未结冰的地面。

（2）周边障碍物（SURROUNDS）

选择起降场地时，尽量选择空旷且周边（地面、高空）无障碍物的场地，同时保证直升机在进场及离场时可以拥有一个安全的起降进近方向，并向飞行员推荐进、离场的方向。如果场地周边存在障碍物，务必告知机组现场的障碍物类型（例如电线、高压线塔、天线、索道、缆车、其他航空器、动物、鸟类等）、障碍物的高度，以及障碍物与起降点之间的方位和距离。应尤其注意场地周围的高压线，尽量选取远离高压线的区域。

（3）坡度（SLOPE）

起降场地的地面与水平面的夹角不宜超过 5°。

（4）地点位置（SITE）

地点位置应从地理坐标、地面标志进行考虑。

①地理坐标

应提供准确的起降场地的坐标，并以经纬度的方式提供，如北纬 37°37′47″，东经 14°49′54″。应注意经纬度不同格式间的数值是不同的，例如北纬 37°37′47″、东经 14°49′54″是经纬度的度分秒格式，换算为度的小数点形式后，则为北纬 37.629722222°、东经 14.831666666°。切勿因紧张或换算原因，提供错误的经纬度坐标。

②地面标志

通常应当在起降点附近选择醒目的、可辨识的标志，如楼名（高楼、楼的颜色、形状）、广告牌或具有标志性的建筑物、足球场、湖泊、公园、高塔、高楼、孤立的山峰等。

如果附近没有可选择的标志，应当使用点燃火堆（利用烟来引起飞行员注意）、镜面反光、挥动颜色鲜艳的旗帜、衣物等方法提高辨识度。

（5）气象条件（WEATHER）

直升机救援的范围可能覆盖上百公里，在如此远的距离内，救援点和直升机备勤点的天气情况可能天差地别，尤其在山区，气象条件复杂，瞬息万变。因此，应当提供阴晴、雨雪、能见度、风力以及冰雹、沙尘暴、吹雪等救援点的气象条件。

2. 起降场地的准备

对起降场地的准备，应注意以下内容。

（1）人员

人员应在离着陆点至少 50 米的地方停留。

（2）车辆

将车辆移出着陆区域，并关上所有的门窗。

（3）公路、高速公路

如果着陆地点离公路、高速公路很近，或者在公路、高速公路上降落，需要采取必要的交通管制，保证直升机起降区域的安全。注意在起降区域及周围不要使用交通锥。

（4）帐篷、雨伞、纸张、垃圾等

设法固定或者清除着陆区域内这些未固定的重量轻的物品。

（5）灰尘、沙子、积雪

如果有可能（如在足球场、工业场地等），应尽量事先为土地浇水或洒水。如果地面较多碎石及沙土，直升机到达前必须用水喷湿。直升机悬停时尘土砂砾（积雪）会极大影响飞行员视野，使其失去目视参考造成危险，并误伤地面人员。

（6）动物

尽量避开动物，或者把它们限制在封闭的地方。

（7）夜间救援

使用可用的灯光照亮着陆点，如汽车或聚光灯。所有的灯都应该指向地面，灯光方向与直升机进近方向为同一方向，不要将灯光直接对准直升机或机组人员。

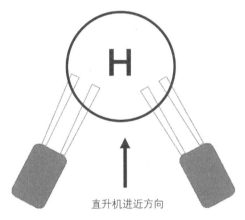

直升机进近方向

图 5 - 15　灯光方向

（8）闪烁的灯光

警车或救护车上的闪光灯在夜间非常显眼，白天虽然从远处看不太清楚，但可以作为确认应急救援现场的依据。

（9）烟雾信号

烟雾信号装置属于专业应急救援装备。警车和救护车应该配备这类物品。

（10）信号弹和明火

夜间看不见烟雾，但可以清楚地看到信号弹的耀斑和明火。

（11）"时钟位置"

如果与救援直升机机组取得联系，现场人员可以使用"时钟位置"指导飞行员。直升机的相对方向，用一个 12 小时的时钟来描述角度和方向，以估算与直升机的距离。

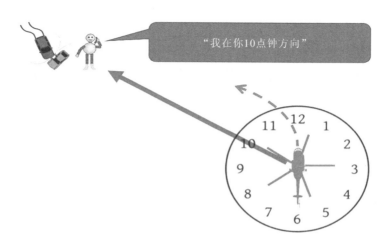

图 5－16　报告一个时钟位置

3. 接引直升机

当直升机到达着陆地点时，地面人员保持静止，双臂抬起，背风站立，面向直升机的机头方向，站在着陆地点的边缘（保证飞行员能够始终看到）。

这个简单的信号会告诉飞行员：

（1）我需要帮助；

（2）这就是我们等候直升机的地方；

（3）我认为这是一个合适的降落地点；

（4）我已按一般安全规则备妥着陆地点；

（5）如果从我正面接近，会有逆风。

图 5 - 17　接引直升机的姿势及周边需注意的障碍物

在接引直升机时，尽可能地使用一些个人防护设备，因为直升机可能会吹飞某些物品，同时发出噪声也很大。不要戴任何医护帽或其他一些非专用的帽子，它们很可能会随着直升机旋翼下洗气流飞走。

5.3　直升机特情处置与逃生

民用直升机的研制、生产、运行都要通过民航的适航认证，以保证飞行任务全程的安全性。然而，无论是直升机设备故障还是飞行员失误，造成的特情仍会不断发生。不管原因是什么，都需要快速而精确地处置，以恢复正常状态或使人员脱离风险。

直升机飞行过程中可能出现的特情有很多，如发动机失效、涡环状态、地面共振、动态翻滚、尾桨失效、液压故障等。对应各类特情，均有标准处置流程，可参考各机型的飞行手册。以下将对紧急情况下人员的应急程序和逃生知识进行基本的介绍。

5.3.1　直升机应急程序

当飞行机组在飞行中遇到紧急或异常情况时，他们通常会按以下优先顺序采取立即行动：保持飞行，确保飞机的安全飞行路径和状态；确定航向，继续飞行或立即转向；充分沟通，尽快宣布紧急情况并给出行动指示。

在宣布紧急情况后，机组人员应当做好相应的安全准备。如果在直升机必须迫降的情况下，迫降后机组乘员要有序快速撤离，并为接下来等待外部救援的求生做好准备。下面对应急准备和迫降后的基本原则进行说明。

1. 第一阶段：应急准备

（1）紧固所有松散物品；

（2）确保安全带系紧扣好；

（3）确定应急门窗开关的位置；

（4）保持镇定；

（5）安抚乘客并使其镇定；

（6）听从指挥，穿上救生衣（如可行）；

（7）当听到迫降指令后（如 BRACE! BRACE! BRACE!），做好防冲击姿势。

2. 第二阶段：迫降后撤离及求生

（1）陆地迫降

①待一切直升机动作停止后再撤离；

②所有人员从应急出口撤离；

③已撤离人员保持在直升机的上风和高处位置；

④机组成员及乘客集合；

⑤处理伤员；

⑥如果有必要和条件允许则拯救其他遇险者（未能逃离直升机的人员）；

⑦在直升机上寻找求生工具；

⑧确定避难所、制定下一步计划；

⑨以上行动均由机长或机组人员统一指挥。

（2）水上迫降（发动机失效，直升机迫降入水）

①直升机水上迫降，等到碰撞稳定，旋翼停止运动；

②听从机长或机组人员的指示，打开应急出口；

③投放救生筏（如可行）；

④撤离直升机或在机组人员的指挥下登上救生筏。

（3）水上迫降（发动机有效，直升机仍能在空中悬停一段时间）

①听从机长或机组人员的指示，打开应急出口；

②跳水或投放救生筏（如可行）；

③直升机与下水人员保持安全距离进行水上迫降；

④救生衣充气、登上救生筏。

5.3.2　安全逃生的四个原则

尽管直升机技术已经得到快速发展，直升机的安全性也有极大提升，然而，直升机飞行达到绝对零事故也是不现实的。一旦事故不可避免时，如何有效地保护自己，避免受到致命伤害是每个机组人员必须掌握的技能。直升机事故中安全逃生的四个原则包括：安全简报、防冲击姿势、确定方向和快速逃离。其中安全简报是安全逃生最重要的原则。

1. 安全简报

前文已描述了安全简报的内容，由安全简报的内容可知，在安全简报阶段，机组及乘客需要做好并确认以下事项。

（1）确认机上应急装备的位置；

（2）穿戴好听力保护装备、防护头盔；

（3）学会安全带的使用方法；

（4）辨认应急出口，并计划逃生路线；

（5）确认逃生参考点；

（6）知晓正确的防冲击姿势。

上述项目的充分准备能有效提高紧急情况下的逃生机率。

2. 防冲击姿势

撞击是直升机坠地中面临的首要问题。在较为严重的直升机事故中，只有一次撞击的情况几乎很少，大多数直升机在撞地后，由于撞地速度快，又紧接着发生了第二次，甚至第三次撞地。一旦直升机能顶住第一次撞地，那么在第二次撞地时，直升机上的保护装置通常能为机上人员提供保护措施。

为了应对撞击问题，直升机设计中一方面会采取加固座舱和机舱结构的思路和制造方式加强机体的强度；另一方面会采用吸能设计思路实现乘员周围装置的撞击保护，同时增大无乘客处的结构变形等措施来减少撞击对乘客的伤害。

在直升机坠地冲击过程中，系好安全带，保持正确有效的防冲击姿势是减少自身受到伤害的有效手段。如果座椅的安全带为二点式安全带，迫降时乘客应往前倾，直到胸部被大腿托住，手臂应在小腿位置抱紧，小腿尽量后收到膝盖垂线以内。

图 5 – 18　仅有二点式安全带的防冲击姿势

如果直升机配备的是三点式安全带或四点式安全带，机上所有成员应尽可能背部直立地靠在椅背上。如果面向机头，把下巴放到胸部；如果面向机尾，将头靠紧头枕。把手放在腿下，或抓住座位边缘。还要注意在保持防冲击姿势时不要紧握安全带。

图 5 – 19　配有四点式安全带的防冲击姿势

3. 确定方向

当人在经过猛烈旋转和撞击后，会出现不同程度的头晕和方向迷失。同时，由于机舱在撞击后可能出现着火、冒烟现象，此时，想要找到逃生方向并非易事。但是如果不是发生机舱溃散或严重扭曲的情况，机舱内的应急出口、座椅等固定物并不会发生明显的位移。因此，在乘坐直升机时，应事先确定一个参照物，参照物可以选取门框边沿、门把手、座椅边沿等明显且易于触碰到的物体，以此确定应急出口的方向，快速逃生。

图 5 - 20　选择参照物（如座椅、门框）

4. 快速逃离

冲击后，当猛烈运动停止时，或者生命已受到火灾威胁时，应当按照预定的撤离路线，舍弃行李物品，快速撤离。

5.3.3　直升机水下逃生要领

在海域上空飞行时，如果直升机出现故障后迫降不成功，就会发生坠海事件，机舱内可能很快进水。由于直升机的重心在飞机顶部，当水进到一定的程度时，直升机就会翻覆。同样由于重心的原因，直升机只翻转 180 度，这个过程很短，一般只有 10 多秒，因此当直升机入水后尽快撤出是非常必要的。机上所有人员撤出时的首要原则是保持冷静，然后按照一定的要领，就可以快速地从翻覆的机舱内逃生。以下给出直升机水下逃生过程中应注意的事项，但是要注意实际的水下逃生撤离学习需要有专业人员的教学指导后才可开展，同时需要有专业的培训装备来开展此项训练。

（1）确定逃离出口

注意应急出口的位置，同时要了解和掌握应急门窗的应急打开方法。以便在发生紧急情况时顺利从直升机内逃离。

（2）入水前准备

当水淹到嘴巴之前，深吸后把头埋入水中。因为只有做好充分的准备，才能在水中坚持更长的时间。如果没有准备好，就被淹入水中，轻则造成呛水，重则会对生命构成威胁。

（3）等待机体稳定

坐着不动，直到任何猛烈的旋转停下为止。当直升机坠入水中后，由于直升机顶部螺旋桨重心的作用，直升机会在极短时间内翻覆，但螺旋桨由于惯性的作用，仍可能继续做短时间的旋转，此时整个直升机机体和螺旋桨均处于运动状态，从机舱内撤离是相当危险的。因此，必须在所有的旋转运动完全停止后才能离开机舱。

（4）保持与机体的联系

在解开安全带前机上人员与座椅一直有联系，但在解开安全带前，要提前用手握住机上稳定的物体，以帮助自己移动寻找逃生路线。

（5）机内不要游泳

机舱内逃生时不要游泳，因为直升机舱内空间有限，任何过大的游泳动作都容易使自己或他人受伤。

（6）掌握救生衣充气时机

在离开机舱前，不论发生何种情况都不允许给救生衣充气。首先救生衣充气后，人体会随着进水量的增加浮于机舱上面，有可能头部会碰上机舱顶部，同时再想重新潜入水中从应急出口逃离机舱比较困难。同时穿着充气的救生衣会使身体体积增大，增加了从应急出口逃出的难度。因此，只有在逃离机舱后才能给救生衣充气。

5.4　求生技能

当直升机出现紧急情况迫降后，如何在救援人员到来之前维持自己和同伴的生命至关重要，应尽可能使用直升机上残留的装备维持自己的生命。以下将简要介绍基本的求生技能，若需要更全面的求生技巧，请参阅相关野外求生书籍。

5.4.1　求生心理问题

当陷入生死攸关的境况时，人们面临的最大问题不是如何寻找水和食物，而是如何在心理上准备好应对这种局面。

1. 可能出现的情感反应

心理学家普遍认为，当碰到紧急事件的时候，人们往往会经过一系列典型的心理反应，包括震惊、否认、恐惧和气愤、谴责、沮丧、接受、继续前行或者在这些心理活动间相互变换。

震惊——对刚发生在自己身上的事情完全没有准备，处理这些信息有一定的困难。

否认——这是一种生存机制，现在可能已经意识到了自己所处的形势，但是却拒绝承认其真实性。

恐惧——这是一种复杂情绪，是面对潜在/正在发生的危险进行自我保护的一种应激反应。恐惧源于我们对于危险的想象，这种想象常常还会伴随着慌张、警觉，肾上腺素分泌、盗汗、颤抖、心跳加快等生理和心理反应。

气愤——对所处的形势感到非常气愤，对所有事情没有按照预期的发展而感到忐忑不安，担心它们永远也不能恢复到正常。

谴责——他人让自己陷入这样的形势中来，这会让你好受些，但是从理性上说毫无意义。

沮丧——这是一种内在的气愤，在寻找某种方式让压力更容易排解。

接受——自身回到了"现实"，面对的是现实，尽管它仿佛很遥远，但它确实存在。

继续前行——从心理上开始找到平衡，开始考虑所处的形势及如何生存，不仅仅是在接下来的几个小时，有可能是接下来的几天甚至是几周时间的生存。

2. 保持镇定，不要恐慌

当处于生死攸关的情形下，无助的感觉能够迅速地转化为沮丧和孤独。不过最严重、最难以应对的心理是恐慌。恐慌会让人做出一些非常理的反应，导致局面恶化。在一些极端恶劣的情况下，因为此时自身已经失去了理智，不能做出正确的决定，不能保持冷静甚至可能威胁到自身的生命。在很多时候，依靠自身能力甚至意识不到自己已经陷入了恐慌。

战胜恐慌的第一步就是认识事实。如果不采取预防措施就可能会陷入恐慌之中。在还没有到神经紧张的状态时，逐步分析所有事情，给自己一个正确评估所处局势的机会，这一点非常重要。

3. 一次解决一个问题

不要把所有问题叠加到一起，那样的话将会是一个大问题。坐下来安静几分钟，深吸几口气，考虑一下什么才是最迫切需要解决的问题，然后全力以赴地着手解决这个问题。在这个问题解决之后，才能够继续解决接下来的问题。一次进行一个步骤，出现一个问题就解决一个。一旦一个问题得到全面的解决，就能够全身心地投入下一个问题中。

4. 保持乐观

很多人认为保持乐观心理只是书里的语言，只要当确实需要的时候能够记着就行。其实不然，学会控制自己的精神状态是一种重要的技能，能够通过在日常生活各种场合中保持冷静积极的态度来练习这种心理技能。无论什么时候，就算面临很多困难，请切记每次只做一件事情，做完后才开始下一件。这样不仅仅能让人从容面对各种生死攸关的局面，还能让人觉得日常生活更加令人愉快，生活压力也会减轻。

当确保能为自己及他人提供各种帮助后，自己会有一个乐观的心态。通过他人的赞许也将极大提高自身的信心，并帮助战胜恐慌。

5.4.2　野外求生

野外环境定义为：当所处环境处于人迹罕至，且环境恶劣，自身缺乏生存装备时，所在环境即为野外。

野外生存的四大必要要素是庇护所、火、水和食物，它们各自的重要程度取决于所处的环境。比如沙漠地区水是最首要的问题；在极地地区中避寒场所和水是最首要的。在野外救生中，确定首要需求是步骤之一。下面介绍一些基本的野外求生技能。

1. 搭建庇护所

一个好的庇护所将能够帮你避雨、挡雪、隔热、阻挡来袭的野生动物；同时能帮你保持体温，让你能够很好地休息、保存体力和恢复体能。

很多野外生存环境中都有大量的落叶和树枝可以利用，而且是建造短期居住的窝棚极好的原材料。窝棚尽管小，但是隔热效果好，而且还能挡雨。哪怕是在 0℃以下的极低温度，用树枝和落叶搭建的窝棚也能有效保暖。搭建这种窝棚不需要任何工具和绳索，完全可以只靠双手完成。落叶和树枝不必是干燥的，在紧急情况下也可以用新鲜的树枝和树叶来代替。

图 5－21　搭建窝棚

2. 取火

在生存的四大必要因素中，对火的需求可能显得最不迫切，但是在很多情况下，你在考虑水之前必须考虑生火。原因是在一些地方，直接饮用没有经过净化的水可能是不安全的。除了病菌、病毒和其他自然污染物外，水中可能还会含有化学污染物，这些污染物可能来自飞行器燃烧的废料、农民在田地里喷洒的农药、河流上游倾倒的垃圾或者丢弃的化学废料等。尽管水有很多种被污染的可能，但是只要在饮用之前将其烧开，就能大幅度降低或者消除其危害。

在决定生火之前，为其选择一个最佳的位置。需要记住如下重要原则。

（1）在干燥的地面上生火，火很容易被生起来，而且不会产生大量的烟。如果没有干燥的地面，应该用树皮或者大的石块创建一块干燥的地方。

（2）如果能够找到大的岩石或者地面上的一块凹陷地的话，旁边的自然围绕物就能是天然的挡风墙，而且还能反射热量。如果风很大，而且没有自然的屏障可以利用，可以选择将火堆设在地面下的坑道里。

（3）在选择住地的时候就应该考虑生火的问题，一定要有大量生火材料。避免到很远的地方去找柴火。

（4）在点火之前，要确保地面上没有诸如树叶等其他易燃物品。在一些极其干燥的地方，树根或者地面下堆积的树枝也很容易被点燃，可能会导致火灾。当地面上有易燃物的时候，一定要清理出一块至少 1.2 米×1.2 米的空地。而且至少在距离住所 2 米远的地方生火，以确保安全。

（5）不要让火堆过大。这样既可以防止事故，也能有效地节省资源。用石块在火堆四周堆一个圆圈以控制火堆的规模。

3. 获取水源

寻找水源首选之地是山谷底部地区。如果谷底见不到明显的溪流或积水池，要注意绿色植物的分布带，试着向下挖，很可能植被之下就有水源。在干涸河床或沟渠下面很可能会发现泉眼，尤其是沙石地带。在高山地区寻水应沿着岩石裂缝去找。

在海岸边，应在最高水线以上挖坑，尤其是在沙丘地带，很可能会有一层厚约 5 厘米的沉滤淡水，浮在密度较大的海水层上。这层水可能会稍有盐味，但可以饮用。

如果找不到干净的水源，可以通过蒸馏法、凝结法等方法从污水、空气中获得水源，或者从植物的根茎、果实中获取水源。

4. 获取食物

人体需要食物提供热能和营养，无论生长、生殖还是伤病复愈都需要食物所提供的、经消化系统消化吸收的生成新组织的原料。虽然利用自身贮存在组织中的营养可以存活一段时间，但是缺少食物会导致身体机能衰退，精神状态变差。

在野外，不要单一依赖最易获取的食物为生。饮食中营养成分均衡是至关重要的。如果你露营于野兔过度繁多地带，可能导致你死亡的不是恶劣的外部环境，而是某种因长期食用兔肉导致的营养缺陷综合征。饮食种类必须多样化，提供合理均衡的营养比例，同时还能保证日常生理活动所需消耗的能量。其中必须包括的营养成分有蛋白质、碳水化合物、脂肪、矿物质和其他微量元素，以及维生素等。

5.4.3　水上求生

当直升机落水并从机舱逃生后，如果没有合适的救生艇或者其他救生设备，需要寻找较大的可以在水中漂浮的物品，然后将必需的生存物资转移到上面。下水之后，人员应立即远离失事直升机。如果确认直升机没有立即下沉或者爆炸的危险，可以先待在附近，以寻找更多的物资；要是发现继续待在直升机周围将会非常危险，应立即离开。

1. 逃离火灾

如果发生火灾，而且水面上也有燃烧的油料，尽量按照风向的反方向行进。因为燃烧的油料很容易被风吹动，火不会向逆风的方向蔓延。如果需要在燃烧的油料之间里穿行，可能需要给救生艇放气以从油料中通过。

火可能会把周围区域的氧气全部耗光，而且极高的温度可能会伤害肺部，从而让人丧命。如果身上的救生设备是用嘴吹的气，则可以吸入救生设备中的气体（尽管这种气体是从嘴中呼出的，但是其中的含氧量还是足够利用很多次）。但是注意那种自动充气的救生背心，其中的气体通常含有大量的一氧化碳。

2. 制作漂浮物

如果没有救生衣，那么直升机的椅子坐垫、残骸都能够用来作为漂浮物。若没有发现漂浮物，则可以将裤口打结，制作一个漂浮物，具体步骤如下。

（1）找来一条长裤；

（2）先把长裤的两只裤口扎起来；

（3）在水中湿水；

（4）把裤口打开；

（5）举双手抓住裤头，把裤子搭在后背；

（6）双手抓住裤头用劲向前方水面打下；

（7）用裤子自制的"漂浮物"完成（一般能坚持30～40分钟左右，如果感觉气少了可以重做）。

图 5-22　制作临时漂浮物

3. 保持体能

如果没有任何漂浮辅助设备，尽量减少蹬水的次数以保存体能，同时减少游动，避免游动中水流带走自身热量。尽量多穿衣服，衣服内的海水更容易依靠体温来升温。如果你有包（帆布包、塑料救生包，甚至是垃圾袋），钻进里面也能有效阻止身体周围的海水流动，从而大大提高生还的机会。如果几个人穿着黄色救生衣待在一起组成一个圈，会对鲨鱼这种大海中最令人恐怖的生物构成威慑。

水中求生只要身体不下沉，哪怕会游泳也不要游泳。如果可能，尽量用背部靠浮力漂浮（借助救生设备、充满空气的衣物或者椅子坐垫等）保存体能。只有在确定能够抵达一个安全的地方的时候才游泳。一直把头部没入水中，呼吸的时候才探出头，这样也能保持体能。

4. 救生艇

在只有少量给养物资的情况下生存，必须照看好自己所拥有的东西。首先要照看好救生艇。在风大浪急的情况下，如果将锚从船头抛进海里，会帮助船只保持平稳和抵御来袭的海浪，但是这样也会减缓船只顺风行进的速度。在炎热的气候条件下，早上的时候可以适当给救生艇放气，防止救生艇爆裂。

5. 食物和水资源管理

要明智地利用现有的食物和水等物资。在没有食物的情况下人体能撑几周时间，但是如果没有淡水只能撑几天时间。尽量减少喝水，只要保证不脱水即可。如果天气炎热，经常用海水弄湿头发和衣服，减少排汗，但前提是这样做不会刺激皮肤。雨水、多年冰（蓝色）以及海洋生物身体内的液体都可以是海上生存所需的水源。需注意的是在任何情况下都不要饮用海水。如果没有食物，可能需要自己捕获。首选的食物是鱼类、鸟类和浮游生物。

5.5　航空生理

随着航空技术的发展，因飞机硬件等原因导致的航空事故的比例逐年降低，使得航空交通运输是现今世界上最安全的交通工具之一，并得到大众的信赖。无论是飞行事故、航空地面事故，还是其他事故或事故征候，除少数是由于天气等不可抗拒的因素外，大多数都是人为差错埋下的祸根。因此，为了保证航空救援任务的安全，了解航空生理学是十分重要的。

5.5.1　应激反应

应激反应是指各种紧张性刺激物（应激源）引起的个体非特异性反应，包括生理反应和心理反应两大类。生理反应表现为交感神经兴奋、垂体和肾上腺皮质激素分泌增多、血糖升高、血压上升、心率加快和呼吸加速等；心理反应包括情绪反应与自我防御反应、应对反应等。应激反应是刺激物同个体自身的身心特性交互作用的结果，而不仅仅由刺激物引起，还与个体对应激源的认识、个体处理应激事件的经验等有关。每个人对特定应激源的反应都不一样，因此对某人来说很大的应激源而对另外一个人来说只是较小应激源。因此，很难预测个体对给定应激源的反应。直升机飞行中的应激源主要是飞行中机体的振动以及发动机运行或者飞行引起的噪声，同时，由于机舱有限空间、振动、噪声以及任务压力等因素会引起人员交流压力，这也是应激源的一种。直升机有着较为强烈的振动（固定翼飞机的程度稍低），本身就是一个应激源。在生理上，振动模拟发抖，导致热量产生和血管收缩增加。在炎热的环境中，这可能会导致急性中暑或卒中，以及长期的肌肉疼痛和无力。此外，振动可导致背部等其他问题。机上工作人员普遍存在慢性背部问题。直升机上的环境非常嘈杂，噪声会导致头痛、听力损失、内分泌问题、情感衰竭和睡眠障碍，嘈杂的环境也会导致人情绪烦躁不安。

最后，以上所有情况均可能导致机组人员之间的交流变差或"同事压力"。一项调查显示，人际交往是这些最常见的应激源。值得注意的是，同事们也把它列为主要的支持来源。

应激环境导致肾上腺素和皮质醇的分泌增多，并开始增强免疫反应。如果应激未得到缓解，免疫系统就会受到抑制，导致疾病的风险升高。此外，肾上腺素和皮质醇的长期升高会导致高血压，并可能导致冠状动脉疾病、卒中和肾功能衰竭。

长时间的极度压力可能导致即使是训练有素且经验丰富的人也会以非典型的方式做出反应。应激的主观感受会引发个人的"打斗或逃跑"机制。

5.5.2 缺氧

缺氧是指"氧含量减少"或"氧含量不足"。虽然人体任何组织离开氧气一定时间后都会死亡，但是由于大脑对于缺氧非常敏感，飞行期间最严重的缺氧问题是大脑的缺氧。飞行时任何脑力功能的衰减都可能导致致命的错误。

缺氧将损伤大脑和其他重要器官。缺氧的首发症状会有欣快和无忧无虑的感觉。随着缺氧程度逐渐加重，四肢反应变得迟钝。缺氧的症状在不同个体之间表现也不尽相同，一般常见的症状包括：发绀（指甲和嘴唇变蓝），头痛，对刺激的反应减少和反应时间延长，判断力受损，视力损害，嗜睡，头昏或头晕的感觉，手指和脚趾刺痛，麻木。

缺氧的治疗包括在较低高度飞行和/或使用补充氧气。不论身体耐力或适应能力强弱，机上人员都极易受缺氧的影响。当在高空飞行时，最重要的是使用氧气来避免缺氧的影响。

引起缺氧的因素包括供氧不足、氧运输减弱或人体组织丧失用氧能力。根据导致缺氧的原因的不同，可以将缺氧分为以下四类。

1. 缺氧性缺氧

缺氧性缺氧指身体整体可有效利用的氧含量不足导致的缺氧。最常见的导致肺部无法获取氧气的原因是气道阻塞和溺水。而对于飞行员和乘员来说，更值得关注的缺氧性缺氧情况则是高空吸入空气中氧气分压的降低。大气中氧含量的百分比是保持不变的，但是其分压随着气压的降低而成比例地降低。当航空器在飞行爬升时，大气中的各种气体含量的百分比保持不变，此时的压力虽然还是能够保证气体分子在呼吸系统的生物膜之间的传导，但是单位体积下可弥散的气体分子数量减少了。此时气压不直接影响呼吸功能，但可交换的氧分子数量减少会导致缺氧性缺氧。术语"有效意识的时间"是指机上人员在没有氧气供应的情况下，在不同的高度下做出合理的、挽救生命的决策并付诸实际行动的时间极限。当高度增加到 10000 英尺（3048 米）以上时，缺氧症状的严重程度增加，有效意识的时间将迅速缩短。下表为不同高度情况下发生缺氧时，对于常人能持续有效意识的长短。

表 5 - 4　海拔高度与有效意识的关系

高度	有效意识的时间长短
45000 英尺(13716 米)海拔	9 秒至 15 秒
40000 英尺(12192 米)海拔	15 秒至 20 秒
35000 英尺(10668 米)海拔	30 秒至 60 秒
30000 英尺(9144 米)海拔	1 分钟至 2 分钟
28000 英尺(8534.4 米)海拔	2.5 分钟至 3 分钟
25000 英尺(7620 米)海拔	3 分钟至 5 分钟
22000 英尺(6705.6 米)海拔	5 分钟至 10 分钟
20000 英尺(6096 米)海拔	30 分钟以上

还有一种造成缺氧性缺血的特定情况在运输干冰情况下可能发生。升华是物质从固态不经过液态直接变成气态的相变过程。干冰升华为大量的二氧化碳气体，可以快速替代含氧空气，引起二氧化碳中毒而导致缺氧。案例研究表明，在狭小的密闭空间（如驾驶舱内或机舱内）中运输干冰时，职业性接触或无意间的暴露都可能导致后遗症甚至死亡。接触高浓度的二氧化碳气体可导致过度呼吸、心动过速、心律失常和意识丧失；气体浓度超过 10% 的二氧化碳会导致抽搐、昏迷或死亡。在通风不良的环境下，干冰迅速升华的变化特点还会导致环境气压的迅速升高。因此，干冰不应叠放在密封的运输容器（即防漏的二级容器）内部，必须放置在通风良好以便释放二氧化碳气体和避免增压的外部运输容器或存储容器内。在完全密闭的容器内存放干冰可能导致容器爆炸引起严重的人身伤害或死亡。

2. 缺血性缺氧

缺血性缺氧指血液含有或输送的氧气含量无法满足体内细胞的需要。此类型缺氧的并不是吸入氧气量的不足，而是由其他多种因素导致血液中氧含量不足。其病因机制包括血容量不足（如严重失血时），或者某些血液疾病（如贫血）。更常见的病因是血液中运输氧气的成分——血红蛋白，无法有效地与氧分子进行化学结合。其最常见的原因就是一氧化碳中毒。献血后的血容量减少也会引起缺血性缺氧，一般献血后血容量恢复正常可能需要几周时间。虽然献血所致的这种缺血性缺氧在地面时表现并不明显，但在执行飞行任务时会有一定风险。

3. 停滞性缺氧

停滞就是"不流动"的意思。当肺中的富氧血液由于某原因无法运送到需氧的组织时，就产生了停滞性缺氧或缺血。胳膊或腿有时突然会无法动弹，往往就是因为其血液供应无意中被阻断后引起局部的停滞性缺氧。引起此类型缺氧的原因还有休克继发的心脏有效泵血能力下降、动脉受压迫等。在飞行期间，重力加速度过载也可能引起停滞性缺氧；同时，温度降低也会抑制血液循环和减少四肢的血液供应。

4. 组织毒性缺氧

组织毒性缺氧是指机体细胞不能有效地使用氧。其英文单词"histotoxic"由两个词根组成："histo"指组织或细胞；"toxic"指毒性。发生此类型缺氧时，虽然机体能够将足够的氧气转运至需氧细胞，但是细胞却无法合理利用氧气。酒精和其他药物，如麻醉剂和毒药都会引起这种细胞呼吸功能障碍。研究表明，饮用约 30ml 的酒精等于增加 2000 英尺（609.6 米）的生理高度。

5.5.3　过度通气综合征

过度通气综合征是呼吸频率过快和深度过深，导致的血液中二氧化碳的异常损失。人们可能以为这种情况不太常见，实际上其发生率比想象中要高得多，只不过没有发现。该综合征几乎不会引起完全失能，但它会引起一些不适症状，此时呼吸频率升高和焦虑加重将会进一步加剧该综合征。过度通气时，可能会导致失去意识。大多数人在出乎意料的应激情境下会下意识地加速呼吸频率。如果在高空飞行，无论有无供氧，大多数人与平常相比都容易呼吸加速，从而导致过度通气。

由于过度通气综合征的许多症状类似缺氧的症状，因此正确诊断和对待是非常重要的。如果已经使用供氧，则应检查设备和流量，以确保症状与缺氧无关。过度通气的常见症状包括：视力损害，意识丧失，头昏或头晕，刺痛的感觉，冷热感觉，肌肉痉挛。

过度通气综合征的治疗包括恢复身体中适当的二氧化碳水平。对于过度通气，正常呼吸既是最好的预防措施，又是最好的治疗方法。除了减慢呼吸频率以外，用纸袋限制呼吸或大声说话都有助于克服过度通气。一旦呼吸频率恢复正常，很快就能恢复正常。

5.5.4　中耳和鼻窦

在爬升和下降阶段，原本存在于体内的气体由于体内外气体压力差而膨胀。如果膨胀气体逸出受阻，则空腔内气体压力逐渐升高，会引起疼痛。滞留的气体膨胀导致耳痛和鼻窦疼痛，并且会引起暂时性听力下降。

中耳是位于颅骨中的含气腔。中耳和外耳道之间由鼓膜完全分开。中耳和外界之间的压力差一般通过连接中耳和咽部的咽鼓管来调节平衡。咽鼓管在平时是闭合的，而咀嚼、哈欠或吞咽期间则会打开以平衡压力。外界气压和中耳压力之间的轻微差异都可能引起不适。

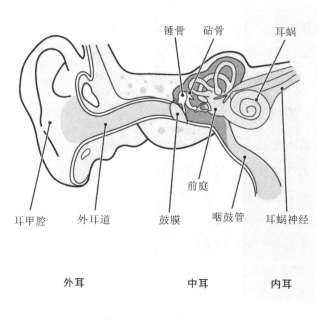

图 5 - 23　耳部结构

在爬升期间，随着外界气压降低，中耳气压大于外耳道气压，使得鼓膜向外凸出。飞行员在感到耳内从"满胀"到"恢复"的交替过程中就能发现这种气压变化；在下降期间则相反，随着外界气压逐渐升高外耳道气压升高，而中耳气压此时还处于较高高度时的较低气压水平，中耳气压小于外耳道气压，使得鼓膜向内凹陷。

由于咽鼓管壁周围局部负压的形成，咽鼓管壁压缩将导致鼓膜内陷的情况一时难以恢复。此时，为了缓解这种耳痛伴随短暂听力下降的常见症状，可以捏住鼻孔，紧闭嘴唇，并缓慢轻柔地往耳朵鼓气。

捏鼻鼓气动作将促使空气通过咽鼓管进入中耳。在感冒、耳部感染或喉咙痛的情况下，机上人员可能无法平衡耳内压力，这时执行飞行任务可能造成剧烈耳痛以及鼓膜损害。

和中耳的形式类似，鼻窦中的气压通过鼻窦与鼻腔间的小开口（鼻窦窦口）与驾驶舱中的气压保持平衡。患上呼吸道感染（如感冒、鼻窦炎或鼻过敏性疾病）可能在窦口周围产生充血，进而减缓气压平衡的过程，鼻窦内和驾驶舱之间的气压差逐渐增加，充血可能完全阻塞窦口。这种窦口阻塞在下降期间最易发生，较小的下降率会减轻该情况引起的疼痛。窦口阻塞常见于额窦（位于双侧眉头上方）或上颌窦（位于双侧上颊），可导致鼻窦区剧烈疼痛。上颌窦阻塞还可致上牙疼痛，有时会从鼻腔排出血性黏液。要想避免上述鼻窦阻塞的情况，最重要的就是在患上呼吸道感染或鼻过敏性疾病时不要参加飞行。

5.5.5　晕动病（运动病）

晕动病或晕机是由于大脑接收到关于身体状态的冲突信息引起的。有人可能在初次飞行中感到晕机，但通常经过几次的训练就会消失。飞行阶段的焦虑和压力也会促使晕机发生。晕动病的症状包括浑身不适、恶心、眩晕、苍白、出汗和呕吐。如果在空中出现晕机症状，打开新鲜空气通风开关，注视机外的物体并避免不必要的头部运动，可以有助于缓解不适。虽然可以口服茶苯海明类药物来预防晕机，但是这类药物可能引起嗜睡和其他副作用，因此不建议飞行时服用。

5.5.6　一氧化碳（CO）中毒

所有的内燃机燃烧都会产生无色无味的一氧化碳气体。它在血液中与血红蛋白的结合能力比氧气高 200 倍，能够阻断血红蛋白将氧携带到细胞中，从而导致血液性缺氧，人体则需长达 48 小时来代谢一氧化碳。严重的一氧化碳中毒可能导致死亡。直升机发动机产生的一氧化碳可能通过航空器的加热器通风口和除霜通风口进入机舱，尤其当发动机排气系统泄漏或损坏时更易发生。如果闻到强烈的排气气味，就应该想到可能有一氧化碳泄漏。然而，即使没有闻到排气气味，一氧化碳也可能已达到危险剂量。

一氧化碳中毒会导致头痛、视力模糊、头晕、嗜睡和/或丧失肌肉力量。飞行员一旦闻到排气气味，或出现以上症状，应立即采取纠正措施，包括关闭加热器、打开新鲜空气通风口和窗户，条件允许时还应该吸氧。

吸烟所产生的烟雾也可能引起一氧化碳中毒。在海平面高度吸烟时引起的血液中一氧化碳浓度升高，对人体的生理影响相当于人体正常情况下在海拔 8000 英尺（2438.4 米）高飞行的反应。除了缺氧，烟草还可能引起飞行员体检不合格的多种疾病和不适。

5.5.7　脱水和中暑

脱水是指体内水分严重丢失。脱水的原因包括机舱及飞行航线高温、风力、湿度和饮用利尿饮品（包括咖啡、茶、酒和含咖啡因的饮料）。常见的脱水症状有头痛、疲劳、痉挛、嗜睡和头晕。疲倦是脱水的最早期症状，此时已经很难在飞行时达到身体和精神的最佳状态了。在炎热的夏季温度过高时或高海拔地区长时间飞行时，会加速人体水分的流失，从而增加脱水的易感性。为避免脱水，每 24 小时一般需要饮用 2~4 升水。大多数人都知道每天建议喝 8 杯水，如果水分补充不足，疲劳以外还会出现头晕、虚弱、恶心、手脚刺痛、腹部痉挛和极度口渴等不适。

避免脱水的其他步骤包括以下方面。

（1）携带可以测量每日摄水量的饮水杯。

（2）养成尚未感到口渴前先饮水的习惯。如果不喜欢饮用水，可饮用喜欢的运动饮料。

（3）限制每日咖啡因和酒精的摄入量。二者都是利尿性的，过度摄入会刺激尿液产生过多。

中暑是身体无法调节自身温度引起的，可能表现为一系列脱水的症状，也可能表现为身体完全虚脱。

为了预防这些症状出现，建议长途飞行时，无论是否口渴，都要频繁地摄入充足的水分。在严重的热应激环境，每小时应喝一升水。如果航空器有顶棚或天窗，穿浅色、透气的衣服并戴帽子有助于在日晒情况下提供保护。保持驾驶舱的良好通风也有助于消散多余热量。

参考文献

　　[1] 国际民用航空组织. 安全管理手册（SMM）[M]. 国际民用航空组织，2013：2 - 1 - 2 - 32.

　　[2] 直升机安全运行指南 [Z]. 中国民用航空局飞行标准司，2014 - 10 - 09.

　　[3] 许俊霞，肖玲玲. 遇险自救 自我防卫 野外生存 [M]. 北京：中国华侨出版社，2011：537 ~ 541.

第6章　航空救援机组非技术能力管理

　　航空救援具有快速机动、救援范围广、受环境限制小和救援效率高等优势，目前已成为许多国家常用的突发事件救援手段。突发救援任务往往存在各种多变因素，如救援情境多变（救援对象复杂、航空情报信息不充分），救援任务复杂，高时间压力等，需要跨领域救援行动团队（如救援机组、航空搜救队、航空医护队等）的高效协同作业。作为航空救援的主体，航空救援人员的救援能力对航空救援任务高效、安全地完成起到至关重要的作用。事实上，在与航空救援行业相近的高风险行业中，人的因素（human factor）的重要性已经得到了广泛的关注和证实。行为科学研究表明，在民航、军事、核电、医疗救援等高风险行业中，超过70%的事故与任职者的非技术能力（Non-technical skills）相关。非技术能力指任职者完成工作所需要的与专业知识无关的技能、能力以及其他特质，如压力应对、团队协作，沟通技能等。在国内外的高风险领域，研究者和实践者都对关键岗位的任职者进行了基于非技术能力的心理选拔、培训研究和实践，如对飞行员、潜艇艇员、高速机车司机、空中交通管制员等，并在这些领域取得了良好的效果。

　　在航空救援任务中，高效、安全的任务执行需要依赖先进的装备系统和具备完善技术和非技术能力的救援人员的有机结合。救援人员除了掌握必备的技术技能，在面临高压力、不确定性、时间压力和复杂情境下，是否能对紧急突发状况做出及时、冷静的响应，是否能高效地执行团队协作和沟通协调，对降低人因失误，提高航空救援的高效性与安全性是必不可少的。

　　本书对航空救援非技术能力管理开展了系统的研究，本章将对航空救援相关人员非技术能力的训练知识进行讲解，以满足直升机救援以及覆盖其他载人航空器的航空救援行业的人员培训需求，提升对航空救援的效率和安全运行的整体理解。

6.1　非技术能力管理的发展

非技术能力是指能够作为技术补充且能够为安全和任务绩效作出贡献，包括认知、社会和个人资源的技能。（Flin，O'Connor，& Crichton，2008）

20 世纪初期，心理学对应用和工业效率提升研究的需求，促进了对工作场所个体、团队和组织进行探索的工业与组织心理学的诞生。（姚翔，2014）而二战期间，性能较良好的飞机出现大量的事故促使工程心理学分支的诞生。（张侃等，2014；葛列众，2017）自此之后，以心理学为代表的行为科学越来越多开展工作场所效率与安全的研究。

具体到航空领域，从飞机诞生之日起，高事故率就一直伴随着航空业的发展。直到 20 世纪 50 年代，飞机自身的可靠性已经达到了相当的高度，此时机组成员危险性则凸显出来，人已经成为导致事故的重要因素。（Wiegmann & Shappell，2003）

1. 机组资源管理——民航领域的非技术能力

机组资源管理（Crew Resource Management，CRM）是机组有效利用所有可利用的资源（如设备、步骤以及人力）来保障安全和高效飞行的过程。（ICAO，1989）主要目标是通过飞行员的团队合作减少差错（Helmreich，1997）。自 1981 年 CRM 培训开展以来，越来越多的研究者和实践者关注 CRM，并在航空公司大力推广和实施 CRM 培训。

（1）CRM 培训的演变

CRM 最早可以追溯到美国宇航局 1979 年资助的一个名为"驾驶舱资源管理"的工作坊。此次会议是 NASA 对航空运输事故原因调查的一个副产品，它明确提出飞机事故的人误方面原因主要为人际沟通、决策和领导（leadership）。也是在这次会议上，驾驶舱资源管理（Cockpit Resource Management）被正式提出应用到培训机组成员，充分利用机舱内人力资源以减少"飞行错误"。许多运营商提出开发新的培训计划来加强机舱操作的人际协同方面。这之后，经过多年研究和实践的发展，CRM 在训练内容和训练形式上有了很大的变化，演变出五代不同的机组资源管理体系。（Helmreich, Merritt, & Wilhelm, 1999）

第一代机舱资源管理（Cockpit Resource Management）。第一代正式的 CRM 培训于 1981 年由美国联邦航空公司开始实施，这一系列培训主要从工业—组织心理学/管理心理学角度关注管理风格和人际关系的作用，强调要改变个体风格和矫正个体不良行为。

第二代机组资源管理（Crew Resource Management）。1986 年 NASA 举办了一次研讨会，世界各地的航空公司在会议上报告了他们的 CRM 培训计划，最后得出结论：CRM 不应该是一个单独的培训，而应该体现在飞行培训和飞行操作中。这一时期的 CRM 培训重点转移到机组动力学，名字也由"Cockpit Resource Management"改为"Crew Resource Management"；培训方案更加趋于模块化和团队取向；课程内容主要包括团队建设、简述策略、情境意识和压力管理，还包括一些具体的模块（modules），如决策执行策略以及如何打破可能导致事故的错误链等。

第三代 CRM——拓宽范围。在 20 世纪 90 年代初期，CRM 开始从多个途径发展培训，培训内容开始反映飞行系统的特征。同时，这一时期的培训还强调要将 CRM 与技术培训进行整合，并且培训重心是关注飞行员具体的飞行技能和行为。

第四代 CRM——整合和程序化。到 1990 年，随着 AQP（Advanced Qualification Program）项目的兴起，联邦航空管理局改变了以往 CRM 培训方式。AQP 是自愿选择课程，它允许各航空公司根据具体组织要求改进培训，以适应各航空公司的要求。同时，由于 AQP 强调课程的适应性，各航空公司需要对全部机乘人员进行 CRM 培训，并且将 CRM 的概念融入飞行技术训练之中。

第五代 CRM——差错管理。研究者一直致力于寻找可以在不同文化背景下通用的 CRM 训练。CRM 培训的初衷是为了避免人出错，也就是说，CRM 实际上是一种差错管理。第五代 CRM 的基本假设认为，人出差错是普遍存在和不可避免的，并且差错是信息的重要来源。如果人的错误是不可避免的，那么 CRM 可以看作应对错误的策略。

（2）CRM 的研究范围

根据国际民用航空组织（1989）对机组资源管理研究内容的描述，常见的 CRM 研究主题包括沟通/人际技能（Communication/interpersonal skills）、质询（Critique）、情境意识（Situation awareness）、问题解决和决策判断（Problem-solving/decision-making/judgment）、领导风格/从属风格（Leadership/followership）和压力管理（Stress management）。

沟通/人际技能是 CRM 培训的核心，包括礼貌地表达坚定立场、积极倾听和反馈。良好的沟通技能可以促进整体机组的表现，有利于维护机组飞行安全。

质询也是沟通技能的一部分，它是针对特定的情境要求获得观点、意见或者建议的过程。质询既可以用于证实某些机组人员的想法，也可以用来收集信息或澄清误解，尤其是澄清模棱两可的情境、冲突信息以及需要强化或者证实的信息。

情境意识指飞行机组准确知觉机舱内和机舱外情形的能力。机组情境意识越高，飞行就越安全。

问题解决是机组根据信息输入、加工和处理而做出判断和决策的过程，机组决策能力的提升也是 CRM 研究的一项主要内容。

团队工作需要机长的有效领导和机组成员的积极配合，因此，机长的领导风格和下属的从属风格也是机组资源管理的重要主题。

飞行人员在工作中面临的各种压力源会影响飞行员的工作绩效表现，如何应对和管理当前的压力状态也是 CRM 关注的重点。

各飞机制造商和运营商也参照国际民用航空组织 ICAO 的指导意见提出了自己的 CRM 内容。如空客公司提出 9 条需要培训的素质如下：

①程序的应用（application of procedures）；

②沟通（communication）；

③飞行航线管理—自动化（flight path management-automation）；

④飞行航线管理—手动（flight path management-manual）；

⑤知识（knowledge）；

⑥领导与团队协同（leadership and teamwork）；

⑦问题解决与决策（problem solving and decision making）；

⑧情境意识（situation awareness）；

⑨工作负荷管理（workload management）。

东方航空除了将情境意识（situation awareness）、工作负荷管理（workload management）和问题解决与决策（problem solving and decision making）纳入非技术能力培训体系中，还增加了疲劳管理（fatigue management）成分。另外，东航还将人格特征（personality characteristics）纳入考虑范围，传统意义上讲，人格是一个特质变量，但近年来有研究探索人格的状态层面，这为人格培训提供了可能。

2. 医疗领域的非技术能力

航空领域 CRM 培训开展，也为医疗等其他高风险领域的员工安全行为带来启发。由于 CRM 是基于航空术语的缩写，医疗、核电领域的研究者们采用了非技术能力（Non-Technical Skills, NTS）一词。实际上，NTS 的第一次使用也是在航空领域，欧洲航空安全局（原欧洲联合航空局）从北美引进 CRM 概念时，将其改为非技术能力。非技术能力是指能够作为技术补充且能够为安全和任务绩效作出贡献，包括认知、社会和个人资源的技能。（Flin, O'Connor, & Crichton, 2008）

由于组织安全会受到监管（regulatory）、商业压力（commercial pressures）、工作环境（work environment）和管理要求（management demands）等方面的影响。员工行为只是有效管理策略的一个成分，并且除了拥有的非技术能力外，员工的行为还会受到他们的工作条件、他人的行为，尤其是管理者行为的影响。这是关注非技术能力之前需要强调的部分，即非技术能力只是安全与效率的必要非充分条件。

苏格兰阿伯丁大学的 Flin 及其合作者们（2008）在总结不同领域的研究后，提出一个各领域通用的非技术能力清单。该清单与 CRM 有一些出入，具体如下：

（1）情境意识（situation awareness）；

（2）决策（decision-making）；

（3）沟通（communication）；

（4）团队协同（teamwork）；

（5）领导（leadership）；

（6）压力管理（managing stress）；

（7）疲劳应对（cope with fatigue）。

其中情境意识与决策是个人的认知技能；沟通、团队协同和领导决策是社会技能；而压力管理和疲劳应对则涉及个人资源的控制问题。

6.2　非技术能力管理知识

影响航空救援安全的人为因素可以通过 6P 来说明，6P 包括身体因素（Physical）、生理因素（Physiological）、心理因素（Psychological）、社会心理因素（Psychosocial）、病理因素（Pathological）和药理因素（Pharmacological）。

（1）身体因素：指机组成员的身体状况，包括感知力、耐力和体力等。

（2）生理因素：使机组人员分心、迷茫、反应迟钝等的因素，主要表现包括疲劳、缺氧、晕机、脱水和低血糖等。

（3）心理因素：指影响机组人员救援时认知的因素，如技能程度、注意力集中度、操作习惯、个性、判断、注意力、情境意识等。

（4）社会心理因素：指影响一个人如何与他人相处的因素，如与救援机组同事的人际关系、家庭压力情况、职业压力情况、工作态度等。

（5）病理因素：影响救援安全的个人疾病因素（急性或慢性），如上呼吸道感染、肾结石和肌肉/骨骼损伤等。

（6）药理因素：主要是指用药可能引起的副作用对救援安全的影响。

航空救援任务中，救援机组人员是救援主体，救援过程中救援机组人员会与参与救援的其他人员、救援使用的工具以及工作环境等多方面因素发生关联。掌握救援机组人因工程知识，可避免或者减少影响安全救援的因素，进而提高救援的效率和安全性。以下从人因工程学角度出发，基于 SHELL 模型，对航空救援的各要素进行分析。SHELL 模型从软件（S）、硬件（H）、环境（E）、相关人（L）方面分析各组成部分协同工作的影响关系，该模型是分析航空救援中人为因素影响救援效果的有效方法之一。

图 6-1　SHELL 模型

基于 SHELL 模型架构，在航空救援中各要素对应如下。

S：救援操作预案和程序，救援所需的各类规章制度、标准等。

H：飞行器系统、救援装备、患者护理系统、保障装备、指挥通信系统等设备系统。

E：救援任务的外部环境，如气象条件、救援现场环境等。

L（图 6-1 中）：机组人员的自身人为因素。

L（图 6-1 下）：救援中的其他任务人员的人为因素，如指挥人员、调度人员等。

从上述 SHELL 模型分析图可以看出，救援中机组人为的因素处于整个模型的中心，与其他四个组成部分发生关联。每个部分外边缘都是不平整的，说明关联发生的不确定性。机组人员与其他几个部分连接处的不平整界面需要吻合才能保证协同顺利，一旦存在沟壑就会出现安全风险。

影响救援安全的因素包括显性因素和隐性因素。

1. 显性因素

显性因素是导致救援发生危险的外在直接表现因素，主要包括决策失误、操作错误、视觉误差、违反操作程序（操作程序包括例行程序、特情处置程序）等。

2. 隐性因素

影响救援任务安全的隐性因素主要包括组织因素、资源分配、组织氛围、救援任务流程等不可见因素。

救援任务应对此类因素的风险实施监控，如果监控不到位会影响救援安全。风险监控中可能存在的监控不到位因素包括：

（1）风险监控不力；

（2）风险监控计划不合理；

（3）风险处置不到位；

（4）风险监控违规。

其中救援机组人员发生危险行为可能的因素有：

（1）机组人员身体状态不佳，如心理状态不佳、生理状态不佳、身体条件不佳（体力、身高等）；

（2）机组人员准备不充分，如救援资源管理不善、缺乏个人准备等。

机组人员的人为因素影响在许多情况下决定航空救援任务的成功与安全。航空救援资源必须以客观和负责任的方式进行管理，同时考虑尽可能多的人为因素变量，参与航空救援任务的所有成员都必须为成功、安全地完成所有任务做出分担。

6.3　非技术能力训练

救援任务机组非技术能力定义为航空救援机组任职者完成工作所需要的、专业知识技能之外的通用性认知、自我管理及社会技能，包括压力管理、疲劳应对、情景意识、决策与判断、人际沟通、团队协作、领导力七个维度。针对这七个维度需要对参与航空救援的机组人员进行系统性的训练。参考《航空应急救援非技术能力训练指南》（T/CSAA 3 – 2021）标准，非技术能力训练内容及目标、训练大纲和行为评估见本章附录 A、附录 B、附录 C。

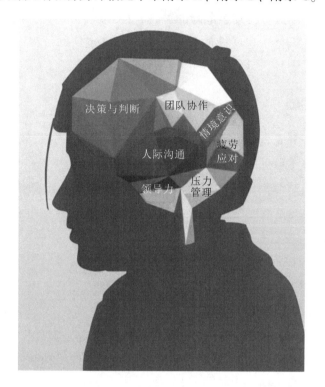

图 6 – 2　航空救援机组非技术能力脑图

6.3.1　压力管理训练

压力管理是在压力情境下找到压力源并适当调整情绪和认知状态，以及任务完成后进行压力缓解的技能，包含压力应对、压力缓解两个部分。

航空救援机组人员面临高强度和高负荷的工作任务以及各种突发状况和不确定因素，由此引发过度的压力状态不仅会对机组的健康造成产生影响，导致如负面情绪、职业倦怠、心血管疾病等身心健康问题，也会给救援效果和安全造成潜在隐患。因此，有必要认识和了解压力管理的基本知识和工作中压力的来源和种类，科学认识工作压力对身心健康和工作绩效的影响，判定自己的压力状态，了解通过情绪、认知、行为等策略进行压力缓解和应对的方法。

1. 典型的压力来源

工作压力按来源，可以分为以下四种。

（1）工作任务

例如任务质量或数量超载，时间压力，大修期间、事件压力、倒班等。

（2）人际关系

例如与机组同事关系紧张，上下级关系紧张。

（3）工作和组织环境

组织政治因素包括权力斗争论资排辈、职业晋升等，组织结构如频繁的人事变动等。

（4）物理环境

在救援中常见的因素包括天气、温度、湿度以及危险的地理环境等。

2. 典型的压力反应

20 世纪初，科学家沃尔特·坎农在观察了动物对应激事件的反应后，创造了"战斗或逃跑反应"一词。他发现，当动物受到强烈压力时，它们的上消化道活动会明显减少，同时有更多的力气去对抗或逃跑。这就是"战斗或逃跑"应激反应，是动物和人类漫长进化中一个重要的本能反应。在远古时代，动物们遇到大型并且危险的动物时，会迅速激活交感神经和一系列神经内分泌轴，释放肾上腺素、睾酮等激素到血液中。这些激素将全身的血液和能量集中到大脑和四肢，使人有更高的警觉性和觉察能力，同时也有更多的力气去对抗或逃跑。

除了"战斗或逃跑反应"，还有另一种应激反应模式，就是"僵硬"反应。"僵硬"反应也有进化的意义，很多弱小的动物会在遇到天敌时装死，通过僵住不动让自己看起来没有那么显眼，从而增加生存下来的机会。

在执行航空救援任务应急状态下，典型的"战斗或逃跑"行为包括以下：

（1）手比脑快，不经思考就进行处理；

（2）鲁莽行事，急中出错，易发生误操作；

（3）无法深入加工全部信息，仅凭部分信息决策；

（4）不经思考发表意见，容易影响他人；

（5）与他人争吵，容易进入战斗状态。

在执行航空救援任务应急状态下，典型的"僵硬"行为包括以下：

（1）头脑一片空白，思维僵化；

（2）反应性下降，对于让自己进行某项操作的指令无法迅速反应；

（3）不敢表达自己的观点；

（4）感觉无法动弹。

3. 应对、缓解和预防压力的方法

（1）管理好个人情绪；

（2）减压放松训练，如呼吸调节、冥想、散步等。

压力管理行为优秀和欠佳的表现指标如表 6-1 所列。

表 6-1　压力管理行为表现指标表

维度	定义与内涵	优秀的行为表现	欠佳的行为表现
压力应对	在压力下保持冷静的态度，并向团队强调自己能够控制目前的高压力局面。在确保不会伤害其他团队成员的情况下，适当地采取强制措施。	①在压力下保持冷静 ②强调情况的紧迫性（即偶尔提高声音） ③在紧急情况/危急情况下为待救助者负责 ④在压力下做出果断决策，对相关处置的依据熟悉 ⑤将任务委派给他人，以完成目标 ⑥在紧急情况依然继续领导团队	①突发事件发生时，表现出异常担忧 ②在压力下畏畏缩缩，面对压力时表现出决策的无能 ③当遇到挑战时，无法进行有效领导 ④将责任推给别人，自己不愿意承担责任 ⑤发脾气
压力缓解	采用适当方法缓解压力和负面情绪的技能	①主动采取适合自己的方式调整情绪状态 ②主动采取措施让自己从高压力的任务场景中脱离出来	①倾向于否认、回避等消极方式应对 ②完成任务或离开救援场景后，仍无法从情境中有效区隔和脱离出来

6.3.2　疲劳应对训练

疲劳是指长时间工作、长时间不睡觉，或工作时间与身体的生物或昼夜节律不同步的疲劳状态。疲劳管理指能识别和判断自身的疲劳状态，并根据疲劳状态加以应对和管理，包括疲劳状态识别、疲劳应对策略两个组成部分（疲劳管理行为表现指标见表 6 - 2）。

疲劳经常被认为是人为因素导致事故的"共性因素"，因为它是其他人为因素发生的"催化剂"。航空救援任务要求机组人员应具备良好的精神状态和体力，稍有不慎会影响救援的效果甚至导致危险发生，因此有必要了解疲劳的原因、表现，掌握应对疲劳的方法。

1. 疲劳的原因

疲劳的原因主要包括：睡眠不足、长时间保持清醒/工作、工作时间与身体生物节律不符、工作负荷（脑力或体力劳动）过重等。

疲劳可能是由昼夜节律紊乱、持续操作或自我强加的睡眠不足引起的。自我强加的睡眠不足是最常见的原因。

2. 疲劳的表现

疲劳是在开展脑力或体力活动时能力降低的一种疲惫状态，主要表现为知觉、注意力、决策和技能下降，反应迟钝，丧失对环境刺激作出反应的能力等，并伴随厌倦和疲惫等不适感。

3. 疲劳应对的策略

应对疲劳最有效的办法就是睡眠。

（1）预防疲劳

在工作之前和期间使用预防策略。救援人员应该在任务前（即正常备勤的时间）获得最好的睡眠，尽可能在睡眠充足的情况下执行任务，建议每 24 小时睡眠 8 小时。将值班前的小睡时间限制在 45 分钟以内，以最大限度地减少接近值班时间进入深度睡眠并遭受睡眠惯性影响的机会。其他时间的小睡时间应超过 2 小时。

（2）养成良好的睡眠习惯

制定和练习睡前规律性活动，使用身体或精神放松技巧，并在黑暗、安静和舒适温度的房间里睡觉。定期锻炼，但不要太靠近睡眠时间锻炼。

（3）短暂小睡

救援人员值班期间有条件的可轮班尝试"战略性小睡"，建议小睡时长为45分钟。

疲劳管理行为表现指标如表6-2所列。

表6-2　疲劳管理行为表现指标表

维度	定义与内涵	优秀的行为表现	欠佳的行为表现
疲劳状态识别	通过主观判断、行为核查、标准认知测验等方法识别自身的疲劳状态	①认知警觉度高，能集中注意力 ②睡眠充足，精神饱满，情绪稳定	①警觉程度下降，注意力涣散 ②反应迟钝，打哈欠、瞌睡、眼皮发沉、语速减缓、声调降低 ③运动不协调
疲劳应对策略	知晓并运用从疲劳中得以恢复的应对策略，包括睡眠及睡眠卫生、休息、生物节律、饮食、光线、药物等	①主动采取措施以保证岗前睡眠质量（如营造良好睡眠环境，保持良好饮食习惯等） ②在岗过程中主动采取预防性措施保持工作专注度 ③已处于疲劳状态时，主动采取措施避免影响任务执行效率及安全性（如暂停操作、知会队友等）	①上岗前无法保证充足的睡眠 ②在疲劳状态下，未做任何应对策略仍强行执行复杂或危险的任务

6.3.3　情景意识

情景意识是在感知飞行器操作、救援操作、救助对象、团队、时间、装备等航空环境要素的状态，并在此基础上发展和保持对局势的总体动态认识，并对未来状态进行预测的能力。其包含信息收集、信息处理、状态预判三个组成成分（情景意识行为表现指标见表6-3）。

1. 情景意识的分类

包括个人情景意识和协同情景意识两类。

（1）个人情景意识

个人情景意识主要指某个机组人员对影响救援安全的各种因素的感知和判断。由于每一个机组人员的救援经验、态度等存在差异，因此每个机组成员的情景意识能力会不同。每个人的情景意识随着某些因素的改变也会不断发生变化，例如长时间的救援会导致疲劳，影响救援机组人员对环境的判别效率。

（2）协同情景意识

协同情景意识主要指一个机组群体对影响救援安全各种因素的感知和判断。协同情景意识并不是所处机组所有人员情景意识的简单叠加，适宜的沟通交流、领导力可提升组织整体的情景意识水平，进而避免或者减少失误。

2. 影响航空救援机组情景意识的因素

影响航空救援机组情景意识的因素有很多，主要包括救援技能水平、救援经验、身体健康状态、空间识别能力等。

（1）救援技能水平

救援技能水平是航空救援机组人员情景意识的基础。高水平的救援技能可使得救援人员在特殊救援环境下保持冷静的头脑、避免慌乱，以实现准确、快速的救援。

（2）救援经验

丰富的救援经验可使机组人员对救援中发生的各类情况提前做出精准预判，或者发生计划外的突发事件时能够快速做出应对反应。

（3）身体健康状态

身体的健康状态（包括身体和心理状态）是决定救援任务过程中情景意识水平的因素。良好的身体健康状态有助于激发救援机组人员在救援任务中做出快速、准确的反应，提高救援效率和安全性。

（4）空间识别能力

因为航空救援主要涉及空中的救援、悬停状态下的救援等，因此机组人员对空间的识别能力也是决定其任务执行中情景意识水平的重要因素。例如，空间识别能力好的绞车手可快速协调机长将直升机悬停至合适的高度、距离，能够使得救援人员通过索降快速、安全地到达和撤离现场。

3. 情景意识缺乏的典型表现

情景意识缺乏已被确定为许多事故中的偶然因素，压力和情景意识缺乏之间存在直接关系。一般的压力和刺激可能导致机组人员产生自满，过度的压力刺激会导致恐慌，机组人员必须能够识别自身以及其他机组成员的情景意识缺乏情况。

情景意识缺乏的典型表现包括：固执己见；模棱两可，表达有歧义；自满懈怠；兴奋；困惑；注意力不集中（分心）；未解决的差异；未能按时完成；沟通不畅。

4. 保持和提升情景意识水平的常见方法

（1）足够多的训练（个人和协同）

接受足够多的训练，提高个人技能水平；提供充足的机组协同作业的训练机会，协同作业能力的提升有助于协同情景意识水平的保持。

（2）救援任务的总结、交流

对每次救援任务（包括演练和实际救援）的过程做总结，和同组其他人员充分交流，总结经验和不足。

（3）身体健康状态的保持

安排有计划的身体锻炼，有条件的定期安排心理指导，保持救援人员身体、心理的健康。

（4）更多的观察和寻找参照物

救援过程中多观察直升机、救援现场周围的环境，寻找有效的参照物，避免慌乱，降低复杂环境对个人情景意识的影响。

表6-3 情景意识行为表现指标表

维度	定义与内涵	优秀的行为表现	欠佳的行为表现
信息收集	通过持续观察整个环境，积极和特意地收集有关环境的数据，并监控所有可用的数据源和线索，同时验证数据、确认其可靠性	①在运输之前获取并记录待救助者信息 ②经常对航空和救援环境进行检查 ③交叉验证信息以提高可靠性	①由于分心或乏味而降低监控水平 ②不愿改变工作场所的物理布局，以提高数据可视性或可听性 ③在任务交接过程中不愿提出自己的疑问，以使自己更快适应环境
信息处理	根据环境考虑和解释信息，确定情况与预期状态之间的匹配或不匹配，更新自己当前的心理图景	①响应待救助者状况而增加监测的频率 ②证明自己对航空危害的理解 ③用口头的方式表达自己观察到的趋势，以及这些趋势对于其他团队成员意义	①对待救助者状态的变化不做反应 ②不经调查就解除警报 ③不考虑航空灾难

（续表）

维度	定义与内涵	优秀的行为表现	欠佳的行为表现
状态预判	询问自己"如果……会怎么样"的问题，并思考行动、干预、不干预等方案的潜在结果和后果；对当前情况进行计划以预测不久的将来可能发生的情况	①在适当的干预下，保持对于环境的掌控 ②设置和传达干预阈限 ③不断为下一阶段的任务做好准备	①不考虑与运输有关的潜在问题 ②只考虑与运输相关问题，而不考虑其他 ③没有预见到不良的医疗、气候、地貌等关键救援环境的相关问题

6.3.4　决策与判断

决策与判断指在正常情况下和在有时间压力的紧急情况下，根据经验或新信息做出决策以达成关于特定情况的判断，或选择特定的行动方案的技能。一次救援任务需要多次的决策与判断，决策与判断的有效性直接影响救援效率。其包含识别选项、权衡轻重缓急、风险评估、重新评估四个组成部分（决策与判断行为表现指标见表 6-4）。

决策与判断的训练包括下列内容。

1. 决策与判断过程

决策与判断主要包括四个阶段（具体定义见表 6-4 所列）：

（1）识别选项；

（2）权衡轻重缓急；

（3）风险评估；

（4）重新评估。

2. 改进决策与判断的常见方法

（1）任务前了解现场的环境，做出充足的预案（包括各种情况下的处置预案）；

（2）可以使用辅助工具，如检查单来确保没有忘记任何重要的步骤；

（3）每次任务结束后，做救援任务经验总结，储备突发事件应对经验。

表 6 - 4　决策与判断行为表现指标表

维度	定义与内涵	优秀的行为表现	欠佳的行为表现
识别选项	在做出决定或解决问题时，产生可替代的行动方案	①识别可用于做决定的替代方案 ②向所有相关团队就与执行救援任务有关的问题寻求意见 ③客观地与同事一起评估和讨论救援过程中遇到的问题	①即使在时间允许的情况下，也不考虑替代方案 ②即使条件允许时，也未能询问其他队员意见 ③忽视其他团队成员的建议
权衡轻重缓急	根据重要性（例如由于时间、严肃性、计划）安排任务、活动、问题、信息渠道等；能够确定关键问题并相应地分配注意力，避免被不太重要或无关紧要的事情分散注意力	①讨论事件中的优先问题 ②通过适当的授权，管理潜在的干扰者 ③在紧急情况下传递行动命令	①因航空环境或后勤问题而分心 ②未能在重要领域投入足够的注意力 ③未能适应多变的环境条件
风险评估	评估危害以权衡局面的威胁或收益，考虑不同行动方案的优缺点；根据这些过程选择解决方案或行动方案	①考虑不同的治疗和/或运输选择的风险 ②根据病人的状况权衡各种因素 ③评估可替代选项的时间紧迫性	①没有发现不熟悉的条件下或环境中的风险 ②不会与相关人员对行动过程进行预演，以评估其适用性 ③未能与团队一起审核和讨论可能的选项
重新评估	不断地审查已经确认的、经过评估的和已被选择的选项的适宜性；并在实施某项行动后重新评估情况	①在运输的关键阶段之后，或定期地重新评估待救助者 ②评估当下的情况，如果决策还没定下 ③根据待救助者的状态变化，及时列出或更新行动计划的选项	①没有足够的时间让干预生效 ②未能让其他团队成员一起参与重新评估 ③不愿意根据新信息修改行动路线

6.3.5　人际沟通

人际沟通是与其他团队成员交换信息、意见和建议、给予反馈和交流彼此感受的能力。其包含信息交换、信息寻求、确认与反馈三个组成成分（人际沟通行为表现指标见表 6 - 5 所列）。

人际沟通是航空救援机组人员执行救援任务的重要过程手段，有效的交流有助于提高救援效率，无效的交流可能导致任务的失败。

1. 航空救援中常见的沟通应用场景

（1）飞行机组、救援机组、地面支持人员之间的沟通；

（2）救援团队和被救援对象之间的沟通。

2. 团队救援任务中常见的沟通障碍

（1）不了解彼此业务知识和技能所导致的沟通障碍；

（2）由于救援物理环境（如高噪声等）造成的沟通障碍；

（3）被救援人员和救援团队沟通的语言障碍。

3. 提升救援机组交流的技能

（1）相互询问质疑

救援过程中对机组人员操作和对环境预估的情况存在不认同观点时，应及时进行相互质询。

（2）相互劝诫

确定机组人员存在不合理的操作或者场景预估时，应及时劝诫，避免发生安全问题。

（3）任务计划与总结

任务计划指包括救援任务前对救援任务的分析和计划制定。

任务总结指救援任务完成后对救援过程中表现的总结。

这个过程是需要全体机组人员共同讨论的，而不是某个人的"独角戏"。

表6－5　人际沟通行为表现指标表

维度	定义与内涵	优秀的行为表现	欠佳的行为表现
信息交换	及时提供和接收信息，以帮助团队成员达成共识	①以清晰、明确的方式向队友提供信息 ②提供当前情况简报，及时更新关键信息 ③听取团队成员关心的问题	①不能以清晰、明确的方式向队友提供信息 ②不重视移交简报 ③将事件相关人员排除在交流之外，或在不适当的时间进行交流 ④无法或不愿意与他人交流问题

维度	定义与内涵	优秀的行为表现	欠佳的行为表现
信息寻求	愿意向队友主动寻求信息，并能以恰当的方式表达自己的信息需求	①愿意向队友寻求所需信息 ②明确所需信息的正确来源，并向合适的队友求助 ③以清晰、精确方法表达自己的需求	①没有以清晰和精确的方式表达自己需求 ②试图独自解决问题，不听取团队成员的建议
确认与反馈	接受或提供信息之后，主动向对方寻求反馈和确认	①确认大家对问题有共同理解 ②接收信息后，知会信息传达者，并与对方确认自己对所接受信息的理解是否准确 ③发送信息后，与对方确认	①接收信息后不主动反馈和确认 ②发送信息后不关心对方的认知和反应

6.3.6 团队协作

团队协作是明确自己在团队内的角色并与其他队友合作，从而确保有效完成团队任务，提升团队满意度和生命力的技能。其包括行动协调、帮助他人两个组成成分（团队协作行为表现指标见表6-6）。

航空救援任务需要机组人员的协同配合才能完成救援任务。如绞车手在任务区域需要协同机长调整直升机位置和姿态；绞车手需要协同救生员进行相互通信和手势操作，控制绞车将救生员安全送达任务区域和安全接收至舱内等。

团队协作的训练包含下列内容。

（1）救援团队在不同救援场景下团队绩效的过程模型；

（2）高效救援团队的特征。

①团队目标统一、明确；

②团队成员互相信任、协作；

③团队成员各司其职、沟通顺畅；

④团队成员技能水平高、执行力强；

⑤团队成员情景意识水平高；

⑥团队中领导者优秀；

⑦团队成员善于总结经验。

（3）影响救援团队救援绩效的常见因素及应对策略。

对比高效救援团队的特征，影响救援团队救援绩效的常见因素包括：

①团队目标不明确；

②团队成员缺乏有效沟通；

③团队成员职责不明确；

④团队成员技能水平有限；

⑤团队成员中领导者不力；

⑥缺乏激励机制。

（4）为提升团队协作水平的主要应对策略。

①制定合理、大家公认的团队目标；

②选择合适的团队领导者；

③建立团队良好的沟通氛围；

④提升团队成员的技术水平；

⑤建立合理的绩效考评机制。

表6-6　团队协作行为表现指标表

维度	定义与内涵	优秀的行为表现	欠佳的行为表现
行动协调	以合作的方式与其他团队成员一起开展活动	①检查其他团队成员是否已准备好开始操作 ②确认包括自己在内的团队成员的角色和责任 ③调整自己的行动以满足队友的需求，合作以达成团队共同目标	①不咨询其他队友是否可以开始执行任务 ②在没有确保设备准备就绪的情况下进行操作 ③未能认识到他人的需求 ④不关心自己的行动与队友行动之间的关系
帮助他人	向团队的其他成员提供认知、情感和行动等方面的支持和帮助	①感谢队友的关心和协助 ②认可和肯定队友的贡献 ③与团队成员建立良好关系，维护积极团队氛围	①不给团队成员提供帮助 ②对于执行得好的任务也不加以认可 ③使用不悦的语气回应他人请求，破坏团队氛围

6.3.7　领导力

领导力指领导团队并提供指导，维持团队高效运作，考虑每个团队成员的需求的能力。其包括评估能力、建立共识、表达权威与信心三个组成部分

（领导力行为表现指标见表 6 – 7 所列）。

1. 主要领导风格

常见领导风格包括四种。

（1）权威型

权威型领导风格一般指"我说了算"，很少授权，团队交流水平差，这种类型的领导者一般经验丰富、技术水平高，但是一旦发生紧急情况容易受到压力大的问题影响救援安全。

（2）独立型

独立型领导风格指救援机组人员各执己见，缺乏有效沟通，团队成员容易产生误解或者矛盾。

（3）自由型

自由型领导风格指团队成员可自由决策，团队领导者容易产生指挥的被动，容易造成目标不一致，产生救援风险。

（4）民主型

民主型领导风格是指团队领导者明确目标，做出决策，其他团队成员统一目标、共同协作，成员各司其职完成救援任务。民主型领导风格是一种理想的领导状态。

2. 航空救援团队的领导力形成方式

良好的领导力一定建立在互相信任、协作顺畅的基础上，作为航空救援团队领导者，需要做到：磨合团队（良好的团队建设）；明确任务目标；根据团队成员能力职责，分配明确、合理。

3. 救援任务中高压力下救援团队负责人的能力要求

高压力一般伴随着特殊情况（如气象环境恶劣、救援现场复杂程度超出预期等），这种情况下是最能考验领导者能力的时刻，在高压力下的领导力要求主要包括三种。

（1）责任承担

领导者主动承担处置任务的责任。

（2）快速决策

主动快速对当前任务做出行动的决策，并为决策负责。

（3）任务分配

安排、指导救援机组其他成员行动。

表6-7 领导力行为表现指标表

维度	定义与内涵	优秀的行为表现	欠佳的行为表现
评估能力	判断不同团队成员的技能以及他们处理问题的能力；注意那些可能限制团队成员有效执行这些能力的因素（如专业知识水平、经验、压力、疲劳）	①在其他团队成员疲劳时进行提醒，对他们提供帮助或提高对他们的监控 ②告知他人自己的不足，并在需要时呼吁他人对自己提供帮助 ③弄清楚之前没有合作过的团队成员的经验	①对其他团队成员疲劳或其他缺乏能力的明显预兆（如晕车、打呵欠、不记得简单的指示）不做任何回应 ②如果团队成员无法完成任务，也不进行干预 ③不注意团队其他成员（例如其他机组人员、医务人员）的表现
建立共识	确保整个团队不仅拥有必要的和相关的信息来执行操作，而且团队成员需要了解并且拥有可接受的共同"全貌"	①在开始操作之前提供简要的介绍，并阐明目标 ②在开始之前确保团队了解执行计划 ③鼓励团队所有成员提出意见 ④确保团队的相关成员对决策感到满意 ⑤确认助理是否知道他们应该做什么 ⑥在任务结束后给相关团队成员做汇报，讨论发生了什么问题	①不向团队成员阐述操作计划 ②没有时间进行集体讨论和审查具体进展 ③未能事先与不熟悉的团队成员讨论具体情况 ④从不在操作结束后讨论经验教训 ⑤没能让其他队友了解救援进展情况 ⑥如果在讨论操作计划时受到挑战会显得很不高兴
表达权威与信心	根据需要领导团队和/或完成任务，在适当时接受非领导角色；采取适当有力的方式表达观点，并根据团队和/或特定情况调整自己表达策略	①以自信的姿态告知大家自己的要求 ②根据需要接管任务的领导角色 ③对团队成员使用明确的指示命令	①在必要的时候也不懂得挑战同事 ②未能尝试以适当的方式解决冲突 ③在必要时也没有坚定的立场

6.4 非技术能力训练实施

非技术能力的训练在实操中是要跟随着专业技能训练同期开展，并且与技能训练相互融会贯通的。由于航空救援过程对专业机组人员的技能和非技术能力要求都具有很强的实操性要求，因此，训练中要遵从理论学习、模拟训练、实际训练的阶梯训练流程。

6.4.1 训练阶段及手段

依据《航空应急救援人员协同工作培训指南》（T/CSAA 4 - 2021）标准，训练阶段包括了理论课程、实操课程、演练演习课程，同样非技术能力的训练也需要通过理论学习、模拟实操、实飞演练的过程。各阶段训练中需要借助不同的技术及装备手段来促进训练效果的提升。

1. 理论学习阶段

运用多种不同的训练方式，让受训人员迅速掌握非技术能力相关理论知识，是非技术能力训练的基础。理论学习的训练方法包括但不限于课堂讲授、小组研讨、案例分析等方法，借助录音录像、电脑、网络等设备的视听教学等。

2. 模拟实操阶段

在训练模拟环境下开展。采用角色扮演形式，借助仿真系统、虚拟现实、模拟场景等技术设备，或使用实际救援场景下的设备及救援用品，尽可能接近真实救援场景，实现沉浸式训练。模拟训练的关键是帮助受训者代入救援场景中，作为救援团队的一员，按照自己的角色来解决问题或完成任务。

图 6 - 3 模拟训练实景图

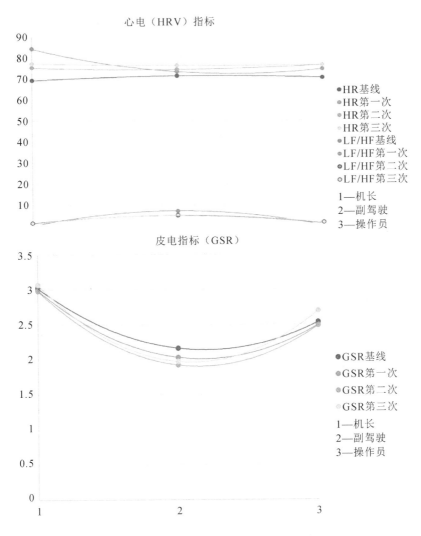

图 6 – 4　融合 VR 技术的绞车模拟训练系统（含非技术能力评估）

3. 实飞演练训练阶段

在真实的设备和环境下开展训练。实飞演练训练的关键是针对特殊航空环境下（如航空噪声、特定救援场景等）综合开展非技术能力和技术能力训练，实现两种能力训练相互融合和相互促进。同时，在该训练阶段可结合机组生理参数采集技术来实现在实飞演练中对机组人员的非技术能力评估。

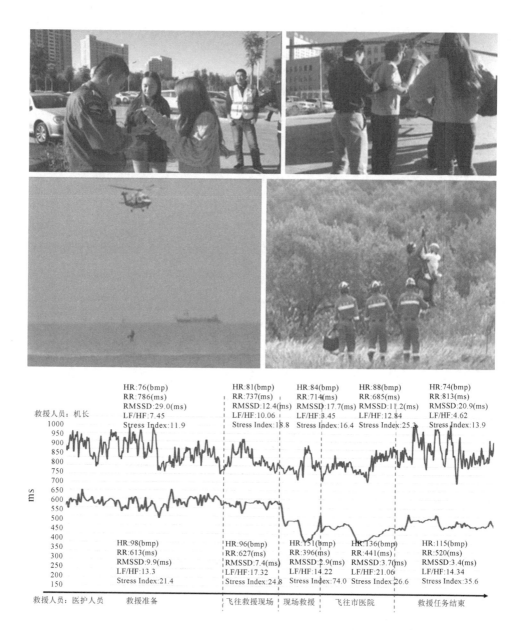

图 6-5 实飞演练训练任务下的基于生理参数采集的非技术能力评估

6.4.2 训练分级

非技术能力训练的层次设计上可分成知晓、运用和精通三个依次递进的级别。每个级别的定义见表6-8非技术能力训练内容分级及其相应能力表现水平表。

表6-8 非技术能力训练内容分级及其相应能力表现水平表

级别	级别名称	对应学习领域	训练后建议达到的能力表现水平
L1-初级	知晓	知识掌握	了解非技术能力的重要性、基本概念和分类，做到准确识别和区分
		态度转变	
L2-中级	运用	技能提升	可以在工作场景中运用非技术能力完成本职工作
L3-高级	精通	技能提升	不仅在工作中能运用非技术能力完成本职工作，还可以灵活运用非技术能力解决和处理更加复杂的问题，能创造性地完成特殊任务

6.4.3 训练周期

非技术能力与技术能力一样，对每个航空救援的机组成员都是需要持续保持、持续评估的能力，因此，除了新入岗人员需要进行岗前初训外，还需要持续开展周期性的复训，以保证机组人员稳定的综合能力。

1. 初训

参与航空救援任务的机组人员首次上岗前，需参加非技术能力训练。

2. 复训

为了保证机组人员的持续任务能力，需要在完成首次训练或复训后，定期参加复训以保证航空救援机组人员能力的有效性。一般情况可在初训或复训的24个月内至少参加一次复训。

附录A 非技术能力训练内容及目标

表6-9给出了航空救援人员非技术能力训练内容及目标。

表6-9　航空救援人员非技术能力训练内容及目标

能力维度	知识目标	技能目标	态度目标
非技术能力通识训练	了解人的心理特性和个性差异 理解人因失误的主要理论模型，了解航空救援常见的失误 了解安全管理理论，理解安全文化的内容	认知自己个性特征和认知特点，了解自己身心状态 掌握理解团队成员性格特征，识别团队成员身心状态的能力 掌握失误识别和失误管理的技能 掌握提升安全的人力资源管理实践技能	认识到非技术因素在航空救援中的重要性 认识到人的错误是人类行为中自然组成部分，需要通过技巧降低失误 认识到安全文化的重要性 认识到遵守程序是团队协作、高效完成任务的基础
压力管理	了解压力的基本原理 了解救援任务中典型的压力来源 了解压力对绩效的影响 理解积极心理学基本概念	掌握紧急状态下情绪控制的方法 掌握紧急状态下认知控制的方法 掌握紧急状态下适应性提升的技巧 掌握压力缓解的方法 掌握运用积极心理学管理情绪的技能 掌握运用积极心理学塑造积极人格 掌握运用积极心理学建议社会关系的技能	认识到积极心理学的意义，以积极的方式应对生活、工作中的事件 认识压力是救援工作中不可避免的，保持适度的压力对绩效有促进作用
疲劳管理	疲劳管理的基本概念 导致航空救援人员疲劳的原因 疲劳状态对航空救援任务效率和安全性的影响	掌握疲劳状态的识别方法 掌握疲劳的应对策略	认识到疲劳管理对执行应急救援任务的重要性 根据自身疲劳状态采取相应措施的意愿
情景意识	理解人的信息加工过程及其局限性 理解情景意识的含义及其与团队绩效的关系	掌握识别情景意识强/弱的方法 掌握保持情景意识的方法 掌握有助于监控的技能	认识到人的信息加工的局限性 认识到情景意识对个体与团队绩效的重要作用
决策与判断	了解思维与决策的心理学过程 了解经验和知识对决策的影响 理解救援任务中的典型决策陷阱 了解风险决策的过程和理论	掌握团队决策技巧，学会高效团队决策模式 识别、评价和管理决策陷阱 掌握风险识别、判断和风险决策的策略	认识到团队决策的重要性

（续表）

能力维度	知识目标	技能目标	态度目标
沟通	了解救援团队内部和救援系统之间人员沟通类型 理解救援团队内部和救援系统之间常见沟通障碍	掌握团队成员沟通技巧 掌握冲突与矛盾解决技能	认识到良好的团队沟通对团队绩效的重要性
团队协作	理解互助行为的类型 理解团队信任对绩效的影响 理解团队冲突的起因及其表现 理解团队氛围的内涵	掌握高效互助的策略 掌握建立信任的策略 掌握化解团队冲突的策略 掌握积极团队建设的方法	认识到团队互助对救援作业的重要性 认识到团队信任对救援作业的重要性 认识到团队冲突对救援作业的阻碍
领导力	了解领导力的概念 了解不同领导和管理类型的特点	掌握紧急情况下的领导方式 掌握有效领导与协作行为模式	认识到领导与协作的重要作用

附录 B 非技术能力训练大纲

表 6-10 给出了非技术能力训练大纲的内容。

表 6-10 非技术能力训练大纲

课程大纲	课程级别	授课对象	授课目标	授课内容	授课方式	评估
非技术能力通识训练	L1-知晓	全员	①了解基本的心理学知识，并认识到非技术因素在航空救援中的重要性 ②了解人因失误的主要理论模型及人因失误的管理方法	①基本心理学知识介绍：人的心理特征及个性差异、团队成员的性格特征 ②非技术能力因素在应急救援中的重要性 ③人因失误的主要理论模型及其在航空救援中的典型表现 ④航空救援中典型的人因失误及管理方法	课堂讲授 案例视频 心理测试 （个性特征）	理论评估

（续表）

课程大纲	课程级别	授课对象	授课目标	授课内容	授课方式	评估
压力管理	L1 - 知晓	全员	①了解压力对救援任务绩效的影响 ②了解压力的基本概念和原理 ③了解典型的压力来源 ④了解识别压力和预防压力的方法	①压力的概念、分类以及基本原理 ②不同救援场景类型中的压力类型及其对救援任务中个人与团队工作绩效的影响 ③典型的压力源，航空救援过程中的压力源（如救援时间紧迫；救援过程中情景多变性等） ④通过行为、身体、认知等指标识别压力的方法 ⑤救援任务中应对压力的个人策略（如在恶劣天气下开展救援活动时的应对策略）	课堂讲授 案例分析 心理测试 （压力源测试）	理论评估
	L2 - 运用	全员	①掌握压力状态下情绪控制的方法 ②掌握压力状态下认知控制的方法 ③掌握压力状态下适应性提升的技巧 ④掌握压力缓解的技巧和方法	①紧急状态下（如航空救援模拟场景下）情绪控制的技巧练习 ②紧急状态下（如航空救援模拟场景下）认知控制的技巧练习 ③在救援过程中当信息缺失状态下的适应性提升技巧练习 ④压力缓解的步骤、方法和练习	课堂讲授 情景模拟练习 心理测试 （生理、心理指标测试）	行为评估
	L3 - 精通	待定	①掌握紧急救援场景中，压力状态下情绪控制的方法 ②掌握紧急救援场景中，压力状态下认知控制的方法 ③掌握紧急救援场景中，压力状态下适应性提升的技巧 ④掌握紧急救援场景中，压力状态下压力缓解的技巧和方法	①真实救援演练场景中的情绪控制的技巧练习 ②真实救援演练场景中的认知控制的技巧练习 ③真实救援演练场景中的适应性提升技巧练习 ④真实救援演练场景中的压力缓解技巧练习	半实物训练/实物训练 自我反思和自我纠正 心理测试 （生理、心理指标测试）	行为评估

（续表）

课程大纲	课程级别	授课对象	授课目标	授课内容	授课方式	评估
疲劳管理	L1 – 知晓	全员	①了解疲劳管理对救援绩效的影响 ②了解疲劳管理的概念以及疲劳管理的成分 ③了解识别疲劳状态的方法 ④了解识别疲劳原因的方法 ⑤了解疲劳所带来的影响 ⑥了解疲劳的应对策略	①疲劳管理对救援绩效的影响 ②疲劳管理的概念以及疲劳管理的成分 ③识别疲劳状态的方法 ④识别疲劳原因的方法 ⑤疲劳对认知、运动技能、沟通、社交以及救援任务所带来的影响 ⑥疲劳的应对策略（包括睡眠及睡眠卫生、休息和小睡、生物节律、饮食、药物等）	课堂讲授 案例分析 小组讨论	理论评估
	L2 – 运用	全员	掌握疲劳应对策略	疲劳应对策略练习	课堂练习 情景模拟下的角色扮演 课下练习	行为评估
	L3 – 精通	全员	掌握压力情景下/救援情境下疲劳应对策略	真实救援演练场景中疲劳应对策略（保护策略）练习	半实物训练/实物训练	行为评估
情景意识	L1 – 知晓	全员	①了解情景意识对救援任务绩效的影响 ②了解人脑信息加工过程及其局限性 ③了解情景意识模型及情景意识三个阶段 ④了解情景意识的影响因素以及情景意识的保持办法	①情景意识对救援任务绩效的影响 ②人脑信息加工过程、记忆类型以及工作原理 ③情景意识模型的工作原理，情景意识的三个重要阶段 ④救援场景中，情景意识的影响因素和保持办法	课堂讲授 案例分析 小组讨论	理论评估

课程大纲	课程级别	授课对象	授课目标	授课内容	授课方式	评估
情景意识	L2 – 运用	待定	①掌握识别情景意识强/弱的方法 ②掌握有助于监控的技能	①救援场景中，风险情景意识识别的方法 ②对救援现场风险情景有效监控与交叉保持技巧	课堂讲授 情景模拟案例分析	行为评估
	L3 – 精通	待定	掌握在紧急救援场景下个人情景意识和团队情景意识的识别方法	①真实救援演练场景中的情景识别练习； ②真实救援演练场景中的有效监控和交叉保持技巧练习	半实物训练/实物训练	行为评估
判断与决策	L1 – 知晓	全员	①了解决策对救援任务绩效的影响 ②了解决策的基本概念和心理学过程 ③了解决策的典型策略及策略陷阱 ④了解风险决策的过程和理论	①决策对救援任务绩效的影响 ②思维与决策的概念和心理学过程介绍 ③航空救援中的典型决策策略、影响因素和策略陷阱 ④航空救援任务中风险决策理论和方法	课堂讲授 案例分析	理论评估 标准化测试
	L2 – 运用	待定	①掌握个人和团队决策技巧，学习高效团队决策模式 ②可以运用几种典型的决策策略 ③能识别、评价并管理决策陷阱 ④能掌握识别、判断风险决策的技巧和策略	①紧急状态下个人决策技巧练习 ②紧急状况下团队决策技巧练习 ③在相同情况下，灵活运用不同的决策策略解决救援中问题的练习 ④救援任务决策陷阱的练习 ⑤风险决策练习	课堂讲授 情景模拟下的小组讨论 情景模拟下的案例分析 风险决策游戏	行为评估
	L3 – 精通	待定	①掌握救援场景中的个人决策技巧练习并学习高效团队决策模式 ②掌握救援过程中使用最佳决策策略的方法 ③掌握救援过程中识别、评价并管理决策陷阱的方法 ④救援场景中掌握识别、判断风险决策的技巧和策略	①真实救援演练场景中的个人决策技巧练习、团队决策练习 ②真实救援演练场景中的最佳决策策略练习 ③真实救援演练场景中识别、评价和管理决策陷阱 ④真实救援演练场景中识别、判断风险决策的技巧和策略练习	半实物训练/实物训练 自我反思和团队反思	行为评估

（续表）

课程大纲	课程级别	授课对象	授课目标	授课内容	授课方式	评估
团队协作	L1 - 知晓	全员	①了解团队协作对救援绩效的影响 ②了解团队的概念以及团队协作的成分 ③了解团队绩效的过程模型 ④了解高效团队的特征及常见影响团队绩效的因素 ⑤了解团队决策的过程、影响因素及提高团队决策的策略	①团队协作对救援绩效的影响 ②团队的概念以及团队协作的成分 ③救援团队绩效的过程模型及干扰救援绩效的因素 ④高效救援团队的特征及常见影响航空救援团队绩效的因素 ⑤团队救援决策的过程、影响因素及提高团队救援决策的策略	课堂讲授 案例分析 小组讨论	理论评估
	L2 - 运用	待定	①掌握团队协作的技巧 ②掌握团队决策的技巧	①"支持他人"的技巧练习（如机组人员重新制定飞行计划，以支持救援人员对机载被救助者的施救） ②"解决冲突"的技巧练习（如当消防任务和飞行要求产生冲突时如何应对） ③"交换信息"的技巧练习（如机组人员和地面支持人员如何保持畅通的沟通渠道） ④团队协作练习（如通过复杂的救援现场多任务多冲突场景，练习团队协作） ⑤团队决策练习（如在面临任务冲突时，如何做出救援决策）	基于事件的培训法 团队自我反思和自我纠正法	行为评估
	L3 - 精通	待定	①掌握在应急救援场景下的团队协作技巧 ②掌握在应急救援场景下的团队决策的技巧	①真实救援演练场景中的，团队协作技巧练习 ②真实救援演练场景中的团队协作练习 ③真实救援演练场景中的团队决策练习	半实物训练/实物训练 团队自我反思和自我纠正	行为评估

课程大纲	课程级别	授课对象	授课目标	授课内容	授课方式	评估
沟通	L1 – 知晓	全员	①了解救援团队内部的沟通对救援绩效的影响 ②了解沟通的概念和主要组成部分 ③了解沟通的类型及各自的优势和劣势 ④了解沟通的方式以及应用场景 ⑤了解团队中常见的沟通障碍以及团队改善沟通的方法	①有效沟通对救援绩效的影响 ②沟通的概念和主要组成部分 ③单向沟通和双向沟通及各自的优势和劣势 ④救援任务中机组人员和救援人员有效的沟通的方式以及应用场景 ⑤航空救援过程中典型的沟通障碍，以及团队改善沟通的方法	课堂讲授 案例分析 小组讨论	理论评估
	L2 – 运用	全员	①掌握成员内部沟通技巧 ②掌握团队任务概述和总结技巧	①沟通的"清晰性"技巧练习（在飞行器上高噪声的情境下） ②沟通的"时效性"技巧练习（在救援任务中所发现的问题，第一时间和对方进行沟通） ③沟通的"自信"技巧练习（勇敢地表达自己对救援任务的看法和意见） ④沟通的"积极倾听"技巧练习（紧急情况下，多任务情境中的积极倾听） ⑤团队任务概述练习（救援任务前帮助救援团队了解任务要求、救援条件等） ⑥团队任务总结练习（救援任务结束后，对任务中的问题进行总结分析）	课堂讲授 角色扮演 案例分析 团队自我反思	行为评估
	L3 – 精通	待定	①掌握在应急救援任务中成员内部沟通技巧 ②掌握应急救援的团队任务概述和总结技巧 ③认识到良好的团队沟通对救援任务绩效的重要性	①真实救援演练场景中沟通技巧的练习 ②真实救援演练场景中团队任务概述的练习 ③真实救援场景中团队任务总结的练习	半实物训练/实物训练 团队自我反思和自我纠正	行为评估

（续表）

课程大纲	课程级别	授课对象	授课目标	授课内容	授课方式	评估
领导力	L1 – 知晓	待定	①了解有效领导力对救援绩效的影响 ②了解领导力的概念 ③了解基本领导技能的主要成分 ④了解不同领导力理论以及自己的领导风格 ⑤了解在压力下的领导能力要求	①有效领导力对救援绩效的影响 ②领导力的概念 ③基本领导技能的主要成分 ④不同领导力理论以及领导风格测试 ⑤航空救援任务压力下的领导能力要求	课堂讲授 案例分析 小组讨论	理论评估
	L2 – 运用	待定	掌握基本的领导技能	①反馈技巧练习（救援指挥人员对救援成员提出的意见和建议进行反馈） ②管理绩效技巧练习（对救援团队成员的工作进度进行监督并提供指导和支持） ③促进团队协作技巧练习（熟悉各成员的救援工作流程，任务中可能存在的合作盲点等） ④促进团队沟通技巧练习 ⑤危机管理技巧练习（如在救援任务组或被救援人员出现生命威胁时的管理技巧） ⑥回应团队成员需要的技巧练习	课堂讲授 案例分析 情景模拟下的角色扮演	行为评估
	L3 – 精通	待定	掌握压力情景下/救援情景下基本的领导技能	真实救援演练场景中领导力技巧综合练习	半实物训练/实物训练	行为评估

附录C 非技术能力行为评估

表6-11列出了航空救援人员非技术能力行为考核内容，表6-12为示例。

表6-11 航空救援人员非技术能力行为评估

维度	定义与内涵	观察到的行为表现	出现频次	是否为优秀行为表现	是否为欠佳行为表现
(1)	(2)	(3)	(4)	(5)	(6)
评估结果	(7)				

注：
(1) 按照表6-9填写
(2) 按照表6-9填写
(3) 在行为评估过程中观察到的学员的实际行为表现，由评估人员主动记录并填写
(4) 用数字1、2、3……表示，没有出现填写"0"
(5) 按照表6-9中"优秀的行为表现"予以确定，"是"填写"√"；"否"填写"－"
(6) 按照表6-9中"欠佳的行为表现"予以确定，"是"填写"√"；"否"填写"－"
(7) 按照表6-12的行为评估标准，填写"不合格、合格、优秀"

表6-12 航空救援人员压力管理行为评估（示例）

维度	定义与内涵	观察到的行为表现	出现频次	是否为优秀行为表现	是否为欠佳行为表现
压力应对	在压力下保持冷静的态度，并向团队强调自己能够控制目前的高压局面。在确保不会伤害其他团队成员的情况下，适当地采取强制措施。	指挥医疗救援人员第一时间为伤员包扎	1	√	－
		在和现场人员电话沟通中表达清晰	2	√	－
		在将伤员扶上担架时，冷静地指导队友如何做	1	√	－
		果断寻求地面指挥人员的支援	2	√	－
		发脾气	1	－	√
		指派命令清晰，人员分工明确，不混乱	1	√	－
压力缓解	采用适当方法缓解压力和负面情绪的技能	看到一个队友表现紧张，主动安抚他	1	√	－
		救援任务结束后，情绪状态很快恢复正常	1	√	－
评估结果		合格			

参考文献

［1］白新文，李永娟，胥遥山，高少辉，等．航空应急救援非技术能力训练指南［M］．北京：中国航空学会，2021.

［2］罗晓利．机组资源管理［M］．成都：西南交通大学出版社，2017.

［3］Guidelines for Air Medical Crew Education［M］．Warshington：Association of Air Medical Services，2004.

第 7 章　直升机搜索与救生

7.1　简介

直升机作为航空搜索与救生的核心装备，能快速到达水路、陆路不易到达的作业现场，实施搜索与救生、物资运送、空中指挥等工作。直升机搜索与救生在处置各种突发事件过程中，具有快速、高效、受地理空间限制较少等优势，能够垂直起飞降落、不用大面积机场、能批量运载物资和伤员，是许多国家普遍采用的最有效的搜索与救生手段。

直升机搜索与救生的主要职责和目的是搜索并救助在陆地野外环境、灾害现场、水域及海洋环境中的人员，减少人员伤亡和财产损失或损害。本章所使用的"搜索与救生"主要指对人员的搜索和救生，在其他文章或读物中也经常使用"搜索与救援"，英文为"Search and Rescue（SAR）"。为了与本书整体的直升机救援表述进行区分，故采用直升机搜索与救生，简称直升机搜救。

7.2　应用场景

搜索与救生直升机可有效用于将施救对象从无法进入的陆地或水面的事故现场解救出来，涉及偏远地区及海上的情况非常适合使用直升机的救援。在灾害救援、事故救援、野外救援、海上遇险救助等各类任务中，根据不同的任务类型，参与具体直升机搜救任务的组织机构会有所不同。在我国承担民用直升机搜救任务的机构包括各级政府所建立的航空救援队伍、交通运输部救捞局所属的飞行队、各级警航队伍、社会化的航空救援队等。

搜索与救生任务中如果有多种运输救援方式可供选择时，救援人员应确定哪种方式对救援人员和救援对象而言风险最小，收益最大。救援方式选择需要综合评估救援现场周围多方面的整体因素，包括地面人员疏散的持续时间和难度、救援人员和被救者的安全、被救者受伤的严重程度、当前和可能的环境风险、人员和直升机的可用性等。

确定是否使用直升机救援常需要考虑下列具体问题：

（1）与所有相关救援人员沟通的条件是否充足，或是否存在沟通障碍？

（2）在事故发生的合理距离内是否有安全着陆点？

（3）任务的紧迫性是否需要尽快派人到事故现场？

（4）穿越地形到达事故现场的风险是否大于使用专业直升机绞车、短途运输或吊装的风险？

（5）是否所有直升机救生机组人员都具有所需执行救援任务的技术能力？

（6）任务中的极端环境因素是否会影响直升机的飞行和安全？

直升机执行搜救任务由于会面临不同的救援场景，因此会使用不同的救援技术执行救援任务，常见的包括现场起降救援、绞车吊运救援、单撬悬停救援等。

搜索与救生计划的成功取决于许多方面努力整合，包括搜索与救生计划管理（理论、政策和程序）、设施管理（平台和单元）、设备物资管理、培训（熟练度）等。执行搜索与救生任务所涉及的四个关键过程包括：①遇险监测和通信；②搜索计划；③搜索协调；④搜救行动。

7.3　直升机搜索与救生规划及管理

7.3.1　拟定搜救计划

当救援指挥调度中心接到搜索救生任务的报警时，将任务指令发送到直升机救生备勤机队后，搜救指挥人员首先需要制订搜索救生计划，而制订搜救计划首先就要确定搜救的区域和可能的范围。首先要根据发生灾害或事故的空域，当时当地的气象水文条件，如风向、风速、流向、流速、潮汐等资料做出分析判断；然后要进一步了解搜救区域的地理环境特点，如路途的远近、地形、地物、地貌的特点，是海洋、陆地或是沙漠等；最后需要了解搜救对象的情况，如搜救对象的数量、外形特征、携带的救生用品的种类、数量等。指挥人员根据上述信息以及可以使用的搜救力量，按照上级指挥中心的指令制定搜救计划。

为了使直升机搜救行动成功，搜救机队必须在初始通知之前就做好充分的预先计划。搜救机队应通过会议和提前培训，深入了解外部航空资源并与外部航空资源建立合作关系。作为预计划的一部分，考虑为当地相应区域准备一张航空风险地图，除了已建立的直升机停机坪和具有已知坐标的集结区域外，还可以识别电线、电力线和限制或敏感区域等。当地相应区域的航空风险地图可在指挥所或其他备勤值班地点张贴，以便向所有航空救援人员提供随时可见的信息（图7-1是常见的航空任务规划图，图上标识了风险源、主要公路、区域所属等信息）。

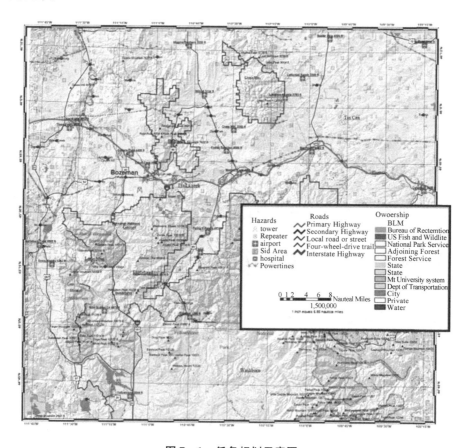

图7-1　任务规划示意图

在进行任务计划时，需要充分考虑相关信息，包括风险因素、必要性因素等。

表 7 - 1　任务计划需要考虑的要素

项目	要素
需要确认的高风险要素	是否与未知的机组人员或航空器进行救援 是否超出航空器或机组的操作能力 是否使用未经实践或未被验证的技术 是否存在通信问题（例如频率不兼容） 是否存在领导不力、指挥不力等情况 是否存在过快的操作节奏 是否存在未能委派任务和分配责任的情况 是否未能传达意图和计划
任务计划需要考虑的要素	任务的必要性 任务由谁负责 是否已识别所有风险并已将其告知 是否因以下原因停止运营或飞行：沟通不充分和不明确；危险天气；风/湍流；人员不足或未经培训；有优先级更高的任务；救援对象已死亡 是否有更好的搜救手段 机组是否存在外部压力迫使执行任务 机组能证明其行为是正当的吗 该地区是否有其他直升机 机组有应急预案吗 违反什么规章制度吗 沟通是否紧张 任务中机组是否有偏离情况发生

7.3.2　任务管理与监控

搜救任务的成功与组织和管理的好坏直接相关。为实现这一目标，搜救任务的整体协同指挥和任务管理是至关重要的；任务中各级指挥人员必须保持足够的控制范围以防止任务过重。对于大规模救援任务，需要任务指挥、空管指挥、基地指挥等多类管理人员的协同，以协调多架次直升机的进出，避免救援事件变成一场无人管理的"航展"，使飞行员和救援机组人员处于没有指挥方向的情况下开展工作。

整个搜救任务需要始终处于整体监控下，保证指挥管理人员对任务进度的了解，随时针对突发事件进行协调。目前通过机载的导航、通信、定位设备可以实现对直升机飞行情况的监控，通过机载光电传感器、通信设备等可实现对搜救任务区域的监控。不间断的飞行监视是跟踪任务进度的有效手段之一，救援直升机在执行任务期间，直升机的位置通过其定位系统和机载卫星通信设备，或者由机组人员至少每小时（最好每 15 分钟）一次报告给调度中心、空中交通管制或事件指挥部等机构，以实现救援飞行任务的及时监控。

7.3.3　多任务处理

　　在具有挑战性的救援过程中，很容易变得"任务过多"。人们经常错误地认为自身擅长多任务处理，更准确的描述是"并发任务管理"，现实情况是人在尝试管理多项任务时容易出错。例如，在完成程序检查表时，如果有机组进行提问，可能因为分心无法完成中间任务。增加的工作量通常会导致"遗漏关键任务要素，同时丧失态势感知和糟糕的决策能力"。

　　在以下情况中经常发生无法有效管理并发任务：存在无法完成的任务序列；有突发新任务出现；必须同时执行多项任务。

　　在以下情况下会引起主要任务的分心：任务中其他航空器的冲突；先前遗留的错误；任务中附加的职责；事件内出现其他事件。

　　注意力不集中会造成盲区，即"看而不看"，导致我们在执行其他需要注意力的任务时无法注意到视野中的意外刺激。比如训练有素的救援人员怎么会走近旋转的直升机旋翼？一种情况就是因为人类对刺激感到超负荷，不可能注意到环境中的所有刺激。

　　认识到与干扰和分心相关的风险可以帮助一个人在需要打断别人时保持谨慎，同时请求机组成员协助进行监控和交叉检查，并使用清单、视觉提示、提醒和监控来防止遗漏错误。

7.4　直升机搜索与救生具体方法

　　在接到搜索救生任务指令后，直升机搜索救生队伍首先应尽可能多了解事故性质、事故发生的时间和地点、遇险人数和状况、地形特点、气象条件等相关信息，以便携带正确和足够的救援设备。搜索救生机组应在最短时间内乘坐救援直升机出动，一般白天的紧急出动时间不超过 15 分钟，夜间的紧急出动时间不超过 45 分钟（国际民航组织建议）。搜索救生机组依据报警的位置或遇险者信标器所发出的方位迅速赶往现场，并在通信工具可用的情况下与遇险人员保持直接联系，以确认其身份和当前状况。抵达现场后，搜索救生直升机可视情直接降落地面，或在目标上空悬停开展施救。在执行救生飞行任务，尤其是夜间执行救生飞行任务时，要求飞行人员必须沉着冷静，在发生复杂的意外情况时能够保持镇静。飞行员、绞车手、救生员以及机组其他成员必须密切配合，才能确保搜救任务的顺利实施。整个搜索救生过程基本包括四个步骤：拟定搜索救生计划；搜索定位；实施救生；被救者后送。

7.4.1　搜索定位

通常情况下，搜索方法是根据遇险人员或发现遇险人员的人报告的位置确定大体方位。直升机飞临该地区时，再利用机上的搜索设备搜索遇险者；或者是根据遇险者发出的求救信号进行搜索。为了满足不同环境下搜救工作的要求，协同指挥不同搜救力量，提高搜救的效率。目前，国际上已经建立了一套标准的搜索程序，主要包括：选定搜索基点；确定搜索线间距；确定搜索速度；确定搜索范围；选定搜索模式。

与此同时，选择何种搜索模式还应考虑以下一些因素：

（1）参加搜救的直升机数量和类型，以及可能协助搜救直升机进行搜索的其他力量，如车辆、船只、固定翼飞机、人员等；

（2）需要搜索区域的面积；

（3）遇险飞机、船只、车辆等的大小和类型，以及遇险人员的数量等；

（4）气象能见度和云层高度；

（5）地形或海况条件；

（6）搜索时间；

（7）到达基点的时间。

以下将分别介绍在搜索前，如何选定搜索基点、确定搜索线间距、搜索速度、搜索范围和选定搜索模式。

1. 搜索基点

对于要搜索的区域，搜索开始前有必要确立一个基点或物理参考点。确定该点时需要考虑以下因素：

（1）搜索目标的报告位置和报告时间；

（2）任何补充信息，诸如测向方位或观察到的情况；

（3）事故的发生与搜救装备到达的时间间隔；

（4）如果事故发生在海上，需依据洋流等信息估计遇险目标的位置改变。

2. 搜索线间距

大多数搜索模式均由平行搜索线或矩形区域扫视所组成，相邻搜索线间的距离称为搜索线间距。确定搜索线间距时，需要考虑天气情况和搜索目标的修正系数。标准搜索线间距与适当的天气修正系数的乘积便是合理的搜索线间距。此外，在选择搜索线间距时，还要考虑搜救飞机、直升机之间的安全距离要求。表7-2、表7-3和表7-4分别列出了搜救直升机海上和陆上搜索扫视宽度以及天气修正系数（根据国际民航组织建议）。

表 7-2　直升机海上搜索扫视宽度（单位：km）

搜索目标类型	直升机搜索高度		
	150m	300m	600m
落水人员扫视宽度	0.2	0.2	0.2
4 人救生筏扫视宽度	5.2	5.4	5.6
6 人救生筏扫视宽度	6.5	6.5	6.7
15 人救生筏扫视宽度	8.1	8.3	8.7
25 人救生筏扫视宽度	10.4	10.6	10.9
小于 5m 的船只扫视宽度	4.3	4.6	5.0
7m 的船只扫视宽度	10.7	10.9	11.3
12m 的船只扫视宽度	21.9	22.0	22.4
24m 的船只扫视宽度	34.1	34.3	34.3

表 7 - 3　直升机陆上搜索扫视宽度（单位：km）

搜索目标类型	搜索高度	能见度				
		6	9	19	28	37
人员扫视宽度	150m	0.7	0.7	0.9	0.9	0.9
	300m	0.7	0.7	0.9	0.9	0.9
运输工具扫视宽度	150m	1.7	2.4	2.4	24	2.4
	300m	1.9	2.6	2.6	2.8	2.8
	450m	1.9	2.6	3.1	3.1	3.1
	600m	1.9	2.8	3.7	3.7	3.7
不超过 5.7t 的航空器扫视宽度	150m	1.9	2.6	2.6	2.6	2.6
	300m	1.9	2.8	2.8	3.0	3.0
	450m	1.9	2.8	3.3	3.3	3.3
	600m	1.9	3.0	3.7	3.7	3.7
超过 5.7t 的航空器扫视宽度	150m	2.2	3.7	4.1	4.1	4.1
	300m	3.3	5.0	5.6	5.6	5.6
	450m	3.7	5.2	5.9	5.9	5.9
	600m	4.1	5.2	6.5	6.5	6.5

表 7 - 4　天气修正系数（单位：km）

天气	搜索目标	
	落水人员	救生筏
无风	1.0	1.0
风力 > 28km/h 或浪高 > 1m	0.5	0.9
风力 > 46km/h 或浪高 > 1.5m	0.25	0.6

3. 搜索速度

搜救过程中，可能会有救援船只、固定翼飞机等其他救援设备共同参与，为了确保各种搜救装备以相互协调的方式进行平行扫视搜索，所有救援平台都应按照同一速度进行搜索，搜索速度应当取当时最慢搜救装备的最大速度。根据现场的实际情况，如果气象条件不佳，也可进一步降低搜索速度。

4. 搜索范围

如果搜索工作必须立即开始，一般以搜索基点为圆心，搜索半径为18km（9.72NM）。如果时间允许，搜索圈的半径则可以是搜索区域面积平方根的一半。

5. 搜索模式

当确定搜索基点，并确定了搜索线间距、搜索速度及搜索区域后，紧接着搜救直升机需要选定搜索模式。目前，常用的搜索路线主要包括：扩展矩形搜索、扇形搜索、搜索线搜索、平行扫视搜索、等高线搜索等。搜索路线的间距，即搜索线间距一般用S表示。

（1）扩展矩形搜索

当被搜索目标的位置在已经确认的相对有限的范围内时，使用扩展矩形搜索最为有效。搜索过程中，各矩形都始终以搜索基点为中心点，由于搜索区域较小，不适合多机同时使用该方式（图7-2）。

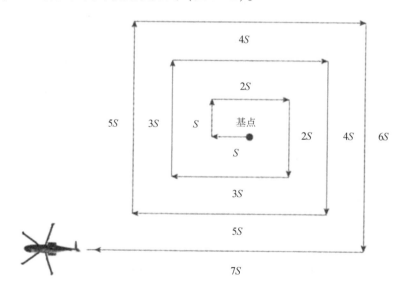

图7-2　扩展矩形搜索路线图

（2）扇形搜索

扇形搜索主要用于搜索以一个基点为中心的圆形区域，当准确知道搜索目标的位置并且搜索范围较小时最有效。搜索时可以在基点放置一个适当的标志，用作识别该搜索模式中心的参考。搜索半径通常在 10km ~ 36km（图 7 - 3）。

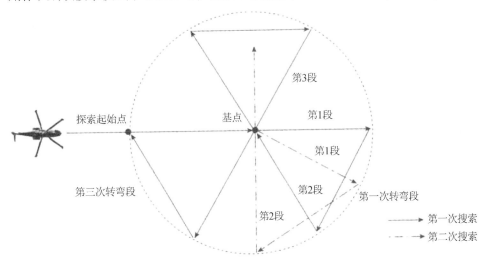

图 7 - 3　扇形搜索路线图

（3）搜索线搜索

通常用于航空器或船舶沿着一条已知航线失踪，没有留下任何迹象的情况。由于计划和实施比较容易，通常用于初始搜索中，由相关搜救平台沿着遇险船只或飞机的计划航线迅速进行搜索。

搜索线搜索可通过沿着已知航线的一侧，然后反向沿该航线的另一侧返回的方式，如图 7 - 4 所示。

图 7 - 4　搜索线搜索/返回

搜索线搜索也可先沿着已知航线搜索，再反向沿该航线的一侧搜索，最后再顺向沿着该航线的另一侧搜索并撤离，如图 7 - 5 所示。

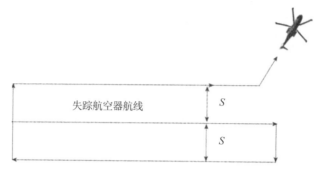

图 7 - 5　搜索线搜索/不返回

直升机采用搜索线搜索时，通常白天搜索高度一般为 300m ~ 600m；夜晚搜索高度一般为 600m ~ 900m。

（4）平行扫视搜索

适用于当幸存人员的位置不确定需大范围搜索的情况，对于水面或平坦的地形最有效，通常适用于搜索较大范围，并可将大区分成小搜索分区以分配给在现场的各类搜救平台。

搜索起始点在分区的角点上，在该分区的矩形区域内距离两边各一半搜索线间距的位置。搜索线彼此之间和分区的长边之间都是平行的（图 7 - 6）。

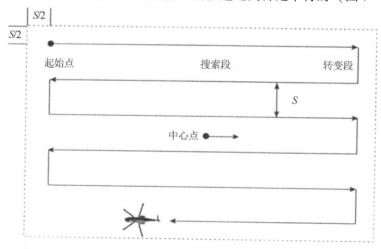

图 7 - 6　平行扫视搜索

（5）等高线搜索

适用于环山或峡谷区域，因高度急剧变化而无法采取其他搜索模式的情况。搜索从最高的顶峰开始，由上至下，搜索高度的间隔一般为 150m～300m，每个新的高度都应搜索一圈。如果空间允许，直升机可先离开所搜索的山峰并做一个下降圆圈飞行，下降到较低高度后再继续进行等高线搜索。如果没有足够的空间进行搜索方向的反向环绕时，可以保持一个较低的下降速率环山螺旋向下搜索。如果山不能被圆形环绕，那么上面列出的同一高度间隔的连续扫视就应该沿着山边进行。环绕峡谷搜索时，完成每一个环绕后都要移动环绕中心一个搜索间距。

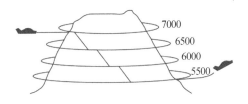

7000
6500
6000
5500

图 7-7　等高线搜索

此外，随着雷达、声呐、红外探测等搜索技术以及卫星定位技术的发展，特别是近年来，很多船只、飞机以及其他运输工具都开始安装卫星定位系统，不论是美国的 GPS、欧洲的伽利略系统、俄罗斯的 GLONASS 系统以及我国的北斗卫星定位系统。这些定位系统都可以将遇险船只、飞机以及遇险人员的坐标方位精确标出，从而使直升机的搜索范围大大减小，救援效率也大幅提高。

7.4.2　实施救生

1. 制定现场搜救方案

经过前期搜索，一旦搜救直升机发现了遇险人员，应迅速向救援指挥中心或救援现场的指挥人员报告情况，以便救援行动的指挥员制定救援方案。通常情况下，搜救直升机越早开展救援越好，但是直升机搜救有时也会受到其他因素的影响，例如：被困人员的数量、身体情况；救援区域的地理环境、气象情况；救援机组的能力水平；救援直升机的数量、单机最大救援人数、剩余燃油等。

因此，在制订救援方案前，必须综合考虑上述因素的影响，以确定最佳的救援方案。通常情况下，如果条件允许，在确定救援方案前，搜救直升机应尽量与遇险人员取得联系，并不间断地保持联系，进一步了解遇险人员的具体情况，包括位置情况、人员数量、身体情况以及当前面临的主要危险等。此外还包括遇险者周边的环境情况和救援区域的气象条件等。例如在山区救援时，搜救直升机往往会遇到突风、云底高突然下降等不利气象条件，如果不能根据救援现场的气象条件制定合理的搜救计划，而盲目进行救援，很可能会造成新的伤亡。搜救直升机到达救援现场后可以通过搜救专用频率进行通信联络，如果遇险人员没有通信设备，救援直升机可向遇险人员空投便携式无线电接收装置，以供搜救直升机与海上或陆上遇险人员进行联络。

总之，救援人员对遇险人员及其周边区域的情况了解得越详细越好，这样不仅可以帮助救援指挥人员制定救援方案、确定救援时机，而且还可以有效避免救援过程中发生不必要的意外事故或伤亡，提高救援效率和成功率。

制订救援方案时，还需要主动创造一些救援时机，以确定救援方案的顺利实施。

制订现场救援方案后，就需要对其及时实施救援。目前，直升机搜救形式主要包括：

（1）着陆救生；

（2）绞车救生；

（3）绳索救生；

（4）短途吊挂救生；

（5）协助救援船只带缆；

（6）救生物资投送。

每种救援形式都有其特殊性及适用的范围，接下来就上述救援形式分别进行介绍。

2. 着陆救生

当救援现场或周边具备直升机临时起降条件时，采用直升机降落后救援机组下机对遇险人员开展救助或转运的方式。根据救援场地的不同包括野外场地着陆、水面船只着陆、单撬悬停救生的方式。

（1）野外场地着陆

直升机在野外场地着陆时，往往需要借助地面人员的帮助，首先待救人员要选择一块开阔地。对于直升机来说，其野外着陆的场面积应不少于40m×60m；如果是夜间着陆，着陆场面积应不小于70m×100m。此外，遇险人员还应尽量在着陆地点标明风向和风力，这样有利于飞行员选择最佳的着陆点。烟雾是理想的指示标记，但要防止它使降落区域模糊不清。如果现场无法取火，可以用对比强烈的材料制作一个"T"形标记物，把它放在着陆点边缘的下风向，方向对着风向水平安放。

如果直升机在夜间或能见度较差的气象条件下执行救援工作，尽管搜救直升机自身可能携带有搜索探照灯等，但是遇险人员最好也要准备灯火，用来引导飞行员进入着陆点。一旦直升机在着陆区范围之内，闪光物和火光都能够指示所在位置。

直升机着陆后，需有机组人员下机引导遇险人员登机。如果时间允许，搜救机组应对将登机的遇险人员进行简单的安全简报。

（2）水面船只着陆

开展水面或海上搜救任务时，可能需要在船只上降落执行人员救生任务。如果是在船上着陆，直升机通常通过盘旋进入相对船首左舷30°风向，并从飞行员一侧（右舷）从船尾靠近船只。船只应及时准确地向搜救直升机通报自己的航向、航速以及海上的风速、浪高等信息。当直升机使用通常方式从船尾靠近船只时，船只应尽可能保持恒定地对水速度，与此同时，船只还应将船上雷达关闭或置于待机状态；直升机起降甲板上应清除所有障碍物；由于直升机会引起强烈气流，衣物或其他散放的东西也应清除干净或系牢。

图7-8　直升机盘旋进入相对船首左舷30°风向示意图

直升机与船舶的通信中，应交换下列信息：

①船位；

②到达指定集合地点的航向和航速；

③当地的气象情况；

④如何从空中识别本船（如旗帜、颜色烟雾信号、聚光灯或日光信号灯）。

在夜间或低能见度情况下，着陆区内应提供强力泛光照明。强力泛光照明灯应妥善安装，以免影响航行中飞行员或该区域内的工作人员的视线。主要注意事项包括四项：

①强力泛光照明灯的布置和朝向应保证不直射直升机并尽可能使阴影最小；

②强力泛光照明灯的光线分布应保证正确识别表面和障碍物标志；

③障碍灯应能明显识别障碍物；

④着陆区强力泛光照明和障碍物照明提供不到的地方，船舶应与飞行员协商，尽可能将船舶照亮，尤其是绞盘作业区的障碍物（如桅杆、烟囱、甲板装置等）。

（3）单撬悬停救生

在特殊情况下，救援现场或周边不具备直升机起降的条件，但是有可供直升机进行单撬悬停的场地，因此会采用单撬悬停的方式进行搜救机组上下机，开展对被困人员的救助和转运工作。

图 7 - 9　直升机单撬悬停救生

3. 绞车救生

当搜救环境不允许直升机进行着陆时，往往需要选择降放救生员、急救医生去救助遇险人员或使用救援吊篮、担架、吊椅等提吊遇险人员进入直升机。选择这种救援方式，直升机需要在遇险人员上空悬停，然后使用机载救援绞车并配以救援吊篮、担架、吊椅等设备降放或提升救援人员和遇险人员。其中主要使用的救援方式包括单人升降、双人升降、高空绞索吊运技术等。

图 7 - 10　绞车救生

（1）单人升降

使用单人绞车时，被救者把救援吊带放在自己的腋窝下，系紧索眼，然后"拇指向上"或用力来回摇晃绳索，给出可视信号。一旦救生员了解，被救者就不必再给出信号，直到登上直升机。

（2）双人升降

双人升降救援过程中，通常先将救生员通过绞车放下（绞车上还有一条救援吊带，它是为被救者准备的）。上升前，救援人员先将被救人员的救援吊带放在合适的位置后再系紧，通常被救人员的救援吊带略长，这样上升时救生员的位置可以略高于被救人员，以便救生员用腿夹住幸存者，避免其在空中出现晃动和打转现象。整个上升过程中，被救人员应保证手臂自然下垂，不能抬起手臂，要做的只是后仰休息。

（3）高空绞索吊运技术

救援海上船只上的人员时，通常采用高空绞索吊运技术，这是由挪威皇家空军发明的一种救援技术。通常是将一根50米~100米长的绳子垂放在船的甲板上，机组人员通过救援绞车下来，或使用绞车将担架、吊篮上的幸存者吊起时；需要船上的船员使劲拉拽绳子，以减少吊运过程中的摆动和接近机舱门时可能发生的碰撞。搜救直升机使用高空绞索吊运技术时，通常先放下一根拖绳，让船员帮助拉紧拖绳，以便于放下救援装置（救援担架、吊篮、吊椅等）。在触摸救援装置前，应先让这些装置接触船只，以释放装置上的静电，然后再使用救援装置装载伤病员（装载伤病员时最好将吊钩和救援装置脱离）。船员应帮伤病员穿好救生衣，带好所有重要的记录，以及已经采取的医疗处置记录。当伤病员已安全放到救援装置上后，再向直升机发出信号示意移动到位并放下救援绞车绞索。当绞索放到船上后，将绞索重新与救援装置固定。在准备好进行提吊作业时，地面人员用"拇指向上"向绞车手示意。当救援装置起吊后，船员仍应拉紧拖绳以防止救援装置摇摆。

使用绞车救生提升过程中，根据直升机飞行状态的不同还可分为静态提升和动态提升。

（1）静态提升技术

该方式是在绞车提升过程中，直升机在救援上方悬停时保持静止的工作方式。救援中如果采用的是重型直升机，要警惕重型直升机增加的旋翼下洗气流，可能会导致斜坡或森林树冠的碎片撞击地面救援人员，以致他们失去平衡或受伤。

（2）动态提升技术

该种方式直升机在救生员到达地面后，不在救援现场上方继续悬停。在救生员做好地面救援工作，准备好与患者一起撤离后，向直升机发出信号。直升机返回，救生员将人员与缆绳连接好。直升机将负载通过绞车起吊，并立即转换为向前飞行，以迅速离开现场。这种技术的优点是可以显著减少在救援地点上空的悬停时间。由于直升机的运动可能会产生绞车缆绳吊挂绞车的旋转，为了保护被救者必须将患者包装在直升机救援袋（例如 Bauman Bag）中，而不是使用开放式篮式担架。若发生吊物旋转，有时可以通过吊挂的救生人员伸出一只手臂来克服旋转；在救援担架尾部安装小型风向袋或锥套降落伞也可以抑制向前飞行时的旋转，但是这种装置在地面上时有可能成为缠绕危险。法国制造商 TSL Rescue 与直升机救援人员合作开发了一种可折叠的"防旋转稳定器"，可连接到其轻质复合材料刚性担架上。

救援绞车操作员（绞车手）在敞开的机舱门工作，由安全绳带固定，使用手持救援绞车提升控制装置，大多数控制装置都提供使用中电缆收放长度的读数显示。飞行员驾驶舱也配备了救援绞车控制装置，可以替代绞车手的操作。较旧的电动救援绞车有循环限制，由于电机过热，设备会在短期内限制机器使用；新的救援绞车技术会采用更高效的电机设计，允许足够的起重工作循环以保证在救援期间完整执行绞车救援任务。

一般情况下，直升机上都会带有大量的静电。当绞车绞索或缆绳接触地面或接触上水面之后，静电就会释放。此时再去接触绞索或缆绳较为安全，否则容易遭到电击。此外，整个救援过程中要听从救生员的指令。当被吊起到直升机舱门口时，遇险人员不要试图抓住舱门或协助救生员做什么，更不要试着从吊救装置中脱身，救援人员会在其顺利进入机舱后再取下吊救装置。

救援绞车的收放缆绳是绞车运行时的关键部件，在使用中是连接救生员或被救者的生命线，因此要时刻关注缆绳的设备情况。导致缆绳故障的因素包括腐蚀暴露、不当处理或维护不善、操作员缺乏经验或超过缆绳静态额定负载的动态冲击力。维护不善的绞车是威胁操作安全的严重问题。每次起重任务后，所有救援绞车缆绳都应从起重卷筒中引出，以进行目视检查和触觉检查。常见的缆绳故障包括四种。

（1）磨损

如果电缆与其他材料（例如直升机结构部件）接触，则可能会产生磨损。污垢、沙子、砂砾和其他外来颗粒也会导致磨损。磨损会去除外股线中的金属降低缆绳强度。如果缆绳有过度磨损的迹象应停止使用。

（2）钢丝打结

如果缆绳不均匀或不规则地伸展开，或者有未绞合的线股外露，那么可能会形成一种具有特殊"鸟笼"外观的畸形。轻微均匀的股线开口如果可以修复不被视为钢丝打结，严重的钢丝打结会导致外股形成一个小鼓泡。钢丝打结是由于不当处理而发生的扭转不平衡，例如突然停止、电缆穿过紧滑轮或钩轴承不能自由旋转。如果发现存在钢丝打结（小鼓泡型），应完成此救援后终止救援绞车提升缆绳。

（3）超载

缆绳在使用中可能会存在过载使用的情况，严重的超载会产生肉眼可见的断线缺陷，但有时候超载指挥引起缆绳性能下降或肉眼不可见的断线。颈缩是缆绳直径明显减小，表明内部芯线断裂，如果发现颈缩电缆需要立即更换缆绳。如果发生明确已知的超载，则缆绳必须在继续使用之前更换。

（4）有缺陷的球接头

收放不当的吊钩会导致吊钩在飞行中摆动，从而损坏缆绳。吊钩内的电缆末端有一个锻球型接头，可能会出现断线。

图 7 –11　常见绞车缆绳故障

4. 绳索救生

直升机绳索早期主要在军事行动中使用，目前也在野外灭火或救生行中使用。直升机救生员可以通过直升机的绳索速降迅速到达地面（也称为索降），这可以减少救援人员在直升机下方的暴露时间。

图 7 –12　绳索救生

直升机索降具有一定的风险，其中包括失去下降控制的事故。如作业人员撞到地面、衣服或头发与下降器缠绕卡住、绳索长度不够无法到达地面以及在离开直升机时撞击舱门或打滑造成绳索受伤。不同国家地区使用的绳索下降技术会有所不同，如美国海军在绳索作业中使用 Sky Genie 下降装置及相应技术，并配备单人值守保护绳。直升机绳索的长度因机构偏好和环境因素而异，一般绳索长度是 75 英尺 ~ 150 英尺（23 米 ~ 46 米）。虽然更长的绳索也可以使用，但增加的长度会延长下降时间，增加直升机悬停所需的时间。

直升机绳索任务通常包括任务简报、设备飞行前检查和个人绳索设备的安全检查。抵达救援现场后，搜索定位飞行完成，然后飞行员操作直升机在索降点上方悬停；绳索展开后，机组观察员向救援人员发出信号，让救援人员从其座位移动到出口位置，将下降器连接到绳索线。机上的出口应由机组观察员统一协调，以保证任务顺利实施。

5. 短途吊挂救生

直升机短途吊挂转运救生是在固定线路上悬停的直升机下方吊挂人员，以及从直升机无法降落的地点撤出对象或救援人员。1952 年 11 月，瑞士 Rega 航

图 7 – 13　高空绞索吊运技术

空救援队使用了"直升机空中吊挂转运"技术，使用一个大型热气球篮，直接悬挂在一架的直升机下方，载有一名救援人员。加拿大公园公司于 1972 年 7 月在班夫国家公园的伊迪丝山上部署了第一个民用短途吊挂转运直升机作为直升机吊索救援系统（HSRS）。

直升机短途吊挂对飞行员来说是一种外载荷作业，同时救援人员始终在直升机外吊挂。虽然相比绳索救生的方式救援人员因为所需的操作较少更易于进行培训，但是在执行该任务中飞行员需要精通垂直参考飞行操作，因此仍需要飞行机组与救生机组通过长期相互的协同训练，来保证任务的安全性。同时，该方式运行中还需要充分考虑相关因素。

（1）吊挂转运时间

直升机短途吊挂转运飞行的一个主要优势是悬停时间可以比直升机索降或绞车静态提升救生的时间更短，但是短途吊挂转运时救援人员在向前飞行期间的暴露时间比在执行绞车救生、绳索救生的时间要长。为了尽量缩短暴露时间，短途吊挂转运飞行应限制在可行的最短飞行距离内。同时，需要在最短的飞行距离内设置临时着陆区，以实现被救人员与医疗急救直升机或救援直升机的舱内乘坐转换。

（2）吊挂长度

短途吊挂转运作业的吊挂长度可根据具体任务需求设定，不限于直升机绞车或索降缆索的标准长度。

（3）负载限制

因为短途吊挂转运负载通过缆绳悬挂在直升机下方，因此，负载变化对机体的横向重心不会产生影响，救援时的任务负载可以比绞车提升作业的负载高。

（4）地面风险

执行吊挂救生任务时可能存在线缆缠绕的危险，因为短途吊挂转运线缆可能会与植被或地面障碍物发生缠绕，因此短途吊运的连接装置应有可释放装置。在撤离作业期间，所有救援人员必须远离潜在的缠绕危险。

（5）飞行的"死亡曲线"

直升机低悬停作业是在"死亡曲线"内运行，即突发情况下由于高度限制飞行员难以安全地执行自转着陆。这种情况在绞车救生和绳索救生作业中也需要注意。

（6）吊挂负载的自旋

与绞车救生吊挂一样，吊挂负载也可能产生自旋。有几个因素会影响飞行中的担架旋转，包括安装担架的方式（偏离中心的安装会加剧旋转）、离开地面时伴随的失去平衡、旋翼下洗气流以及前进空速不足。

6. 协助救援船只带缆

直升机在海上实施搜救任务时，当海况或环境条件使救助船只无法接近遇险船只实施带缆或遇险船只无人而救助船员需要登船时，会协助救援船只带缆，以帮助救援船只接近被救船只。

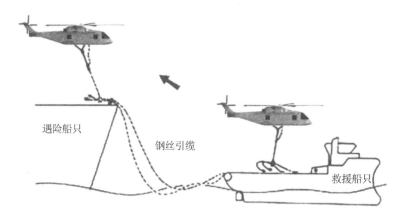

图 7 – 14　直升机海上带缆作业示意图

无法登船时，装配有外吊挂装置的直升机可以协助下述工作：

（1）运送救助船员或专业技术人员到遇险船只上；

（2）运送船舶拖具；

（3）牵引缆绳。

目前，海上救援直升机除了配有人员救援绞车外，一般还配有带自动脱钩的外吊挂设备。在为遇险船只进行带缆作业时，可利用直升机的外吊挂设备将缆绳或引缆绳直接拖带至遇险船只上，再由遇险船只上的船员或先期吊至遇险船只上的救援人员将引缆绳与外吊挂钩松开即可。外吊挂设备上有自动脱钩装置，当遇到特殊情况缆绳拉力超出一定数值时，自动脱钩装置会自动打开，以确保直升机的安全。

典型的直升机协助救援船带缆的作业程序如下。

（1）接到救援命令后，直升机起飞并根据遇险船只所在位置快速到达现场。

（2）救援直升机与救援船只和遇险船只沟通相关信息，主要收集事发海域的云层高度、能见度、风力、风向、流向、浪高、水温等水文气象资料，并与救援船只和遇险船只共同商定救援方案。

（3）到达事发海域并搜索发现遇险船只后，先在救援船只和遇险船只上空盘旋，观察救援船及遇险船只旗杆、桅杆、驾驶舱等障碍物的情况。

（4）根据遇险船只与救援船只的位置，以及救援现场风向、风力、海流等情况，确定救援直升机进入作业的方法，并通知所有机组人员以及遇险船只与救援船只。

（5）进行直升机带缆作业：①直升机在救援船上空悬停，同时用绞车放下救生员；②救生员到达救援船只甲板后直升机离开；③救生员准备好引缆绳后，直升机再次进入；④直升机保持悬停，救生员在直升机外吊挂装置上挂好引缆绳后，再用绞车将救生员吊回机舱；⑤直升机接近遇险船只，并在上空保持悬停，然后用绞车再次放下救生员；⑥救生员将引缆绳交给遇险船员，然后再次返回机舱，直升机随即离开遇险船只上空。

（6）遇险船员进行船舶带缆作业。

7. 救生物资投送

除了着陆或绞车救生外，救援直升机也可向遇险人员空投或吊放救生设备和物品，这些设备和物品可以帮助遇险人员脱离当前的险境。情况危急时，遇险人员在被发现后可能仍需支撑一段时间以等待救援，那么这些投送物品将帮助遇险人员坚持更长的时间，同时也有助于后续救援行动的开展。

直升机投送救生设备和物品，也需根据救援现场情况来确定配备的类型和数量。一般主要包括：简单的医疗物品和医疗急救设备、食品和饮用水、毯子、救生衣、救生筏、无线电信标浮标、照明用烟火等。这些补给品和救生设备应包裹结实，易开启；若是水面任务需要包裹防水和可漂浮。此外，救援物品外包装必须具有醒目的颜色标识。根据国际民航组织的标准，具体颜色标识如下：

(1) 红色——医疗物品和医疗急救设备；

(2) 蓝色——食品和水；

(3) 黄色——毯子和保护衣；

(4) 黑色——其他物品，如炉子、斧子、罗盘等。

此外，救援设备和物资的包裹外还应有清晰的文字说明以及图形标识。

依据救援地区的环境特点，救援时的气象条件以及被救援对象的自身情况，空投的补给品和救生设备还必须满足这些使用要求。

7.4.3　被救者后送

遇险人员被救上直升机后，如果伤情严重，直升机还需要将获救人员送往医院进行全面的检查和救治。在后送途中应根据受伤人员的情况，给予初步的治疗，如对外伤、骨折、失血过多等情况应采取急救措施（如包扎、固定、紧急输血等）。有时由于突发灾难带来的惊吓，还需要救生员对遇险者进行简单的心理安慰，以帮助其稳定心情。对体温过低的患者，在脱离低温环境后，体温仍会继续下降，因此需及时进行复温，以确保其生命特征平稳。搜救直升机上的救生员需要根据遇险人员的伤情，及时向机长报告，以便尽快送到能提供相应治疗的机构。如果伤情很重，情况危急，则应尽快通知医疗机构做好相应的医疗技术准备，以缩短中间延误的时间。

参考文献

[1] National Park Service for the National SAR Academy. Helicopter Rescue Techniques Civilian Public Safety and Military Helicopter Rescue Operations [M]. U. S. National Park Service for the National SAR Academy, 2013.

[2] 中国民用航空局空管行业管理办公室. 搜寻援救民用航空器工作手册 [Z]. 2012 – 2 – 2.

第8章 直升机医疗救护

　　我国地域辽阔，自然条件复杂，人口基数大，与世界上大多数国家相比，我国属于遭受自然灾害、人为事故灾难最为严重的国家之一。来自应急管理部发布的全国自然灾害基本情况的报告称，2021 年我国自然灾害形势复杂严峻，全年各种自然灾害共造成 1.07 亿人次受灾，直接经济损失 3340.2 亿元。此外，更有频频爆发的人为事故灾难，抢救受灾人员是应急救援的首要任务。同时，在医疗急救领域，为满足人民群众对美好生活的需求，不断提高对伤患的急救和就诊效率也是医疗卫生服务系统面临的重要课题。

　　在医疗救护所有活动中，时间是最为关键的因素。据统计，对灾害中遭受严重创伤的受灾者，在其受伤后 30 分钟内实施紧急救护，可以多挽救 18% 到 25% 伤患的生命，因此，救护的时效性就显得尤为重要。直升机相比地面交通工具具有灵活、时效性强等优势，当前直升机医疗救护是通用航空的一个极其重要应用领域，是国家航空救援体系的极其重要的组成部分，正越来越广泛地应用于我国医疗救护活动中，在医疗救护活动中发挥着独特的、关键的作用。本章将从直升机医疗救护概述、应用场景、体系构成、任务流程、直升机医疗救护的注意事项、运行案例分析等方面进行介绍。

8.1　直升机医疗救护概述

　　直升机医疗救护是伤患救助的重要手段，直升机医疗救护的时效性将直接影响伤患救治情况。当遇到突发事件或者人员伤病时，为了更好地将伤患送到医院，得到最佳时机的救治，在地面交通不畅或距离远的情况下，直升机医疗救护是最佳的选择。直升机医疗救护以直升机为主要运输手段，在直升机上配备专业的医疗设备，使伤患得到救治，及时送到医院进行更高级的生命支持。

8.1.1 直升机医疗救护特点

直升机医疗救护是地面医疗救护的一种延伸，是一种复杂的、高技术密集的、多主体密切配合的医疗救护方式。与其他医疗救护方式相比，主要优势在于救护范围广、机动性强、响应速度快、适应极端条件能力强，利用直升机的灵活性，可有效规避地面交通等因素对医疗救护活动的影响。直升机医疗救护具有以下特征。

1. 时效性高

直升机医疗救护与其他医疗救护方式相比，显著优势在于救助效率高，可以有效提升待救伤患的救援成功率。国外对医疗救援案例的研究表明，一架救护直升机的运营费用是普通救护车的 8 倍，但提供救护服务的范围却是救护车的 17 倍。

2. 专业性强

直升机医疗救护与其他交通工具的医疗救护方式相比，由于运输工具的空间小、运输工具安全性要求高、面临的伤患情况可能更为严重等因素，因此对从事直升机医疗救护的人员和装备要求更为专业。救护人员和装备、设备的优劣直接影响救护效果，任何一方面的专业性缺失都会使直升机医疗救护实施的优势难以发挥出来。因此，专业的机组人员、专用的救护装备的配备与应用，是直升机医疗救护取得成功的前提。

3. 参与救护主体多，需多部门协作

由于直升机医疗救护涉及航空飞行任务运行和医疗救护任务的运行，在运行中既要有医疗救护任务的管理调度和任务执行，还要遵守民航管理规定开展飞行任务。同时执行任务时，需要专业医疗机构与通用航空公司的高度配合，因此整个任务涉及急救中心、医院、通航公司、空管部门等多个机构，这需要多个机构间的高度协同。

8.1.2　直升机医疗救护运行模式

国际上直升机医疗救护体系运作模式不尽相同，有些是采用商业模式运作，有些依附于医院、社会组织，有些为独立的通航公司。相应的救护费用来源于商业保险、医疗保险、政府提供的部分资助、社会慈善捐赠和个人按需支付，各国相应的经费构成比例不同。总的来说，按照任务运行管理主体以及运行经费来源综合考虑，可分为三种主要模式，分别是政府主导模式、社会公共服务模式和商业机构主导模式。

1. 政府主导模式

政府主导模式通常由政府主导开展航空医疗救护体系的建设，其航空医疗救护运行的经费由政府资金支持，运行管理主要由政府卫生部门进行监管或由医疗机构负责，典型的如澳大利亚、日本。澳大利亚昆士兰州通过政府资金采购服务机构建立航空医疗救护服务队伍，服务机构的主要运行经费来源依赖于政府，如 Life Flight 公司作为非营利性机构 70% 的运营收入都来自政府购买服务的经费。日本通过各级政府资金建立直升机医疗救护机队，机队备勤地点与医院紧密结合，由各地区的医疗机构来负责具体任务运行管理。

2. 社会公共服务模式

该模式是公益组织或协会主导模式，德国、瑞士等主要都采用此模式开展。如瑞士航空救援队 Rega 是独立的、非营利性的民营基金会，受瑞士联邦政府监督，不从各级政府机关接受资金。Rega 每年通过基金会收到的捐助可以满足其约 60% 的开销，剩余约 40% 由保险公司或其他救援服务提供。任何遭受事故或重病的人都可以拨打 Rega 的紧急号码 1414 进行求救，发出求救警报的人不用承担任何费用。

3. 商业机构主导模式

商业机构主导模式指直升机运营商全盘经营直升机应急医疗服务，包括购买或租赁直升机、雇佣飞行员及医疗团队，并与当地数家医院保持接收伤患方面的合作，由飞机运营商直接向伤患的保险公司收取医疗转运费用，是 20 世纪 90 年代发展起来的新兴的主要的直升机应急医疗服务模式。美国现有直升机医疗救援组织,大多为商业机构营利性质。

我国目前随着中国民航局、国家卫健委联合开展的直升机医疗救护试点工作的实施,目前出现的主要运行模式包括三种。

(1) 医疗机构独立运行模式

医疗机构采购直升机,由航空公司托管执行飞行任务,医疗机构对医疗急救任务组织的自主性大,但是医院运营成本高。如北京市红十字会紧急救援中心、武汉亚心总医院都采取该模式运行。

(2) 医疗机构采购飞行服务模式

医疗机构采购通航企业的飞行服务,负责组织整体急救任务的实施,通航企业长期驻场配合飞行。此种方式医疗机构运营成本相对较低,对任务组织的自主性大,但是需要合作的通航企业可能会有所变化。如内蒙古巴彦淖尔市医院、四川攀钢集团总医院采用的都是该模式。

(3) 通航企业与医疗机构合作模式

通航企业与医疗机构合作开展医疗救护任务,通航企业负责收取费用,与伤患对接飞行事宜。此种方式医疗机构无通航的运营成本,通航企业可与多家机构合作,但是需要伤患既要对接医疗机构,又要对接通航企业,因此运行效率较低。如上海金汇通用航空股份有限公司在多地与医疗机构开展合作。

8.1.3 相关法律法规

直升机医疗救护人员在开展一切医疗救护活动时,应当遵守医疗以及航空相应法律法规及规章,依法依规开展航空医疗救护工作,其中涉及的重要法律法规有以下几种。

1. 《医疗机构管理条例》

《医疗机构管理条例》于 1994 年 2 月 26 日以国务院令第 149 号发布,自 1994 年 9 月 1 日起施行。2016 年 2 月 6 日国务院令第 666 号第一次修订,2022 年 3 月 29 日国务院令第 752 号第二次修订。

该条例是为了加强对医疗机构的管理,促进医疗卫生事业的发展,保障公民健康而制定，对医疗机构的设置、执业、监督、运行等方面都做出了明确规定。

其中规定设置医疗机构应当符合医疗机构设置规划和医疗机构基本标准。医疗机构基本标准由国务院卫生行政部门制定。

2. 《院前医疗急救管理办法》

《院前医疗急救管理办法》以国家卫生和计划生育委员会令第 3 号的形式发布，2013 年 10 月 22 日经国家卫生计生委委务会议讨论通过，自 2014 年 2 月 1 日起施行。

该办法是为加强院前医疗急救管理，规范院前医疗急救行为，提高院前医疗急救服务水平，促进院前医疗急救事业发展，根据《执业医师法》《医疗机构管理条例》《护士条例》等法律法规而制定，对院前医疗急救机构的设置、执业、监督、运行等方面都作出了明确规定。

其中规定院前医疗急救，是指由急救中心（站）和承担院前医疗急救任务的网络医院（以下简称急救网络医院）按照统一指挥调度，在伤患送达医疗机构救治前，在医疗机构外开展的以现场抢救、转运途中紧急救治以及监护为主的医疗活动。

3. 《中华人民共和国医师法》

《中华人民共和国医师法》是以中华人民共和国主席令第 94 号的形式发布，由中华人民共和国第十三届全国人民代表大会常务委员会第三十次会议于 2021 年 8 月 20 日通过，自 2022 年 3 月 1 日起施行。

该法是为了保障医师合法权益，规范医师执业行为，加强医师队伍建设，保护人民健康，推进健康中国建设而制定的法规，对执业医师的考试、注册、执业规则、考核、培训等内容都作出了明确规定，并且明确了行政管理权限的划分。

其中规定医师经注册后，可以在医疗卫生机构中按照注册的执业地点、执业类别、执业范围，从事相应的医疗卫生服务。医师经相关专业培训和考核合格后，可以增加执业范围。法律、行政法规对医师从事特定范围执业活动的资质、条件有规定的从其规定。

4.《中华人民共和国护士条例》

《中华人民共和国护士条例》是以中华人民共和国国务院令第 517 号发布的，由 2008 年 1 月 23 日国务院第 206 次常务会议通过，于 2008 年 1 月 31 日公布，自 2008 年 5 月 12 日起施行。

该条例是为了维护护士的合法权益，规范护理行为，促进护理事业发展，保障医疗安全和人体健康而定制的法规，对护士的执业注册、权利义务，以及行政管理权限的划分都有着明确的规定。

其中规定护士在执业活动中，发现伤患病情危急，应当立即通知医师；在紧急情况下为抢救垂危伤患生命，应当先行实施必要的紧急救护。

护士发现医嘱存在违反法律、法规、规章或者诊疗技术规范规定时，应当及时向开具医嘱的医师提出异议；必要时，应当向该医师所在科室的负责人或者医疗卫生机构负责医疗服务管理的人员报告。

5.《中华人民共和国民用航空法》

《中华人民共和国民用航空法》于 1995 年 10 月 30 日第八届全国人民代表大会常务委员会第十六次会议通过，1996 年 3 月 1 日起施行。2021 年 4 月 29 日第十三届全国人民代表大会常务委员会第二十八次会议进行第六次修订。

该法是为了维护国家的领空主权和民用航空权利，保障民用航空活动安全和有秩序地进行，保护民用航空活动当事人各方的合法权益，促进民用航空事业的发展而制定的法律。

6.《通用航空飞行管制条例》

《通用航空飞行管制条例》于 2003 年 1 月 10 日由中华人民共和国国务院、中央军事委员会发布。同年 5 月 1 日起施行。

该条例是为了合理开发和充分利用国家空域资源、保证飞行安全、促进和保障通用航空事业的发展。

8.1.4　我国发展情况

我国航空医疗救护在 20 世纪 90 年代起步，最初由民营航空开始进行航空医疗转运业务。空中急救经历了一定的发展和逐步完善的过程。2001 年，青岛市急救中心、青岛直升机航空有限公司和山东海事局联合建成中国首个"120"直升机海陆空立体急救网络。2002 年，武汉市急救中心完成国内首例直升机伤患运送，之后逐渐发展完善。2014 年，西京医院成立首支成建制西京飞行医疗队。2015 年，中国医学救援协会成立空中急救分会。2016 年，国家卫生健康委员会提出启动陆海空立体化紧急医学救援网络建设之后，北京急救中心加速发展航空医疗救护，与数家通航企业签署战略协议开展航空医疗救护，湖北省创建"120"空中急救体系，广西壮族自治区于 2017 年 9 月成立广西航空医疗救援联盟，安徽省"空中 120"于 2017 年 8 月开始运行。2017 年，国务院办公厅发布《国家突发事件应急体系建设"十三五"规划》，鼓励通航企业增加专业设备，发挥其在医疗救护等方面的作用。2018 年，中国红十字 999 专业航空医疗救援机队正式成立；同年内蒙古巴彦淖尔市医院启动航空医疗救护服务，服务内蒙古西部地区，年任务量可达到 150 次。2021 年，四川省攀钢集团总医院启动航空医疗救护服务，服务川西南地区，当年任务量就达到 120 次。

2019 年，中国民航局、国家卫健委联合印发《航空医疗救护联合试点工作实施方案》，是我国系统性开展航空医疗救护体系建设的起步。据 2021 年 4 月 24 日举办的航空医疗救护试点网络研讨会期间发布的相关统计数据（汇总了自 2019 年 3 月国内航空医疗救护试点开展以来的工作进展）显示，2021 年试点开展以来航空医疗救护任务飞行达 2232 小时，较 2019 年统计上报的 1858.6 飞行小时数（2018 年）增长明显；医疗救护飞行机队规模从 2019 年企业统计上报的 126 架增长到 269 架；医疗机构培养飞行医护团队积极性提高，参训人员数量增长明显，总培训量达 1022 人。2022 年，两部门再次印发《关于深化航空医疗救护联合试点工作的通知》，提出"进一步扩大航空医疗救护范围，逐步完善航空医疗救护服务标准，推动建立具有中国特色的覆盖广泛、模式多元、服务优质的航空医疗救护体系"的试点目标，为我国开展航空医疗救护体系建设提出了更明确的任务和方向。

8.2 应用场景

直升机医疗救护按照应用场景可分为三类：第一类为院前急救；第二类为院际转运；第三类为医疗资源运送（其中包括血制品、移植器官、医疗设备、医护人员等）。

8.2.1 院前急救

院前急救，指利用直升机将专业救治力量运送至事发现场，根据具体病症对伤患进行处置，维持生命体征，再把急、危、重症伤患通过直升机送至医疗急救机构救治，即以现场抢救、转运途中紧急救治和监护为主的全程医疗急救活动以及与院内医疗急救机构的交接活动。

院前急救的主要目的是将伤患尽快救治，实现从事发地快速送往医疗机构。而直升机医疗机组的主要责任包括：

（1）在转运前的院前急救；

（2）转运途中维持伤患的生命体征、稳定病情，使之不会再次恶化；

（3）到达医疗急救机构后进行完整地交接。

8.2.2 院际转运

院际转运，又称二次急救，指利用直升机将危、重症伤患从当前救治机构转送到救治水平更高的医疗机构。直升机根据需要配备氧气瓶、呼吸机、监护仪、除颤仪等重症监护装备，具有较高水平的途中救治与监护能力。

院际转运的主要目的是将伤患安全地送往医疗机构。而直升机医疗机组主要责任包括：

（1）在转运前对伤患进行综合评估，是否适合直升机医疗转运；

（2）转运途中维持伤患的生命体征、稳定病情，使之不会再次恶化；

（3）到达医疗急救机构后进行完整地交接。

随着时代的日益发展，人们的生活质量也不断升高，对医疗卫生方面的需求也日益增加，但是因为城市发展导致医疗资源的不均衡，比如优质医疗资源主要集中于城市，而一些小型的乡、镇、村医疗资源发展落后。虽然基础的医疗机构也可以满足平常的生活所需，但是遇到严重的病症当地医疗机构无法满足医治的情况下就需要进行转院治疗，而转院的时间长短就决定着伤患的生存概率。所以高效、快速的院际转运，特别是直升机医疗转运对区域性医疗资源的优化配置作用，就显得尤为重要。

8.2.3　医疗资源运送

医疗资源运送，顾名思义是指利用直升机将所需的医疗物资、医疗器械、医护人员、血制品、移植器官等送至指定地点的过程。医疗物资运送可能并不需要医疗急救能力，只负责运送服务，所以对直升机的急救器械、人员配置要求并不会太高。

医疗物资送的主要目的是将医疗物资快速送往目的地，一种是地面交通不易到达的；另一种是对运输时效性有要求的。目的地可能是受灾地区、医疗机构等。而直升机医疗机组在此类任务当中并不充当主要角色，一般由其他机组成员为主，医疗救护为辅。

我国是世界上受自然灾害影响最严重的国家之一，如 2008 年汶川地震、2009 年中东部雪灾、2010 年内蒙古暴雪、2016 年南方雨水洪涝、2021 年河南特大暴雨等自然灾害。频发的公共卫生事件，如 2003 年非典型肺炎、2004 年禽流感、2020 年新型冠状病毒感染，这些灾害都给我国人民和国家造成了极大的生命威胁和经济损失。每次遇到这些重大灾难的时候，就需要运送大量医疗物资进行支援，但是在受环境、地势、政策、防控等因素影响，陆地运输无法到达的情况下，就需要直升机来运送物资、药品、器械，甚至是医务人员到受灾地点进行支援。

8.3　体系构成

为确保直升机医疗救护能力满足救护需求，并保障救护活动的有效开展，以下基于直升机医疗救护现状和相关标准文件要求，参照相关法规标准，对直升机医疗救护体系进行说明，体系涵盖医疗直升机、地面支持网络、医疗救护人员、支撑系统、培训基地等，见图 8 - 1。

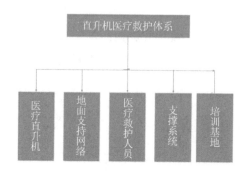

图 8 - 1　直升机医疗救护体系

8.3.1　医疗直升机

航空器是直升机医疗救护的核心，是医疗救护的必要装备，直升机的使用是直升机医疗救护与其他救护方式相比更为高效的主要原因。

在执行医疗救护任务中，对直升机的选择，除依照直升机航程和运载能力外，直升机所配备机载医疗装备也是关键的条件。同时通过对救护人员数量以及救护地点周围机库和保障地点的综合考量，对能够完成相应医疗救护任务的直升机进行选择。

不同的救护任务对装备的种类和数量具有不同的需求。例如，以院际转运为主要目的的任务中，要选择装有相应医疗设备的直升机才能够满足任务需求；以医疗资源运送为主要目的的任务中，甚至可以选择仅具有运输能力的直升机；而针对某些特殊的院前急救任务，除了相应的机载医疗设备，可能还需要配备绞车等特种装备，以满足野外救援需求。由此可见，在进行直升机医疗救护任务时，使用何种直升机直接影响救护活动的进行，因此，选择适用的直升机对医疗救护的效率和效果非常重要，是直升机医疗救护体系的重点。

医疗救护直升机以小型、中型直升机为主，如空客 H135、BELL429、阿古斯塔 AW139 等。根据不同的急救任务，每型直升机座舱的医疗构型布局会有所不同。

图 8 - 2　H135 直升机的单伤患急救座舱构型内部及后部视图

图片来源：Aerolite 产品网站

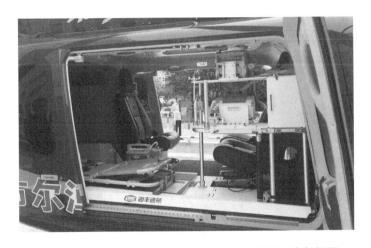

图 8 - 3　BELL429 直升机的单伤患急救座舱构型内部视图

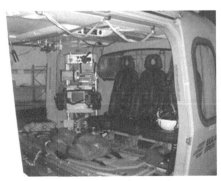

图 8 - 4　AW139 直升机的单伤患及多伤患急救座舱构型内部视图

图片来源：Aerolite 产品网站

医疗直升机上面应含有专用的机载救护设备以及相应药品，每种机型的配置会略有差异，但基本配置相似。按照《中华航空医学杂志》［2019，7（04）期］发表的《航空医学救援医疗装备的专家共识》给出的直升机医疗抢救装备如表 8 - 1 所列。

表 8 - 1　直升机医疗救护抢救装备

序号	装备	数量或规格
1	固定氧气供应装置	≥2000 L
2	便携式氧气供应装置	≥400 L
3	多功能除颤/监护/起搏器	1 台
4	便携式呼吸机	1 台
5	重症监护呼吸机	选装
6	心电图机	选装
7	自动心肺复苏机	选装
8	胸外按压泵	选装
9	吸引器	1 台
10	雾化装置	选装
11	喉镜	1 个
12	环甲膜切开器	1 个
13	舌钳	1 个
14	开口器	1 个
15	导管材料（气管插管、口咽通气管）	1 套
16	气管切开插管器械包	1 套
17	小型外科手术器械包	1 套
18	颅脑手术器械包	选装
19	心包穿刺装置	选装
20	胸腔引流穿刺装置	选装
21	腹腔引流穿刺装置	选装

8.3.2　地面支持网络

地面支持网络是为保证直升机开展救援飞行任务所必需的地面起降保障网络，一般由救援备勤基地、救援保障点、临时起降地点构成。直升机医疗救护到达现场的响应时间除了依赖于飞行器的飞行速度外，与其备勤基地的布局密度具有直接联系。国外直升机医疗救护体系都建设有成熟的网络化备勤基地（如图 8 - 5 所示）。

图 8 - 5　瑞士 Rega 的航空医疗救护备勤基地

图片来源：Rega 网站

我国目前虽然还未形成完善的直升机地面支持网络，但是伴随着航空医疗救护体系的发展，备勤基地、医院楼顶机坪、临时起降场地正在陆续开展建设，部分地区针对备勤基地建设的相关要求已经开展制定，如 2019 年武汉卫健委发布《武汉市空地院前急救站建设与管理暂行办法》，2021 年北京市开展《直升机急救场站设置与运行规范》地方标准的研究项目。以下本书将结合编写组在巴彦淖尔市开展航空医疗救护实践对救援网络建设的案例予以介绍。

巴彦淖尔市作为内蒙古西部地区的城市，拥有当地唯一的三甲医院——巴彦淖尔市医院，因此围绕市医院建设了三级的救援网络体系，即"市医院备勤基地—旗县医院转运点/保障点—乡镇村救援起降点"的三级空中急救地面保障网络。

巴彦淖尔市医院勤务基地　　　　　空地一体化
（已备案B类机场）　　　　　　　指挥中心

乌力吉卫生院保障点　　　　乌拉特前/中/后旗、五原
（加油保障能力）　　　　　县、磴口县医院转运点

救援起降点

图8-6　巴彦淖尔市航空医疗救护地面网络体系

1. 备勤基地

在巴彦淖尔市医院急危重症救治中心外建设了直升机空中急救备勤基地，具备直升机备勤停放、人员备勤值班和休息、直升机日常维护等功能。基地结合医院条件配置了起降坪、备勤值班室、设备室等场地环境，部署了夜航助降灯光系统、气象系统、通信系统、飞行监视系统、基地视频监视系统、加油车等装备。同时，医院内还建设了空地一体化指挥中心，因此该基地具备了直升机飞行保障、备勤值班、指挥协调的综合能力。

2. 转运点/保障点

围绕市医院空中急救基地，在下属旗县①（乌拉特前旗、乌拉特中旗、乌拉特后旗、磴口县、五原县）的旗县医院及周边建立了5个直升机医疗救护转

---

① 旗：中国行政区划之一，属县级行政区，由地级市、盟管辖，是内蒙古自治区特有的县级行政区。

运点，用于执行旗县医院与市医院之间的直升机医疗转运任务，同时结合各旗县的地面急救体系构建空地一体化的立体急救体系。在相邻阿拉善盟的乌力吉卫生院建设了可以为直升机提供加油的转运保障点，基于该点使巴彦淖尔市医院的急救能力从半径 200 公里扩展到向西的 600 公里。

3. 救援起降点

在乡镇村、铁路沿线、边防站点考察选取了 90 余个救援起降点，以织密直升机医疗救护的起降网络。这些起降点包括广场、学校操场、高速服务区、空地等多种类型，具体实施中部分起降点会根据使用环境变化进行重新考察选取。这些起降点信息在采集后，由飞行员提前熟悉，便于直升机救援任务时更快捷地研判、更安全地起降。这直接为直升机出动响应效率的提升提供了保障。

在巴彦淖尔航空医疗救护网络的建设中，与当地分级诊疗体系进行了有机结合，即市医院作为地区的三甲医院建立直升机医疗救护备勤基地，通过与旗县医院的空中急救通道建立，更好地促进了当地以市医院为牵头的医联体建设，也实现了市医院优质医疗服务资源通过空中交通的方式快速覆盖到县乡镇村的各级医疗卫生机构和广大人民群众，从而实现区域性医疗资源的优化配置。

总之，在实际运行中，航空医疗救护网络建设应结合地区实际情况，各类节点须满足民航起降相应选址条件；同时综合考虑急救任务需求，配备相应的设备、设施、人员，满足运行条件要求，推动常态化航空医疗救护服务的能力建设，实现急危重症救治和卫生应急的快速响应，保障民众对医疗资源的需求。

8.3.3　医疗救护人员

航空医疗救护的参与人员在前文已经进行了说明，包括运行管理、飞行机组、医护人员、绞车手（需要时配置）、地面保障人员。其中，医护人员是与其他类直升机救援任务在人员配置上明显的区别。直升机医疗救护医护人员是整个直升机医疗救护过程中医疗急救任务的执行者，是直升机医疗救护的灵魂，是救护任务能够安全、顺利完成的关键。目前，在我国已经开展直升机医疗救援的城市中，医疗救护机组人员一般是由急救中心经验较丰富的医务人员或由医院临时抽调的专家、医务人员组成，急救或临床经验比较丰富，经过培训后开展直升机医疗救护任务。根据《中华航空医学杂志》[2019，7（04）期]《航空医学救援医务人员配置的专家共识》整理，直升机医护人员的配置较为常规的可分为三种：医—护组合、医—医组合、护—护组合。

1. 医—护组合

此种组合是目前公认的最普遍的人员配置模式。通常"医"一般是由院前急救医师、急诊科医师、外科医师或重症医学医师等经过培训成为航空医生，需要有高超的专业知识和应对急、危、重症等突发事件的处理能力。而"护"通常是指有院前急救、急诊科或者重症医学经验的护士经过培训后参加航空医疗救护任务，这样的护士通常操作技能优异、理论知识丰富，对急、危、重症的处理、照护都有一定的经验。这种组合医师和护士配合默契，分工明确，优势互补，对各种突发事件也能有良好的应对。

在此基础上，可根据任务不同增添麻醉医师或急救辅助员，以便更安全高效地执行面向不同类型伤患的医疗救护任务。

2. 医—医组合

一般此种组合相对应的伤患具有一定的危急性和复杂性。其中，"医"通常指不同专业但有着丰富经验的急救医师，如院前急救医师＋重症医学医师、院前外科医师＋麻醉医师等。将相对应的病症交给专科的医师处理，能大大增加伤患的生存概率，而两位专业医师面对各种突发事件的处置能力也会大大增加。

在此基础上，可根据任务不同增添其他医师或急救辅助员，以便更安全高效地救护不同类型的伤患。但此种组合由于医疗水平较高，相对地人员成本增加，可调配性相对较差。

3. 护—护组合

此种人员配置模式目前较为少见，一般只有在轻症伤患院间转运才会出现。此种组合由于没有随行医师，应对处理突发事件能力较差。此处的"护"相对要求更高，只有在急诊科、院前急救或重症监护室工作多年，并且还要接受过直升机医疗救护相关专业技能培训的护士才能胜任。

从事直升机紧急医疗服务的医务人员应当按照有关法律法规取得医疗类执业资格证书，具有急救工作的相应经验，上岗前还需进行相应专业培训。医务人员完成所有内容的培训之后，经过考核合格且身体健康，方可参与直升机医疗救护工作。

直升机医疗救护任务多使用中小型直升机开展，因此随机医护人员一般为2至3名，根据不同任务医护人员间的组合模式会有所不同。不同国家的随机机组配置有所不同，表8-2列出相关配置。

表 8 – 2　国外航空医学救援医务人员配置情况

国家	任务组	飞行员人数	医师类型及人数	护士类型及人数	其他人员类型及人数
美国	常规医疗组	2 名	—	1 名护士	1 名医疗辅助员
	重症医疗组	2 名	1 名 ICU 医生	1 名 ICU 护士	1 名呼吸治疗师
	手术医疗组	2 名	1 名外科医生	1 名护士	1 名麻醉医师
英国	重症医疗组	2 名	1 名急救医生	1 名急救护士	1 名急救专业医技人员
	伦敦常规医疗组	2 名	1 名高资历外科医生	—	1 名急救员和 1 名观察员
德国	常规医疗组	1 名	1 名	—	1 名高级医护助理
瑞士	常规医疗组	2 名	1 名	1 名	—
日本	常规医疗组	2 名	1 名	1 名	—

8.3.4　支撑系统

支撑系统是为满足直升机医疗救护任务开展的地面支持系统，需满足任务运行、任务执行及任务监控的需求，可根据网络建设和任务运行需求进行配备，主要包括以下方面。

1. 指挥信息系统

满足航空医疗救护日常管理、资源调度、任务接报、执行监控、空地信息传输、救护视频监控等需求，能对接上级指挥中心信息系统或其他任务单位信息系统，实现通畅的信息互通和上传下达。

2. 航空情报系统

包括起降地点气象监测、飞行航线的航空气象情报获取、航行情报系统获取等。

3. 通信设备

包括空地通信设备（甚高频电台、北斗定位通信设备、卫星通信设备等）、与上级指挥平台对接的通信设备、内部通信设备等。

4. 飞行保障设备

包括储油加油设备、助降灯光系统、便携式的导航设备以及 GPS 定位设备等。

5. 直升机维保设备

包括牵引设备、拖拽设备、维保工具等。

8.3.5 培训基地

参与直升机医疗救护的人员都需要具有临床基础、专业技能、航空医学知识和一些搜救等辅助能力，因此救援队伍专业能力的培训对能否高效地实现空中急救存在着至关重要的作用。专业的空中急救队需要飞行机组人员、医护人员、地面人员包括指挥及地勤人员的密切配合。我国目前专业空中急救机队数量有限，因此直升机医疗救护体系中需要有培训基地的建设。

直升机医疗救护培训基地通过建设专业的培训环境和师资力量，开展专业人才队伍训练，选拔满足条件的人员进行航空医疗救护技能和非技能培训，通过理论学习、模拟训练、实装训练，培养专业的直升机医疗救护人才。培训基地训练所涵盖的类型应该包括以下几类。

1. 理论培训类

直升机医疗救护制度与管理培训、专业设备认知培训、飞行器通信设备认知培训、救援心理培训、医疗救护指挥理论与方法培训等。

2. 协同训练类

直升机医疗救护过程工作流程训练、过程突发情况处置训练、急救任务指挥协同训练、任务监视与情报获取训练等。

3. 操作技能训练类

机载医疗设备使用训练、地面保障设备使用训练、通信设备使用训练、院前急救训练等。

4. 非技能训练类

恐高适应性训练、飞行环境适应性训练、应急状态心理训练等。

8.4 任务流程

随着我国直升机医疗救护的发展和普及，直升机医疗救护任务的应用场景也越发多了起来，但无论是哪种医疗救护任务，都毋庸置疑的需要突出"快速反应、安全转运"这两大特点。由于直升机医疗救护任务有其特定的条件，且与地面救援常常又有着紧密的连续性，因此任务流程也需要更加规整化、简洁化和标准化。

直升机医疗救护根据执行任务种类（院前急救、院级转运、医疗资源运送）的不同，运行流程不尽相同，但都可分为六个大的阶段：救护请求受理阶段、飞行前准备阶段、飞抵目的地阶段、转运飞行阶段、到达接收医院阶段、返航总结阶段，详见图 8 - 7 所示。

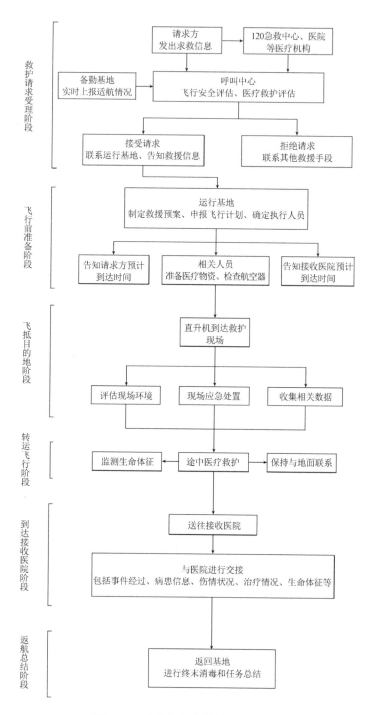

图 8-7　直升机医疗救护运行流程

8.4.1 救护请求受理阶段

救护请求受理阶段，是指航空医疗救护的指挥机构（如图8-8所示）从请求方接收到求救申请后，根据请求方所提供的信息，立即对实施院前急救、医疗转运、医疗物资运送的必要性、可行性进行评估，并快速做出接受请求或拒绝提供服务（与医疗相关原因）的响应。而在执行前首先需要对伤患救治紧急程度以及飞行风险进行评估。

直升机救援不论是出于飞行成本还是飞行风险的考虑，都是作为高成本的救援方式存在的，因此，是否使用直升机开展医疗救护是评估中必须做出的决策。必须对医疗救护任务的重要性、紧迫性和飞行风险进行综合评估，以避免采用高成本的救援方式处理低收益的救援任务（即可以通过其他方式开展救援的任务）。

图8-8 Rega航空医疗救护接警指挥中心

1. 救治紧急程度评估

该评估的重点是对医疗任务进行评估，评估过程中需要根据不同的任务类型获得相应的信息。

当接收到院前急救请求时，应明确以下信息。

（1）应明确任务区域的地理位置（坐标）特征及降落时的联络方式。

（2）应向请求方获得伤患信息。

（3）应要求请求方保持通信畅通，以便了解伤患实时的病情变化。

当接收到院际转运请求时，应明确以下信息。

（1）应明确请求方是伤患所在的医疗机构，还是伤患或伤患法定监护人。如果请求方是伤患所在的医疗机构，则该医疗机构应保证伤患或伤患法定监护人知情并同意进行院际转运。如果请求方是伤患或伤患法定监护人，则应保证伤患所在的医疗机构知情并同意进行院际转运。

（2）应明确是否已经选定、联系和确认接收医疗机构。如选定，则需明确接收医疗机构地址和联系方式等信息。

（3）应明确伤患伤病情况。

（4）应明确任务区域的地理位置（坐标）边界及特征。

（5）应向请求方获得伤患信息。

（6）应要求请求方保持通信畅通，以便了解伤患实时的病情变化。

在获得相应的信息后，要对医疗救护任务的必要性进行评估，在医疗救护任务中最主要的就是对伤患救治的紧迫度进行研判。接警人员或者医疗任务调度人员需要通过受伤时间、受伤机制、受伤经过、伤后处理、治疗情况等角度综合判断航空医疗救护的迫切程度，并对伤患救治的紧迫程度进行分级。

2. 飞行风险评估

该评估重点是对直升机执行医疗救护任务中的飞行任务风险进行评估，即避免高风险飞行任务情况的发生。评估中飞行机组从人为、天气、救护装备和直升机四个维度（影响因素）进行分析和综合研判，对飞行的风险给出风险等级。

在飞行风险评估后，就需要将救治紧急程度与飞行风险进行综合判定，以确定是否开展此次任务。以澳大利亚昆士兰州航空医疗救护转运任务的评估矩阵图为例（见图8-6）进行说明，该州将伤患救治的紧迫度按时间分级，给出任务优先度的五个级别。

（1）1级：在1小时内需要救治的伤患。

（2）2级：1～3小时内需要救治的伤患。

（3）3 级：3 ~ 6 小时内需要救治的伤患。

（4）4 级：6 ~ 24 小时内需要救治的伤患。

（5）5 级：24 小时以外需要救治的伤患。

对于飞行风险，通过对飞行机组人员条件、天气条件、装备条件、直升机适航条件进行综合打分，给出飞行风险的四个分级。

（1）关键安全决策：风险大于 10 分。

（2）严重警告：风险 8 ~ 9 分。

（3）警告：风险 5 ~ 7 分。

（4）正常：风险 0 ~ 4 分。

从救治紧迫度和飞行风险的两个维度可以建立评估矩阵（见图 8 - 9）。其中，"✕"的选项为不可执行飞行救助状态，这种状态表明不具备或可以延迟飞行医疗救助服务；"✓"的选项为可执行飞行医疗救助服务。在没有给出选项的矩阵表格中，给出了需要不同角色进行会诊评估的要求（尤其是当病人处于 1 级急需紧急医疗救助的状态下，而飞行评估的分值是 10 + ，即不利于飞行的状态下，需要飞行医疗协调员、高级医疗协调员和高级安全顾问等多方面的专家进行会商给出是否飞行的建议）。

飞行风险因素综合评分	患者优先级 飞行风险	1	2	3	4	5
10+	关键安全决策	救援飞行医疗协调员、高级医疗协调员和高级安全顾问等强制性会诊	✕	✕	✕	✕
8~9	严重警告	✓	需航空医疗医务人员会诊	需航空医疗医务人员会诊	✕	✕
5~7	警告	✓	✓	✓	需航空医疗医务人员会诊	✕
0~4	正常操作	✓	✓	✓	✓	✓

目的：为了确定每位患者救援的总体风险接受程度，结合飞行风险和患者优先级建立的矩阵图

图 8 - 9 直升机医疗救护任务评估矩阵

8.4.2 飞行前准备阶段

飞行前准备阶段应包括制定符合救援条件的任务计划、联系需要参与协同的部门及航空医疗救护基地进入准备阶段，完成救援预案的确定、飞行计划申报、航空器检查、飞行线路选择等飞行准备工作，根据任务计划配备医务人员、医疗设备及药品等医疗救护准备工作。

1. 院前急救任务飞行前应准备

（1）接受请求后应迅速联系飞行机组人员和医疗人员做好出发准备。每架救护直升机都应配备通过直升机医疗培训且符合资质要求的医疗人员。

（2）根据伤患情况、地理位置、天气状况、救治能力等因素，联系确认预定接收医疗机构。

（3）按要求协调联系各相关管理部门，制定和申报飞行计划，并根据任务地区情况向飞行机组提供飞行情报。

（4）通知请求方预计到达救护现场的时间，通知预定接收医疗机构预计到达的时间。

（5）执行直升机医疗救护任务的医疗人员应根据转运前评估的情况，准备并检查任务所需相关的设备、药品及物品。也可根据伤（病）员病情制定个体化救护转运方案，根据具体伤情准备特殊药品、器械。

2. 院际转运任务飞行前应准备

（1）接受请求后应迅速联系飞行机组人员和医疗人员做好出发准备。每架救护直升机都应配备通过直升机医疗培训且符合资质要求的医疗人员。

（2）如果请求方没有选定接收医疗机构，应根据伤患情况选定接收医疗机构，并联系确认。如果请求方已选定接收医疗机构，医疗主管应对该医疗机构进行评估，决定是否将其作为最终接收医疗机构。如果是，联系确认该接收医疗机构；如果不是，医疗主管应给出拒绝理由，并推荐合适的接收医疗机构，和请求方协商，最终联系确认接收医疗机构。

（3）根据任务类别、伤患情况、地理位置、天气状况、接收医疗机构，按要求协调联系各相关管理部门，制订和申报飞行计划，并根据任务地区情况向飞行机组提供飞行情报。

（4）通知请求方预计到达转运机构的时间，通知接收医疗机构预计到达的时间。

（5）执行直升机医疗救护任务的医疗人员应根据转运前评估的情况，准备并检查任务所需相关的设备、药品及物品。也可根据伤（病）员病情制订个体化救护转运方案，根据具体伤情准备特殊药品、器械。

8.4.3 飞抵目的地阶段

所有医疗救护人员在登机飞行，到达目的地后的主要任务是在上机前对伤患进行现场紧急救治。救护人员到达现场后，应立即接收伤患并对病情进行检伤评估，首先明确有无致命损害，遵循"先救命、再治伤"原则，优先解决致命伤情，包括心肺复苏、保持呼吸道畅通、迅速控制大出血、简单固定骨折、包扎伤口、防止休克等。

1. 院前急救到达目的地后的主要任务

（1）医疗机组应对伤（病）患进行伤（病）情评估，进行现场紧急救治。机长和医疗机组应对伤患进行上机认定。对于可上机伤患，医疗人员应协助伤患上机。

（2）医疗机组还需收集伤患相关临床数据，主要包括以下三种。

①伤患主诉简要病史。

②伤患情况（稳定、不稳定和极端不稳定）。

③已经接受的治疗。

（3）如果现场评估因伤患病情需变更接收医疗机构，则由医疗机组会同医疗主管综合考虑伤患情况、最近医疗资源、最佳医疗条件等因素，进行医疗机构变更。如果伤患或家属法定监护人主动要求，将伤患运送至指定医疗机构，经医疗主管允许后，可将伤患空运至伤患或家属/法定监护人指定的有救治能力的医疗机构。在进行医疗机构变更评估中应该考虑如下情况。

①除非伤患或其家属/法定监护人要求空运至指定的有救治能力的医疗机构，否则直升机医疗机组不与伤患或家属/法定监护人讨论送往何处医疗机构。

②医疗机组将伤患请求传达给医疗主管后，医疗主管需要判断预计运送时

间的差异对伤患的病情或恢复是否会产生不利影响，医疗救护人员或调度部门应将该信息告知伤患或家属/法定监护人。

③医疗机组应告知伤患或家属/法定监护人并使其明白现状，如采纳，其请求更换医疗机构可能产生的不良后果。

④即使伤患或家属/法定监护人请求合理，如果飞行机组根据天气及实际情况，确定运送至其指定医疗机构不符合飞行条件时，可不予采纳。

2. 院际转运到达目的地后的主要任务

（1）机长和医疗机组应对伤患进行上机认定。对于可上机伤患，医疗人员应协助伤患上机。

（2）收集伤患相关临床数据，主要包括以下三种。

①伤患主诉/简要病史。

②伤患情况（稳定、不稳定和极端不稳定）。

③已经接受的治疗。

8.4.4 转运飞行阶段

转运飞行阶段，是从伤患进入机舱舱门开始到医疗机组与转运接收医疗机构在交接单上双方签字完毕的过程。在飞行途中持续监测伤患生命体征，如遇病情恶化，应立即施救，整个过程要做到安全、稳当、迅速。

医疗救护飞行中，医疗机组应与医疗机构保持联系。正常情况下，空中/地面位置的报告间隔不超过 15 分钟（航空飞行时）和 45 分钟（地面操作时）。医疗机组应对伤患病情进行实时观测和跟踪记录，定期（如每 15 分钟）记录和保存一次。伤患出现特殊病情变化时，应及时与医疗主管进行沟通。

8.4.5 到达接收医院阶段

到达接收医院阶段，是指伤患抵达接收医疗机构后，向接收医院提供伤患转运交接记录单，并签字的过程。

医疗机组与接收医院交接的内容，可参考中国民航局《关于发布航空医疗救护联合试点阶段性成果的信息通告》（IB–TR–2021–02）中"直升机航空医疗救护服务指南"的内容，包括以下信息：

（1）伤患信息；

（2）伤患主诉/简要病史；

（3）过敏（如已知）；

（4）症状发作时间/日期；

（5）伤患体检结果；

（6）伤患用药情况（如已知）；

（7）生命体征；

（8）十二导联心电图（如已知）；

（9）航空转运过程中所使用药物、静脉液体和氧气供给；

（10）护理交接（将护理责任从医疗救护人员转交给接收医院的专业医疗人员）。

8.4.6　返航总结阶段

该阶段是执行完医疗救援任务，直升机返航后总结的阶段。直升机在返航后机组人员应做好任务的航后总结，包括医疗救护任务、飞行任务两个方面。航后总结是直升机医疗救护机组能力提升、直升机医疗救护任务管理的重要工作。在返航后直升机还需要进行终末消毒工作。

直升机医疗救护机舱是对伤（患）者实施治疗和病情监测的重要场所，如飞行结束任务后不及时进行终末消毒杀菌，下次任务极易对伤（病）患造成感染。机舱内空气质量、消毒物品及救护人员消毒是否彻底等因素，都是引起感染的重要因素，因此飞行任务结束后进行严格的机舱终末消毒管理对控制伤（病）患感染、保护机组人员自身健康尤为重要。

终末消毒工作是指伤患到达转运接收医疗机构交接完毕，直升机返回后，进行的对机舱内相关的诊疗区域、物体表面、机舱内部空气的一次彻底消毒杀菌。终末消毒应确保消毒后的机舱内和其中的各种物品不再有病原体、细菌存在。消毒结束后填写直升机终末消毒工作记录。

在消毒开始前，应检查所需消毒工具、消毒药械和防护用品，做好准备工作，禁止无关人员进入消毒区域内。穿工作服、胶鞋（或鞋套），戴上医用防护口罩、帽子、防护眼镜、一次性乳胶手套等。仔细消毒伤患躺过的放置担架的地方、直升机机舱、用过的医疗设备、医疗垃圾存放地等，根据消毒医疗设备、医疗垃圾及污染情况，选择适宜的消毒方法。

消毒方法包括以下三种。

（1）用1000mg/L含氯消毒液擦拭消毒所有表面及机舱地面，有明显污染时先进行污点清洁与消毒。

（2）空气消毒机消毒2小时（或按说明使用）；或紫外线消毒灯照射消毒1小时；或用过氧化氢超低容量雾化消毒。

（3）伤（病）员的衣服、用过的被褥等需用污染物袋收集处理。

8.5 直升机医疗救护的注意事项

由于采用直升机运输的方式开展医疗救护，受直升机飞行时环境、设备等影响，因此，在执行直升机医疗救护任务时，区别于常规的地面医疗急救方式，必须考虑相关的影响因素、伤患乘机的限制条件、不同病症在飞行环境中的影响等。

8.5.1 影响疾病的因素

直升机医疗救护人员作为执行直升机医疗救护任务的主要成员，需要对直升机的结构、性能和飞行环境等所产生的特殊因素进行掌握。这些因素不仅会对伤患自身产生危害，同时可能造成疾病的恶化，因此在面对不同种类疾病、伤患时所采取的医疗救护手段时也不尽相同。学习直升机飞行环境产生的特殊因素对疾病的影响，对高质量、高效率完成救护、救援任务都有着非常重要的意义。

1. 应激反应

各种紧张性刺激物（应激源）引起的个体非特异性反应就是应激反应。简单来说，应激就是指一切能导致做出打斗或逃跑反应的东西。例如一些伤患天生对直升机有着排斥感、对高空有着恐惧心理，而直升机转运此类伤患时，伤患就会产生一些应激反应，此时伤患多表现为交感神经兴奋、垂体和肾上腺皮质激素分泌增多、血糖升高、血压上升、心率加快和呼吸加速等。

2. 缺氧

缺氧的种类很多，这里的缺氧一般说的是高空缺氧，是指人在高空环境下，吸入气体的氧分压降低而导致的氧气吸入不足，所以高空缺氧又被称为低气压缺氧或低压缺氧。最主要的导致因素有直升机上升的速度、高度、伤患身体状况、病情以及舱体的密封情况等。其中，影响最大的就是直升机的海拔高度。随着海拔高度的提升，空气中的氧分压、肺泡内的氧分压和动脉血氧饱和度均会产生不同程度的变化，见表8-3所列。

表8-3　海拔与气压、氧分压、血氧饱和度对应表

海拔（m）	大气压（mmHg）	空气中的氧分压（mmHg）	肺泡内的氧分压（mmHg）	动脉血氧饱和度（%）
0	760	155	105	95
1000	680	140	90	94
2000	600	125	70	92
3000	530	110	62	90
4000	460	98	50	85
5000	405	85	45	75

当海拔高度达到一定范围，人体就会出现缺氧现象。而随着缺氧的严重，如果情况没有改善，进一步就会因为氧气不足而引起全身的代偿。首先是呼吸变得深快、心率加快、血压增高、肺部通气量增加，但是这种代偿作用是有上限的，一般与个人体质强弱有关。而随着高度升高，空气密度变得越发稀薄，气压变低，此时肺部通气量的增加，也会导致血液中二氧化碳含量及分压明显降低，从而引起呼吸性碱中毒。

另外还需要注意的是，如果人体随着海拔升高上升的速度过快，致使人体突然暴露于稀薄的空气当中，则会出现氧的反向弥散（肺泡氧分压迅速降低、静脉血中的氧向肺泡中弥散）；身体代偿机能一旦无法快速反应发挥作用时，则会发生突然性的意识丧失。

3. 低气压

在直升机飞至高空时，随着高度的增加，高度越高，大气越稀薄，空气密

度越低，压力也越低。而低气压对人体和疾病的影响也会越发明显。在气体膨胀和气体溶解与扩散的作用下，人体含气空腔脏器内的气体可能会发生膨胀；而组织和体液中溶解的气体则有可能游离出来，形成气泡。一旦发生这种情况，则会引发各种并发症，如严重的胃肠胀气、形成空气栓塞、损伤内脏腔壁血液循环等，严重者甚至会造成休克或死亡。

4. 振动和颠簸

直升机在飞行过程中不可避免地会产生振动，这种振动可能会引发全身多种并发症，如全身的肌肉紧张度会增加。而一些损伤性疾病伤患则会引起伤口的二次出血，其中内出血是直升机转运过程中十分危险的状况。同时一些试验的结果显示，振动在一定程度上也会影响人的体温调节、循环血管收缩和排汗功能的下降，而振动同时也将增加体内脏器、肌肉等的活动，促使产热量增加，导致局部体温的升高；并且振动和颠簸还可能引起疼痛、血压增加和消化不良等并发症。

这种振动对人体和疾病造成的影响主要取决于振动的频率、速度、振幅、加速度、持续时间、身体素质和病情等，而且一旦振动与人体器官的固有频率相近时，则会引发共振，此时造成的影响会更为严重。

5. 噪声

噪声的主要来源是三大动部件，即旋翼系统、发动机和传动系统。旋翼系统旋转产生周期变化的气动噪声；发动机噪声主要来自进气部分的压气机噪声和排气部分的排气噪声；传动系统噪声主要为各级齿轮啮合和旋转部件旋转等产生的噪声。实测数据表明，以我国某型民用直升机为例，机舱内噪声级在 110～120 dB 之间。

而长时间暴露在高分贝噪声下对人的心理和生理会产生危害，特别是对于听力的损伤最为严重，导致听力损害甚至失聪；但同时噪声也会对其他系统产生影响，如对神经系统疾病的影响就表现为头痛、眩晕、睡眠障碍、神经衰弱症状群、脑电图出现改变、植物神经功能紊乱等；对心血管系统疾病的影响表现为血压变化（多表现为血压增加）、心率加快、心电图出现改变（如窦性心律不齐、缺血性改变）等；而对消化系统疾病的影响则表现为恶心、呕吐、胃液分泌减少、蠕动减慢、食欲下降等；对内分泌系统的影响主要表现为甲状腺功能亢进、肾上腺皮质功能增强、性机能紊乱、月经失调等。

6. 温度

直升机一般多为非密封座舱，舱内的气温则会因为外部环境的改变而变化，波动较大。随着直升机飞行的高度增加，温度则逐渐下降，平均每上升100 米，气温则会下降 0.65℃。例如：当地表温度为 25℃ 时，在海拔高度3000 米的高空，气温仅有 5.5℃。

体温过低最直接的影响就是循环系统，容易引发低血压、凝血功能障碍、心率减慢、室颤等。一旦体温过低，则直接影响血流速度，继而出现心脏代偿增加，心率增加。持续性长时间代偿，则会引起心律失常、心脏停搏，甚至造成死亡。而体温变低也会引起其他系统疾病，如呼吸系统的支气管痉挛、内分泌系统的酸碱平衡紊乱、加重损伤疾病出血等。

7. 湿度

在直升机飞行时，随着飞行高度的增加不仅温度下降，湿度也是随着高度增加而下降。因此舱内湿度水平变低，长时间的空气干燥会引起人体脱水，具体症状会表现为黏膜干燥、口干、嘴唇干裂、咽喉疼痛、声音嘶哑、眼睛干燥、发痒、口渴等症状，而脱水会直接导致伤患意识丧失或增加本就缺水伤患的危险性。此外，空气湿度下降同时可引起伤患的气道分泌物越发干燥，干燥的气道分泌物也会引起气道阻塞、气体交换效率降低甚至是低氧血症；同时脱水也会刺激下丘脑，导致代谢速度加快，进一步增加氧气的消耗，加重缺氧。

8. 加速度

直升机在飞行过程中，在所难免会产生一定的动能，如发动机的推力、拉力、升力等，从而使直升机的速度、方向都发生变化，而这种方向上的加速度对疾病也是有一定影响的。人体受到惯性力的影响，会产生一系列的变化，最直接的变化就是组织器官发生变形和位移，一些损伤性疾病的伤患同时可能会引发骨折、出血、器官破裂、脑震荡等。

虽然在飞行过程中这种加速度不可避免（主要是在转弯时产生），但是这种作用通常并不明显，对机体造成的损伤有一定的局限性。不过在某些特定条件下，过大的加速度会使人体头部在向前或向后的高速移动后突然制动，引发脑卒中，继而发生猝死。

9. 空间及体位

因为直升机内的空间普遍狭小，所以无论是伤患还是医护行动均有所受限，不仅对医护人员的操作有所影响，且高空缺氧伤患的吸氧管也极易弯折导致阻塞。对伤患来说，强迫性的活动受限会造成心理焦虑和烦躁，加上病情的影响，产生一些应激反应，更容易产生疲劳，从而引发一些并发症。

10. 灰尘

直升机救援起飞和降落过程中灰尘飞扬极易刺激伤患呼吸道。如在起降区周围等待可能引起伤患呛咳，病情严重者甚至有发生呼吸道阻塞等风险，已经切开气管的伤患更会加大发生概率，导致气管以上部位积聚大量分泌物。这些分泌物可沿气囊周围漏入气管，使致病菌直接进入下呼吸道而发生感染，同时呛咳也可能引起伤患的躁动，从而增加伤患损伤性疾病加重的风险，增加治疗操作难度。

11. 晕动病

晕动病是指人体在飞行过程中前庭器官反复受到俯仰、侧滑、倾斜、上下运动等方面力的作用，一旦超过其耐受限度，就会出现面色苍白、出汗、恶心、呕吐等综合征的总称。

晕动病主要的症状就是呕吐，其对疾病的主要影响也来源于此，如果呕吐物不能及时清理，极易吸入气管，引起伤患窒息危及生命。同时频繁呕吐会使胃内容物大量流失，导致脱水和电解质的紊乱，如不能及时纠正则会休克。剧烈的呕吐也会使腹压增高，胃壁强烈蠕动和收缩，如果伤患有胃溃疡等症状，则有可能让伤口再次出血，甚至穿孔，从而引起急性腹膜炎。最后呕吐也会对循环系统、呼吸系统的疾病造成影响，在高空缺氧和低气压的影响下，频繁呕吐和恐惧感会使耗氧量增加，进一步增加循环和呼吸系统的负担，甚至发生呼吸衰竭。

8.5.2 禁忌证

关于空运伤患的禁忌证国内外已有大量的研究和著作，但时至今日仍未统一认识。随着经验的积累和直升机装备的完善，很多外国学者认为直升机转运的禁忌证已随着医学技术的进步和器械的改良而越来越少。我国学者也根据我国直升机转运伤患的实践经验，提出直升机转运伤患原则上没有绝对禁忌证的观点，认为远距离转运伤患，其危险性比在当地得不到及时和优良的医疗救护的危险性要小得多。

但是，受天气、飞行环境的因素、直升机的性能、空中救护能力、直升机转运地区、病情的严重程度等有关因素的影响，具体到每一个病人来说，还是有许多相对禁忌证。所谓相对禁忌证，是指在飞行环境因素的影响下，可致伤患原发疾病发生加重或恶化，甚至危及生命，转运此类伤患应采取谨慎态度，以下就列举部分相对禁忌证，以供参考。

（1）伤患全身状况极差，生命垂危，生命体征极不稳定，随时都有发生机上死亡可能。如颅脑损伤伴有昏迷或呼吸节律不整者；颌面损伤，上下颌用金属丝固定并伴有明显的呼吸困难者；外伤性出血、气胸伴有明显呼吸功能障碍者；外伤性大出血，血红蛋白在 60 克/升以下，缺氧症状明显者；破伤风及气性坏疽者。

（2）各系统严重疾病或伤患处于抢救状态，若立即进行直升机转运肯定会使病情加重、恶化者。如濒死状态、烈性传染病、狂躁型精神病、新近发生的心肌梗塞、心绞痛发作状态、严重心衰、严重心律失常和高血压危象、处于抢救状态的颅内压增高等。

（3）其他可因飞行引起机体严重功能障碍或衰竭的伤患，直升机转运非但不能使其得到有效及时的救治，反而具有极大危险性者，如休克、昏迷、癫痫等颅脑、腹部、眼球伤伴有积气的伤患；腹部穿透伤未经处理或腹部手术后不足 48 小时，同时又无有效的胃肠减压者；四肢骨折而石膏管型固定者。

以上是部分直升机转运的相对禁忌证，转运此类伤患应采取慎重的态度，在转运前做好及时正确的治疗处置，并做好应对一切的急救准备；转运中应做严密的医学监护，也可根据伤情判断是否转运。

8.5.3　常见的急、危、重症各论

除了直升机医疗救护转运相对禁忌证之外，一些常见的急、危、重症在直升机医疗转运时也需要给予特别注意。以我国巴彦淖尔市直升机医疗救援案例的数据为例（见表8-4），其中数量明显较多的急、危、重症分别为循环系统疾病、呼吸系统疾病、消化系统疾病和常见损伤疾病。

表8-4　2018—2020年巴彦淖尔市医院直升机医疗救援疾病谱分布

疾病系统	院前急救		院间转运		合计	
	例数	百分比（%）	例数	百分比（%）	例数	百分比（%）
循环系统	15	36.58	138	45.69	153	44.61
创伤疾病	20	48.78	104	34.44	124	36.15
呼吸系统	1	2.44	15	4.97	16	4.66
消化系统	2	4.88	10	3.31	12	3.50
中毒	1	2.44	7	2.32	8	2.33
其他	2	4.88	28	9.27	30	8.75
合计	41	100.00	302	100.00	343	100.00

以下就直升机救援过程当中特殊因素对四类疾病的影响，进行简要说明以供参考。

1. 循环系统疾病

血液循环系统（Circulatory system）是血液在体内流动的通道，分为心血管系统和淋巴系统两部分。一般所说的循环系统是指心血管系统，而循环系统疾病主要包括心脏和血管的疾病。

直升机医疗救护在面对循环系统疾病的伤患时，最需要关注的因素有缺氧、振动、温度、低气压。由于直升机飞行因素的影响，尤其是缺氧，机体会通过一系列代偿机制，如心率增加、血压增加等来缓解不适，所以在预防和评估方面应该做好充足的准备。

有学者认为在直升机急救转运的过程中，伤患突发心跳过缓、胸痛、癫痫、心律失常和心源性休克比陆地急救转运更常见，病人的儿茶酚胺聚合物

（与发生心律失常有关）也比陆地转运的病人高。不过多数学者认为，除常规必需的医疗护理之外，只要保证充足的氧气供应和充分的急救措施准备（如空中心肺复苏），在生命体征平稳的前提下，几乎所有的循环系统疾病均可以使用直升机转运。

（1）心肌梗塞

急性高空缺氧会导致心肌梗塞伤患缺氧加重，而在飞行过程中产生的噪声、振动、颠簸也会增加伤患的紧张感和恐惧心理。由此可能会导致出现恶性心律失常，加重心肌缺血，甚至出现猝死。对于心肌梗塞伤患病后几周可以进行直升机转运，目前尚无统一意见，一般为 5~26 周。其中必须考虑的因素有：心脏病发作的特征，梗死的程度、部位、面积大小、并发症的出现及严重程度；伤患的年龄、性别、体质状况、心脏功能、凝血系统状态、精神稳定性等。

（2）缺血性心脏病

急性高空缺氧可导致心肌代谢障碍，交感神经系统活动亢进，局部儿茶酚胺分泌量增加，心率加快，从而进一步加重心肌缺氧程度。

（3）冠心病

冠心病伤患因高空缺氧可能引发前期收缩及心绞痛的发作，从而引发恶性心律。存在心肌梗塞倾向的伤患更容易引发严重的心律失常（房产、室颤、室速等），其中直升机在快速上升和颠簸时会大大增加其发作的可能，甚至有出现猝死的可能。

（4）充血性心力衰竭

各种原因造成的充血性心力衰竭，在代偿过程中，均是通过心肌肥厚、心墙扩大和心率加快来实现的。而在代偿期中，当心率超过一定限度时，心排出量反而减少，造成进一步的组织缺氧、静脉瘀血等。因此在直升机医疗转运过程中，伤患由于高空缺氧、精神紧张等因素，会使心率进一步增加，从而进一步恶化缺氧症状。

（5）高血压

虽然高空低气压在直升机医疗转运过程中对高血压本身其实并不会造成明

显影响，但是伤患一旦同时患有心脏疾病，高空缺氧就会加重其他组织缺氧，从而引发心脏代偿，造成血压升高，因此在转运高血压病伤患时需保证氧气充足，这是必要关键。

2. 呼吸系统疾病

呼吸系统（Respiratory system）由呼吸道和肺组成：通常称鼻、咽、喉为上呼吸道；气管和各级支气管为下呼吸道。肺由肺实质和肺间质组成，前者包括支气管树和肺泡；后者包括结缔组织、血管、淋巴和神经等。呼吸系统的主要功能是进行气体交换，即吸入氧排出二氧化碳。

直升机医疗救护在对呼吸系统疾病的伤患时，最需要关注的因素有缺氧、温度、低气压、灰尘、应激反应等。多数学者认为除常规必需的医疗护理之外，只要保证充足的氧气供应和充分的急救措施准备（如空中心肺复苏），在生命体征平稳的前提下，大部分呼吸系统疾病均可以使用直升机转运。

（1）呼吸困难

直升机转运这类伤患时，必须有专科呼吸重症医疗小组。呼吸衰竭一般多伴有其他疾病，所以在转运此类伤患时一定要保证生命体征的相对平稳，且确保直升机上氧气充足、呼吸道通畅是关键。

（2）气胸

影响气胸最主要的因素就在于高空低气压，在直升机转运当中开放性气胸是绝对禁止转运的，闭合性气胸根据实际情况，评估后慎重转运。其中胸腔内如果存在游离性气体，在飞行过程中极有可能增多，进而转变成张力性气胸。如非必要，有气胸、胸腔积液成功引流或者胸腔手术后的伤患，一般在至少2周内不建议用直升机转运。最近有气胸病史的伤患在转运之前，应拍一张胸X线片，以排除气胸复发和有气体残留的可能性。

（3）慢性阻塞性肺疾病

慢性阻塞性肺疾病的伤患，对于直升机飞行当中的呼吸失代偿特别敏感。相对基础疾病严重程度的增加，这种失代偿的风险也会随之增加，一旦在飞行当中发生失代偿是非常致命的。因此，在转运此类伤患之前，一定要进行全方位的医学检查，包括询问病史、体格检查、肺功能测试、动脉血气分析等。

（4）支气管哮喘

哮喘作为比较常见、好控制的呼吸系统疾病，在直升机飞行转运中只要做到严格按照用药治疗、维持生命体征平稳、保证氧气供应一般都能安全转运。但是对于严重哮喘伤患，如非特殊情况，一般不建议乘坐直升机转运。

（5）肺部炎症或肿瘤

直升机转运肺结核伤患，其中肺部病变范围较广泛或者有较大空洞者，通常会增加转运风险。因为肺部功能严重受损伤患对缺氧的耐受性较差，空洞中气体膨胀又会增加肺功能负担。转运此类伤患，应控制飞行高度，尽量确保在海拔高度 3000m 以下，同时保证氧气供应和消毒隔离。

3. 消化系统疾病

消化系统（Digestive system）由消化管和消化腺两大部分组成。消化道包括口腔、咽部、食道、胃、小肠（十二指肠、空肠、回肠）和大肠（盲肠、阑尾、结肠、直肠、肛管）等部位，临床上把口腔到十二指肠这段称为上消化道；空肠以下的部位称为下消化道。消化腺有小消化腺和大消化腺两种。消化系统的基本生理功能，就是摄取、转运、消化食物和吸收营养，排泄废物的过程。

直升机救护在转运消化系统疾病伤患时最主要的因素就是低气压，低气压会造成胃肠道内的气体膨胀，进而使伤患病情加重。因此在转运此类伤患时，应严格把握转运时机，且做好全面检查和转运前的医学准备。

（1）消化道出血

消化系统疾病伤患在低气压和机体振动的环境因素下，极易发生或加重消化道出血。而随着高度增加缺氧会越发严重，这也会使消化道出血伤患的血氧饱和度进一步降低，加重低氧血症，形成恶性循环。因此，在转运前控制出血是最有必要的处理。当遇到出血原因不明的伤患，应在给予初步处理之后，尽快执行转运。

（2）急腹症

急腹症一般来说包括腹部脏器病变和血管病变两方面。直升机转运此类伤患时，由于受到低气压、缺氧、振动颠簸等影响，胃肠道内气体会发生膨胀，使得横格上移，会发生妨碍呼吸运动的情况；当腹部脏器扩张，刺激迷走神经部分分支，严重者则可能会引起心血管功能抑制，伤患血压下降、意识丧失甚至休克死亡。

（3）胃肠胀气

胃肠胀气在高空中最主要的症状是腹胀和腹痛，严重时可出现面色苍白、出冷汗、呼吸表浅、脉搏微弱、血压降低等症状。胃肠胀气在低气压的影响下，一般发生在飞行上升的过程中，或在达到一定高度后的最初阶段。如果能通过肛门顺利排出部分膨胀气体，则可以达到缓解作用；否则，高度越高，症状将越发严重。因此转运此类伤患，在转运前应诊断明确，且需要进行确切有效的治疗后才能转运。

（4）肠道疾病

肠梗阻、肠扭转、肠套叠疾病伤患，因为局部肠壁变薄，此时随着直升机上升低气压的出现，梗阻部位的积气现象会越发严重，直接影响肠壁的血液循环，加重腹痛，严重者甚至可能引起肠壁破裂和穿孔。因此在转运此类伤患时，需要严格控制飞行高度和上升速度。

4. 常见损伤疾病

正常的细胞和组织可以对机体内外环境变化等刺激，做出不同形态、功能和代谢的反应调整，而当机体内外环境刺激超过组织和细胞的适应能力时，可引起受损细胞和细胞间质的物质代谢、组织化学、超微结构乃至显微镜下甚至肉眼可见的异常变化，称为损伤。常见的损伤包括皮肤擦伤、肌肉拉伤、外伤出血、关节脱臼、骨折、烧伤等。

直升机转运此类伤患，需要密切注意环境因素的变化，高度、噪声、低气压、温度、振动和颠簸等变化都会引起伤患的病情变化。尤其是严重危及生命的损伤伤患在直升机飞行转运时，更需要做好各项体征的检测。严格掌握转运的时机、掌握转运的指征、完善基础治疗才能在转运时保证伤患的生命安全。

（1）损伤性休克

一般认为轻、中度休克，转运前经过地面的抗休克处理后伤情好转，即使休克尚未完全纠正，也可以在严密的医学观察下进行转运，但是对于濒死伤患则不适宜用直升机转运。对于中度失血性贫血伤患，如血红蛋白≥60g/L时一般情况良好，可以采用直升机转运。如血红蛋白为50g/L，经过地面处理后伤情稳定，无活动性出血，脉搏≤120次/分，可在基本纠正酸中毒后慎重转运。如有开放性伤口，一定要先进行止血、包扎、固定等处理之后，才能进行转运。

（2）颅脑损伤

严重的颅脑损伤在转运前必须严格评估其适航飞行的条件。其中特别是伴有颅内压增高的伤患，由于颅内压不平衡的关系，加上低气压的影响，极易导致脑组织压迫，形成脑疝。因此在转运过程中需要密切关注伤患颅内压增高引起的脑受压早期征象。如剧烈的头痛、躁动不安、频繁呕吐、瞳孔一侧或双侧放大、呼吸≤14次/分、脉搏≤60次/分、收缩压≥140mmHg、肛温≥38.5℃、意识情况恶化等情况。

（3）腹内脏器出血

如遇到实质性脏器（如肝、脾、胰等）或者主要大血管损伤的伤患，其主要的临床表现为腹腔内出血，伤患的病情会迅速发展，特别是肝脾薄膜下的破裂，在飞行过程中由于低气压和振动颠簸的影响，甚至危及生命。转运此类伤患应密切注意伤患腹部体征的变化，是否有休克指征。

（4）四肢骨折

四肢骨折是血管损伤后，给予膏固定的伤患。由于直升机的颠簸和振动，常引发伤口疼痛或出血，也可能因管型石膏固定，高空低气压导致气体膨胀而引发伤肢疼痛，甚至出现血液循环障碍等综合表现。因此在转运此类伤患时，应密切注意其肢端血液循环情况、肢体固定情况及生命体征的变化。

（5）烧伤

直升机转运烧伤的伤患，因为受温度、湿度、振动、低气压、空间体位、灰尘的因素影响，因此应密切注意病情的变化，同时注意有无呼吸困难和窒息的发生，有无尿量、尿色的变化，预防呼吸道梗阻。如果运送气管切开的伤患，应注意避免直升机飞行当中的灰尘飞扬，切勿落入气管，避免引起伤患呛咳等。转运过程当中应保持科学补液，避免因补液过量而造成肺水肿和心力衰竭等症状的发生。

8.6　运行案例分析

航空直升机医疗救护已经在全国各地积极展开，本书编者长期参与航空医疗救护基地的实际运行工作，以下将结合实际任务中的案例进行分析，供读者参考。

8.6.1　院前急救任务

案例 1

1. 情况介绍

2021 年 1 月 8 日 13：19，内蒙古巴彦淖尔市 120 急救中心调度员接报乌拉特后旗潮格镇一名 74 岁女性伤患，突发心肌梗塞需要紧急救治。巴彦淖尔市 120 调度员接到指令后判断需要直升机协助救援，向巴彦淖尔市医院航空医疗救护基地发出任务，基地值班机组与 120 急救中心协调并制定直升机医疗救护方案。

2. 救援方案

先由该属地救护车到事发地开展现场救治，同步展开直升机救援飞行计划，由救护车在乌拉特后旗广场和直升机进行伤患交接，通过直升机将伤患转运到巴彦淖尔市医院进一步救治。

3. 救援过程

本次直升机救援任务，救治过程及时间见图 8 - 10 所示。

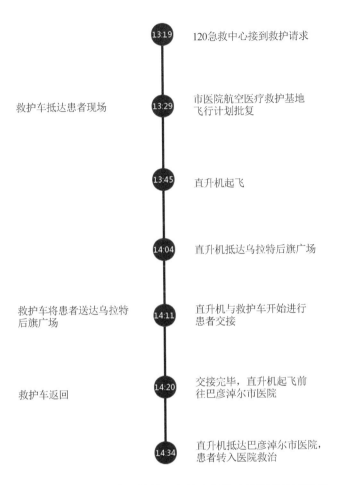

救护车抵达患者现场

救护车将患者送达乌拉特
后旗广场

救护车返回

13:19　120急救中心接到救护请求

13:29　市医院航空医疗救护基地
　　　飞行计划批复

13:45　直升机起飞

14:04　直升机抵达乌拉特后旗广场

14:11　直升机与救护车开始进行
　　　患者交接

14:20　交接完毕，直升机起飞前
　　　往巴彦淖尔市医院

14:34　直升机抵达巴彦淖尔市医院，
　　　患者转入医院救治

图 8－10　乌拉特后旗潮格镇—急性心梗伤患转运急救时间表

4. 效果分析

后旗潮格镇到市医院车程 2 小时 4 分，从救护车接上病人到直升机落地只用 1 小时 5 分钟，飞行计划批复仅用 10 分钟，通过空地联合救治为病人多争取到 59 分钟救治时间。

5. 注意事项

除常规心肌梗塞病人医疗处置之外，直升机空中转运随着飞行高度的增加，气压变低，氧分压也会相应降低，转运过程中应持续监护心电及血氧，给予吸氧，提高血氧浓度，密切注意伤患末梢血氧变化情况。

此外，直升机在飞行过程中产生的噪声、震动、颠簸也会增加伤患的紧张感和恐惧心理，由此可能导致恶性心律失常、心肌缺血加重，甚至出现猝死。一旦出现病情变化，应立即给予相应的对症处理。

所以在转运前应充分做好准备工作，如备齐抢救药品、抢救器械、做好伤患及家属的心理安慰、详细介绍转运流程等，最大程度地减少伤患痛苦。

案例 2

1. 情况介绍

2019 年 6 月，某地高速公路客车与货车相撞发生一起重大交通事故，导致多人受伤。事故发生后，当地政府展开积极救援，出动医疗救援、公安部门、交警部门等全力展开伤患救治工作，并第一时间派出大量地面急救力量赶往事故现场。

2. 救援方案

由于事发突然、伤患较多，同时事故地点属于高速公路地段，距离大型医疗机构相对较远，地面急救车无法快速将全部伤患第一时间送往医院，所以采用"直升机＋地面急救车"空地协同的方式对伤患进行紧急转运。救护车和直升机快速前往事发地，及时进行现场处置，在保障伤患生命的前提下，将伤患由重到轻分批次进行转移。

3. 救援过程

事件发生后 120 调度就近医疗机构救护车（县级医院）前往现场，同时向直升机医疗救护基地所在医院（市级三甲医院）发出任务指令，直升机医疗救护基地接到指令之后，快速评估制定方案，调集急诊科主任、随机医护随直升机第一时间赶往 170 公里外的事发现场（14：50 起飞）。直升机到达现场后（15：37 降落），急诊科主任与先期抵达的当地地面急救人员了解情况，同时快速对现场伤员进行评估。评估并现场处置后，将重症伤患通过直升机转移至市级三甲医院（16：50 降落），同一时间地面急救车将其余伤患分别转运至附近县级医院。

虽然已经将全部伤患转运至附近县级医院，但因为县级医院医疗力量不足，无法满足全部伤患的治疗需求，所以需要直升机将伤患后续转运至市级三甲医院。因此，直升机除第一次任务属于院前急救外，第二至第四次任务均属于院际转运，详细时间见表 8-5 所列。

表 8-5　某高速公路重大交通事故直升机救援时间

	基地起飞时间	到达患者地点时间	返回基地时间	伤患年龄	伤患性别	伤患病情	任务类型
第一次救援	14：50	15：37	16：50	46	男	左侧胫腓骨开放性骨折、右侧胫骨骨折	院前急救
第二次救援	17：03	17：49	18：27	6	女	失血性休克、周身多处骨折	院际转运
第三次救援	18：45	19：25	20：11	46	男	左下肢皮肤撕裂伤	院际转运
				51	男	左前臂毁损伤、左肱骨骨折	
第四次救援	20：27	21：10	22：10	57	女	双上肢尺桡骨骨折及双下肢胫腓骨骨折	院际转运
				56	男	胸部损伤及胸骨骨折	

4. 效果分析

由于事发地点地处偏远，直升机将经验丰富的急诊科主任快速运往现场（47 分钟），在现场第一时间进行伤患者评估和处置，极大地提高了对群体伤患的第一时间处置效率，对降低伤患者的死亡率、提高后期诊疗效率起到了极大的促进作用，因此本次任务中直升机医疗救护发挥的第一个作用的是优势医疗队伍的运输。

由于现场是群体性受伤，直升机与地面急救车协同开展急救运输工作，通过对伤者的检伤分类，以不同方式分别转往市级三甲医院、附近县级医院，直升机充分发挥其机动性、灵活性，在事发现场、县级医院、市级三甲医院间多次往返接送伤患者，在保证伤患者第一时间入院救治的基础上充分发挥了不同医院分级诊疗的特点，凸显出直升机救援对医疗资源动态优化使用的促进作用。

5. 注意事项

在该案例中，首先，要注意能保证优质医疗资源能够快速到达现场，保证急救任务的迅速开展。其次，该任务有多次飞行起降，在飞行层面要保持与当地空域管理部门的有效对接，以保证飞行任务的时效性。最后，任务从午后持续到晚间，对飞行机组、急救机组、地面保障都是极大挑战，十分考验机组成员的耐受力和反应能力，相应人员需要在前期经过专业的训练并且有丰富的飞行和急救经验，才能保证任务的良好实施。

8.6.2 院际转运任务

案例 1

1. 情况介绍

2021 年 10 月 28 日在内蒙古自治区阿拉善盟额济纳旗一个新生儿剖宫产分娩，胎龄 35 周早产，其母前置胎盘伴出血，阿氏评分 9 - 10 - 10。患儿出生体重 3020 克，生后呼吸急促，拍胸片提示肺透 2 级。

临床诊断：①早产儿；②新生儿肺炎；③新生儿呼吸窘迫综合征；④新生儿肺透明膜病；⑤新生儿贫血。

此时正值额济纳旗新冠疫情管控期间，经驻额济纳旗的国家防疫医疗队专家会诊、评估，患儿后续诊疗需要新生儿专业呼吸机、血气分析、磁共振等相关检查检验支持设备，并需要入住新生儿重症病房等，然而额济纳旗当地及周边缺乏具备相应医疗条件的医院。

经内蒙古自治区新冠肺炎疫情防控指挥部额济纳旗现场处置工作专班研究，报自治区新冠肺炎疫情防控指挥部同意，决定将患儿由额济纳旗转运至巴彦淖尔市医院救治。由额济纳旗指挥部直接与巴彦淖尔市指挥部对接解决。

2. 救援方案

从额济纳旗到巴彦淖尔市单程地面距离约 800 公里，救护车转运需要近 9 个小时。考虑患儿病情危重，采用救护车或列车转运时间长、转运过程颠簸严重；经双方研究并经家属同意，采用巴彦淖尔市航空医疗救护基地医疗救护直升机进行转运。

3. 救援过程

11 月 2 日上午，完成全部转运准备工作，具体包括：安装新生儿保温箱和生命维护设备等，直升机机舱消毒。额济纳旗蒙医医院同步做好患儿及随同人员核酸检测，流行病学调查等转运准备工作（见图 8 – 11）。按照总指挥要求，12：17 时发布任务同时提交飞行计划申请，14：00 时计划批复。

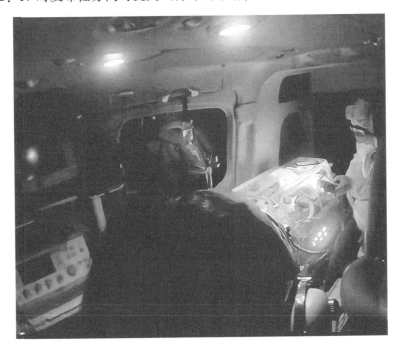

图 8 – 11　机舱内医生正在对新生儿进行检查

14：14 时直升机从巴彦淖尔市医院起飞，15：35 时直升机降落在阿拉善盟与巴彦淖尔交界处的乌力吉苏木卫生院转运保障点，进行燃油补给。抵达额济纳旗后前往桃来机场补油，18：47 时到达额济纳旗，进行交接。机组人员及机身充分消毒后，直升机于当日 19：09 时从额济纳旗蒙医医院起飞返程。中途在乌力吉卫生院保障点直升机补油，于 21：50 时在巴彦淖尔市医院停机坪降落。具体救治转运时间详见表 8－6。

表 8－6 额济纳旗危重新生儿转运急救时间表

任务名称	起飞时间	落地时间	保障时长（分钟）	停留时长（分钟）	飞行时长（分钟）	备注
市医院－乌力吉	14：14	15：35	36	－	81	中途加油
乌力吉－桃来机场	16：11	18：00	33		109	中途加油 机组防护
桃来机场－额济纳旗	18：33	18：47		22	14	伤患交接
额济纳旗－乌力吉	19：09	20：29	27		80	中途加油
乌力吉－市医院	20：56	21：50			54	

4. 效果分析

本次危重新生儿转运任务飞行距离长（近 800km），且属于夜间飞行；由于转运距离超出直升机最远飞行距离，在转运途中进行了三次燃油补给，其中两次在巴彦淖尔市医院前期与乌力吉卫生院合作建设的转运保障点进行补给。从接到新生儿伤患起飞到抵达市医院转入医院总共用时 2 小时 41 分钟，不到救护车转运时长的 1/3，显著缩短了转运时间，降低了路途转运时间长、颠簸的风险，极大地提高了对新生儿伤患的救治效果。

同时，此次任务面临新冠疫情防护要求，对机组、随机医护和地面保障人员提出了更高的防护要求。

5. 注意事项

此次案例除儿科常规的医疗处置外，在转运途中，随机医生根据患儿体温实时调节保温箱的温度；同时密切监护患儿情况，并针对患儿呼吸偏快、血氧饱和度低等问题，在机上实施了吸氧、上呼吸机等应急措施，从而确保患儿安全抵达巴彦淖尔市医院，也是转运过程中的关键所在。

案例 2

1. 情况介绍

2021 年 3 月 10 日下午，在四川省凉山彝族自治州会理市一井下作业中一名工人不幸发生意外，导致全身多处爆炸烧伤、多处骨折、颅脑损伤、双肺挫伤、失血性休克。伤患第一时间被送到了会理市第二人民医院急救。经过初步评估，该医院治疗能力有限，需要转至攀钢集团总医院。之后迅速联系到了攀钢集团总医院，并确定方案。

2. 救援方案

由于特殊的地形限制，山路崎岖，交通不便，如果采用地面急救车转运至少需要 2 个小时的时间，不仅仅会大大延长转运时间，一旦出现堵车、颠簸等情况，伤患发生其他并发症的概率也将增加，后果不堪设想。经过谨慎评估伤患具备直升机转运条件后，确定进行直升机医疗转运。

3. 救援过程

3 月 10 日 15：49 时，直升机从攀钢总医院停机坪起飞，飞往 90 多公里外的会理市。16：22 时直升机降落在会理市黎溪镇，经过快速交接，伤患顺利上机，并给予密切监护。6 分钟后，直升机起飞前往攀钢总医院。16：48 时"空中 120"安全降落在攀钢总医院停机坪，伤患经绿色通道直接进入医院急诊科，全程仅用时 49 分钟。

4. 效果分析

通过本次直升机医疗转运的成功，为伤患抢救争取了难得的宝贵时间，49 分钟的转运时间，极大地提高伤患救治效率。最终经过各科室会诊后，手术进行了三个多小时才得以顺利结束。

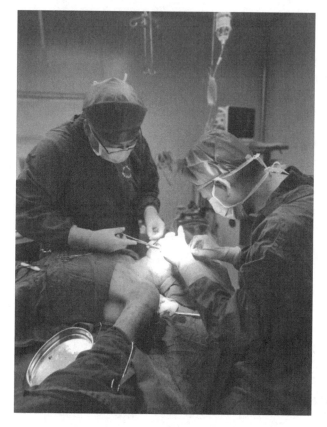

图 8 - 12　经过各科会诊后，伤患正在手术

图片来源：https：//baijiahao. baidu. com/s？id = 1659760411150019850&wfr = spider&for = pc

5. 注意事项

面对此类复合伤伤患，在直升机转运过程中应该持续进行医学监护，以免发生其他并发症；由于会理市（海拔1800米）到攀枝花市（1200米）的转运途中需要经过高海拔地区，因此在直升机转运时应注意：尽量保持飞行高度不宜太高，避免因高海拔低气压，导致伤患发生缺氧状况。因伤患失血性休克，体温较低，并且随着海拔上升，平均每上升100米，气温会下降0.65℃，在保证伤患生命体征平稳的同时，需要注意给予伤患保温（如果体温过低可能会发生失血性休克等并发症）。

8.6.3 医疗物资运送任务

2020 年 1 月武汉新冠疫情发生，湖北当地道路运输不畅，中国船舶集团旗下中船电子科技有限公司、中船海丰航空科技有限公司紧急组织成立了抗疫飞行队开展抗疫医疗物资转运任务。飞行队指挥组在北京、上海、武汉三地值班，快速开发建设"通航云抗疫物资航空转运平台"，收集抗疫物资转运需求，并紧急调度通航飞行器开展转运任务执行。飞行队直接调配三架直升机（其中 H125 直升机 2 架，H135 直升机 1 架）开展任务，同时协调运输航空、通航公司共同完成物资的联途转运。飞行队在疫情发生后到 3 月 18 日返回基地，共保障飞行 46 架次，累计飞行 146 小时，运送物资约 32 万件，合计 23.5吨，圆满完成对湖北抗疫任务的支持。

其中，在 2 月 19 日到 2 月 20 日期间，完成一次民航货机与多家通航公司直升机、固定翼飞机联合的应急医疗物资转运任务（见图 8 - 13）。2 月 19 日

图 8 - 13　运输航空 + 通用航空联合应急卫生物资转运

18：30时，一架满载着来自中国船舶集团、360基金会及中欧交流合作促进会等多个单位总重14多吨防疫物资的波音737货机，从上海浦东机场起飞抵达武汉天河机场。2月20日起，这批防护物资由多家通航公司由武汉使用直升机、固定翼飞机送至襄阳、随州、黄冈、枝江等地，其中运给襄阳红十字会的372箱口罩仅用不到20小时就从上海运到了襄阳。

此次任务充分发挥了航空救援体系对医疗物资转运支持的优势。尤其在发挥运输航空与通用航空的联合统筹工作层面，以运输机场为中转站，通航机场、临时起降点为网络，保证了抗疫物资点到点的顺畅、高效转运。

参考文献

［1］徐毓蔓．基于装备需求的通用航空医疗救援标准体系研究［D］．天津：中国民航大学，2020．

［2］陈志科，董蓓蕴，罗瑞明．直升机紧急医疗救援服务的特殊性和存在的问题［J］．中华灾害救援医学，2021，9（08）：1184－1188．

［3］张露丹，冯铁男，冯朝昕，姜成华．国内外空中医疗救援发展现状［J］．中华卫生应急电子杂志，2015，1（03）：59－61．

［4］吕瑞，巴衣尔策策克，彭明强．国内外空中医学救援发展及现状［J］．中国急救复苏与灾害医学杂志［J］．2017，12（06）：569－573．

［5］吕瑞，彭明强．我国空运救护队组建实践及探索［J］．中日友好医院学报，2017，31（02）：116－117．

［6］国家航空医学救援基地航空医学救援医务人员配置专家共识组．航空医学救援医务人员配置的专家共识［J］．中华灾害救援医学，2019，7（04）：181－185．

［7］何蔓莉，陈淑英．航空卫生保健与急救［M］．北京：清华大学出版社，2019：100－101．

［8］曾梅，菅向东．直升机紧急医疗服务的发展回顾［J］．中华卫生应急电子杂志，2018，4（01）：58－62．

［9］梁琦，许虹．直升机急诊医疗服务的国内外应用现状［J］．中国护理研究，2018，32（14）：2192－2194．

［10］辛军国，赵莉，汪瑞鸥，杨晓虹，陈建，马骁．我国空中医疗急救发展现状与体系构建建议［J］．现代预防医学，2021，48（08）：1418－1422．

[11] 十万火急救援直升机急赴新余抢救毒蛇咬伤患者 [EB/OL]. 民航资源网, http://news. carnoc. com/list/459/459475. html, 2018 – 08 – 27.

[12] 窦菲涛. 争分夺秒! 999 直升机成功转运冬奥会受伤运动员 [EB/OL]. 中工网, http://www. workercn. cn/50000264/202202/11/20220211074246749689969. shtml, 2022 – 02 – 11.

[13] 张晓旭. 滑雪医生、高山直升机、移动急救……冬奥会近 10 亿元医疗保障花在哪了? [EB/OL]. 动脉网, https://www. vbdata. cn/53906, 2022 – 01 – 25.

[14] 谭宏韬, 徐慧平, 伍泽鑫, 王丽. 空中救援案例分析 [J]. 现代医院, 2019, 19 (11): 1619 – 1621.

[15] 刘兰涛, 朱瑜洁, 高谦, 陈林. 直升机空中救护的组织实施和相关问题探讨 [J]. 人民军医, 2013, 56 (10): 1152 – 1153.

[16] 郑美霞, 刘玲. 2011—2020 年江西省自然灾害灾情时空特征分析 [J]. 自然灾害学报, 2022, 31 (02): 233 – 241.

[17] 邱慧群. 关于应急物流选址与配送优化问题的研究 [D]. 北京: 对外经济贸易大学, 2009.

[18] 武秀昆. 对我国航空医疗服务安全管理问题的思考 [J]. 中国医院管理, 2018, 38 (07): 32 – 33.

[19] 郭爱斌, 刘斌, 付林, 高少辉, 金洋, 杨志平. 航空应急救援立体协同关键技术研究 [J]. 自然灾害学报, 2022, 31 (01): 157 – 167.

[20] 金洋, 刘亮, 宋晗, 等. 从巴彦淖尔市航空医疗实践探讨如何构建西北地区空中急救体系 [J]. 中国急救医学, 2019, 39 (06): 610 – 613.

[21] 郭爱斌, 高雯, 刘斌, 金洋, 吕政赢, 杨志平. 空地一体化医疗救援体系建设实践及运行模式研究 [J]. 中国急救医学, 2021, 41 (05): 438 – 443.

[22] 刘亮, 宋晗, 金洋, 杨志平, 高雯. 巴彦淖尔市直升机医疗救援案例分析 [J]. 中华医院管理杂志, 2020, 36 (07): 585 – 588.

[23] 石海明, 杨海平, 赵博诚. 直升机医学救护与救援 [M]. 北京: 人民军医出版社, 2010: 90 – 91.

[24] 张建国. 直升机飞行的航空医学问题及航空卫生保障 [J]. 航空军医, 2000, 6 (28): 246 – 248.

[25] 傅雅慧, 祖媛媛, 蒋毅. 典型直升机噪声特点及其防护需求分析 [J]. 中国个体防护装备, 2014 (06): 18 – 19.

[26] 甄兴福, 肖剑, 仝云岗. 直升机舱内噪声主动控制系统的设计与仿真研究 [J]. 直升机技术, 2004, 2 (138): 39 – 41.

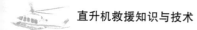
［27］董素菊. 男子意外重伤失血性休克攀钢总医院多学科联合手术成功救治［EB/OL］. 攀钢集团总医院，http：//www. hqylpgzyy. com/c/2021 – 04 – 16/707439. shtml，2021 – 04 – 16.

［28］6 台警车、1 台直升机，额济纳交警为早产婴儿开辟生命通道［EB/OL］. 腾讯新闻，https：//view. inews. qq. com/wxn/20211103A06LIN00？refer = wx_hot，2021 – 11 – 03.

第9章　直升机消防及物资投送

9.1　概述

　　航空消防是在 20 世纪中后期出现的消防新技术，最近几十年已获得了快速发展。它把航空领域的高新技术运用到防火和灭火工作中，不仅大大提高了消防现代化的科技含量，而且为世界各国的消防业务和消防人员带来了全新的理念，使现代消防拥有了更高效、更安全的技术手段。直升机消防主要分为森林消防和城市消防两大块。

　　航空消防的核心装备是消防航空器。现代消防航空器按其飞行原理可分为固定翼飞机和直升机两大类。固定翼消防飞机飞行速度快、航程远、载重量大，一般用于森林、草原等较大范围野外火灾扑救，这类飞机多数是由运输机、轰炸机、农用机等机型改装而成。

　　消防直升机一般是基于已有成熟的军用或民用直升机改装而成。直升机具有垂直起降、空中悬停等独特性能，在很多方面更适合消防任务的需要。如在森林灭火中，直升机功能齐全、作业准确，动用直升机比使用固定翼飞机灭火更为经济有效。当前国内外消防直升机不仅大量用于森林、城市消防救援，有的国家（如日本等）还研制开发出了用于扑灭高楼火灾的专用灭火直升机和用于高层建筑火灾时营救被困人员的紧急救援特种直升机，因此消防直升机具有广阔的发展前景。

　　直升机物资投送被广泛应用于地震、水灾、火灾等各类自然灾害突发事件的处置中，用于提高突发事件处置效率、保护人民生命财产安全。其特点是稳定性强、载重量大、快速补给性强，一旦受灾现场出现缺少医疗、生活物资等情况时，可以空中悬停或临时起降对安置点投放救灾物资，构建"空中保障网"。

9.2 直升机消防应用场景

9.2.1 直升机森林消防

直升机森林航空消防是预防和扑救森林火灾的重要手段，在保护森林资源、维护生态平衡中发挥着重要作用。森林航空消防在火情扑灭、火情探测、火场侦察和调度指挥中发挥着重要作用，特别是在山高坡陡、交通不便、人烟稀少的森林火灾扑救中，森林航空消防充分显示了其他手段不可替代的重要作用。

随着森林航空消防技术的不断发展，我国森林航空消防业务不断增加，业务范围也不断扩大。随着基地密度逐年增加，航空消防作业区域已经覆盖了我国重点林区。航空消防业务项目也从简单发现火情向采取综合措施直接灭火方向发展，成为森林火灾预防和扑救的攻坚力量。森林航空消防任务主要包括以下方面。

（1）空中巡护。通过空中巡护，及时准确地发现、传递和报告火情，弥补地面监测不到的区域，实现火情早发现、早扑救。

（2）火场侦察。通过对火场空中侦察，利用移动多媒体传输系统，为火场前线指挥部快速提供准确、直观的火场信息，使扑火指挥调度更科学合理。

（3）直接灭火。通过机、索、滑降灭火、吊桶灭火、机群编队灭火的实施，使山高坡陡、交通不便的边远林区、重点林区、原始林区发生的森林火灾得以及时扑救，有效减少资源损失。

（4）火场救援。为火场提供远距离运输扑、灭火物资和食品，保障火场后勤供应。

（5）防火宣传。通过空投森林防火宣传单，把森林防火信息及时送到广大林区。

森林航空消防的技术优势主要体现在以下方面。

（1）机动性强，不受地形限制。依靠直升机的机动能力能够抵达一般灭火力量无法到达的山区，并可及时进行灭火作业。

（2）一次飞行扑灭火线较长。现有的灭火航空器运载能力较大，一次飞行携带的灭火剂或水可以扑灭较长的火线。

（3）直升机探测可以提供准确及时的火场信息，有助于提高灭火效率。

9.2.2　直升机城市消防

在城市消防中，虽然主要的消防任务由地面承担，但是直升机仍在其中发挥着重要作用。我国伴随着城市化进程的发展，城市基础设施建设日新月异，其中高层建筑、立体交通的建设突飞猛进，但是城市立体化发展带来的消防安全问题也不容小觑。比如高层建筑由于使用性质复杂，发生火灾时易受"烟囱效应"影响，火势蔓延速度极快，在无法使用消防电梯的情况下，消防救援人员只能携带装备器材徒步攀登到起火楼层，灭火救援和人员疏散的难度大大增加。仅 2021 年一年，全国共接报高层、超高层建筑火灾 4057 起，死亡168 人。高层、超高层建筑发生火灾时，高楼内部消防喷淋装置无法有效压制火情发展，消防水炮车无法达到较高高度，灭火救援和人员疏散难。因此，城市消防直升机的使用对此类场景尤为重要。城市消防中直升机的主要作用包括四个方面。

1. 空中灭火

在城市建筑物发生火灾时，通过消防直升机装载的灭火吊桶、消防水箱向起火部位洒水或灭火剂，起到直接灭火或短时间内降温压制火势的目的，配合地面消防救援力量行动；利用直升机配备的消防水炮，直接通过窗户、孔洞向建筑内部喷射灭火剂，直达起火点达到灭火的目的。

2. 力量输送

通过消防直升机搭载消防救援人员和灭火救援设备，到达目标建筑后通过直升机顶层降落或索降装置，将灭火救援力量投放到火灾现场，展开灭火救援行动，可以大大节省灭火救援的时间及救援人员的体力；适用于无法乘坐消防电梯或攀爬楼梯内攻的灭火救援现场。

3. 侦察指挥

发生大规模火灾事故时，火场侦察员或指挥员利用直升机图传对火场全貌进行侦察，或直接乘坐直升机在空中对灭火救援任务进行现场指挥，可以实时全面掌握现场信息，做出正确判断并合理调用地面灭火救援力量，提升灭火救援行动效率，减少不必要的损耗和伤亡。

4. 人员转移

通过直升机降落屋顶停机坪或通过电动绞车，疏散转移高层建筑顶层的被困群众，从而大大提高火场中人员疏散效率，提升受伤人员的生存率。

9.2.3 使用特点

使用直升机进行消防工作，在提高机动性的同时仍要注意以下特点。

1. 保证安全

必须在保证飞行安全的前提下才能进行直升机消防灭火各个环节的工作；如不具备安全飞行条件，则不能要求机组人员冒险实施吊灭火作业。

2. 突出重点

对于火场中要重点防范的部位或改变火场战局形势的部位，应优先、重点实施航空直接扑救。

3. 高效准确

由于直升机消防灭火多数针对地面灭火队伍难以直接处置的火线，如高强度的火线或蔓延速度快的火头，这些部位可能随时影响到整个火场态势，直升机消防灭火必须保证准确率和灭火效果，这样才能加快火灾的扑救进度。

4. 地空联动

直升机消防灭火虽有地面人员无法取代的空中优势，但由于其作业有高空和高速的特点，航空器可能受气流、风向和地形的影响，不一定能将火灾完全扑灭。所以，在直升机消防灭火需与地面消防人员协同作业，即实施直升机消防灭火后，地面灭火队员要及时跟进，以继续扑灭受到压制的火线或清理余火。

9.3　空中灭火

近年来，轻型、中型民用直升机凭借其快捷、灵活的优势，在城市和森林消防中有着举足轻重的地位。根据火情发生地、地貌不同等特点，选择使用不同的直升机灭火方法来尽可能减少火灾带来的损失。

目前世界上生产直升机灭火设备的主要厂家有加拿大 SEI 公司、美国 SIM-PLEX 公司、法国的 ZODIAC 公司以及俄罗斯的莫斯科航空研究所，按照应用类型，常用的直升机灭火设备主要有灭火吊桶、内置式水箱、消防水炮三大类。

吊桶灭火就是利用直升机外挂吊桶载水或化学药液直接喷洒在火头、火线上或者喷洒在火头、火线前一段距离的未燃林木，以扑灭林火或阻隔林火发展、蔓延的一种扑救森林火灾的方法，是一种利用航空手段直接扑灭森林火灾的方法。吊桶方式灭火也被用于扑救城市化工厂火灾或地面较大范围的火灾。

图 9 - 1　直升机吊桶灭火

吊桶灭火的特点是取水方便、受水源影响条件较少。吊桶可以由飞行员直接控制，能精准地把握火头及火线位置，喷洒位置准确、灭火效率较高。在我国，大多数森林航空消防工作中的航空灭火方式主要是直升机吊桶载水灭火。吊桶灭火主要用于控制蔓延较快的火头和距离灭火队员较近、火强度较大的火线，减缓林火蔓延速度、降低林火燃烧强度，配合地面消防队最终彻底扑灭火灾。对于面积较小的初发火、火强度较小的地表火，吊桶灭火也可以实现单独扑灭明火。

9.3.1 任务管理

1. 飞行准备阶段

第一，要了解掌握火情，根据火场前置扑救要求，机组商定灭火飞行目标；第二，熟悉火场地形、地貌，初步确定飞行方案；第三，根据火场距机场距离测算飞行时间，根据作业区域情况选定取水点；第四，根据火场海拔和直升机性能调整桶容积，并对吊桶进行检查测试；第五，确定直升机的加油量，做好飞行其他相关各项准备。

2. 灭火作业阶段

直升机到达火场后应对火场进行空视、侦察，确认吊桶灭火作业点后向火场前指进行通报。吊桶灭火作业主要分为以下三步。

（1）取水作业

①选择水源。吊桶灭火要取得成功，除了要有适合的机型、吊桶等必备条件外，还要考虑火场条件及取水水源条件，水源条件应符合以下要求：一是净空条件良好；二是水域面积足够；三是水深足够；四是水中无障碍物；五是水源海拔适宜。取水点一旦确定，如无特殊情况不要轻易变化调整。

②取水。正常情况下，应选择逆风方向进入取水。取水位置应和岸边的各种设施人员及水域内的船只有足够的安全距离。当直升机在水面悬停稳后即可下降高度取水，在取水过程中要严密观察取水情况及直升机周边情况，如有异常要立即通报机长。当直升机提升吊桶离开水面后，观察员要关注取水情况，

桶中有无异物及桶外部是否有拖拽物，根据情况判断是否重新取水。

③离开水源地。取水成功后，直升机要按预定的脱离通道离开水源地。爬升通道内应保证大于 500 米，且撤离角 20°内的范围内净空良好，风向稳定。如果在机群灭火作业期内，直升机脱离取水点需向指挥机报告。

（2）洒水作业

直升机挂载吊桶到达火场准备洒水作业前应观察火场，关注直升机灭火点的火热、地形和风向，根据情况建立灭火航线。一般按逆风方向接近火线，降低飞行速度和高度，对准火线（也可根据火场风向和风速调整航线）洒水。

（3）撤离

直升机洒水后要立即增速提升高度，脱离火区，观察员要关注洒水情况，并同地面指挥员联系掌握洒水的效果和其他扑救要求。

3. 实施吊桶灭火的注意事项

（1）提前对吊桶设备进行检查并通电测试。
（2）在进入火场前一定要观察作业区的地形，做到进入退出路线明确。
（3）洒水时禁止进入烟区作业。
（4）切忌强迫机组执行任务。
（5）加强与地面指挥员的沟通和联系。

9.3.2　作业介绍

1. 直升机吊桶灭火的基本特点

（1）使用直升机作为运载工具

航空洒液直接灭火包括直升机洒液和固定翼飞机洒液。两种航空器都可使用水箱载水，但只有直升机能够使用吊桶飞行；吊桶灭火飞行只能由直升机作为运载工具。

（2）飞行科目复杂

直升机执行吊桶灭火任务过程中要多次取水，中间涉及起飞、降落等科目且要连续进行，还包括悬停取水、吊挂飞行、空中投洒等项目。在吊桶灭火飞行过程中，不同于一般的飞行，即由于吊桶与直升机是绳索连接，容易受飞行速度和气流的影响，吊桶在空中摆动会影响直升机的操控性，增加了飞行的难度。洒水过程中要减速降低高度以接近火线，林火形成的对流烟柱和直升机产生的气流会形成乱流，对飞行产生较大影响。同时，洒水过程中由于瞬间直升机重量发生变化，也会有超重和失重感。故直升机吊桶灭火涉及的飞行科目多，也比较复杂。

（3）洒水灭火操作专业

由于吊桶灭火不同于一般的飞行任务，既要保证飞行安全，又要保证灭火效果，吊桶操作必须由有理论知识和实践经验的工作人员担任，具有专业性的特点。

2. 吊桶灭火的优势

（1）居高临下，直接投洒

直升机吊桶灭火不需要使用水泵和水枪等工具，载水到达火场后可自上而下对林火直接投洒，能够对正在燃烧的可燃物进行立体覆盖，既能提高水和灭火剂的利用率，又能保证灭火效果。

（2）行动迅速，机动灵活

直升机吊桶灭火相对队伍在地面开展的以水灭火方式具有速度快的优势，更容易实现"打早"和"打小"。直升机在空中运动，在同一架次中可以对整个火场多个部位作业，具有机动灵活的优势。

（3）运载能力强，运水量大

直升机吊桶载水量从 1.5 吨至 15 吨不等，相对人力、畜力和其他运水机具来说，向火场运水能力较强，可以提高灭火工作效率。

（4）不受交通条件和地形制约，载运快速

由于直升机是在空中飞行，取水后可直接到达需扑救的火线或火头，在森林航空消防工作中，平均每 3～5 分钟就可完成一桶水的取水、洒水，所以说具有载运快速的优势。

（5）扑救面大，火场单位面积受水量大

直升机洒水都是在飞行中进行，相对地具有一定的高差，所以具有洒水面大、水量均匀的特点，在地面形成的水带长度从 30 米～300 米不等，这些都是地面人员使用水枪及水泵等扑救手段无法相比的。

3. 实施吊桶灭火的条件

根据火情，选择和实施灭火方法，迅速出航抵达火场进行扑救。就吊桶灭火而言，对火场洒水数量越多，并且先后洒水架次的时间间隔越短，越有利于扑灭林火。因此，在选择吊桶灭火方法前，除考虑火情外，还要考虑水源距火场的距离、火场距基地的距离、当时环境条件下直升机的续航时间等因素。根据这些条件，估算在续航时间内对火场能实施洒水的数量及先后洒水时间间隔，以确定是否实施吊桶灭火。灭火方法选择是否适宜，直接影响到能否及时有效地扑灭林火。

4. 影响吊桶灭火效果的因素

（1）飞行高度

洒水时的飞行高度越高，液体漂移越多，使得单位面积上受液量减少，灭火效果不佳，不利于及时扑灭林火。吊桶灭火实践证明，洒水时飞行高度（真高）在 50 米以下时，灭火效果较好。

（2）有效作业时间

有效作业时间是指在续航时间内除去往返机场和野外着陆挂桶的时间以外的剩余时间，有效作业时间充裕，有利于吊桶灭火的实施。

（3）水源距火场的距离

水源距火场远，先后洒水时间间隔长，不利于及时控制林火。就中型直升机实施吊桶灭火作业来看，水源距火场 20 千米范围内较适宜；超过 20 千米则吊桶灭火作业效果明显降低。

（4）洒水时的航向

洒水时航向与火线方向一致，则扑灭的火线就长；洒水时航向与火线垂直，扑灭的火线就短，灭火效率就低。

（5）风向和风速

若火线与风向一致时，航向对正火线，顺风或逆风洒水都能稳妥地洒到火线上；若火线与风向不一致时，航向对准火线洒水就会受风力的影响使液体漂移火线，起不到灭火的作用。因此，侧风洒水时要修正航向，才能准确洒到火线上。

9.3.3 水箱和水炮灭火

水箱灭火原理与灭火吊桶类似，通过将储水水箱直接安装在机体内部，在机腹下部增设放水口进行灭火。由于储水水箱安装在直升机内部，不会对直升机气动性能产生影响，灭火作业更为安全稳定。但由于储水水箱设置在机体内部需要占用较大空间，多用于中型和重型直升机型，具有一定的局限性。

图 9-2　直升机水箱灭火

消防水炮是通过发电机、离心泵、外置水箱等机构，将灭火水和灭火溶剂通过喷射方式，直接到达火源部位进行灭火或控制火势，炮身一般可以在前后90°，向下45°内转动。灭火时飞行员可根据火源位置，操纵炮身进行灭火，不需要调整直升机角度，安全性、操控性和灵活性都得到大大增强，是最适用于城市建筑火灾扑救的灭火方式。但由于炮身、发电机、离心泵、水箱等安装在机体外部，在一定程度上也会对直升机的气动性产生影响。

图 9 – 3　直升机消防水炮灭火

9.4　机降灭火

在空中随机指挥员或观察员的指挥下，使用直升机在短时间内将装备齐全的消防队员空运到火场指定位置，单独或与其他地面灭火力量配合，并采取适当的战术、技术手段，执行扑救森林火灾的任务，称为机降灭火。

机降灭火直升机要经常在山区低空飞行，又多在地形复杂的区域频繁起降；机降消防队员频繁上下直升机作业，有时多架不同机型的直升机同时在一个火场执行不同的飞行灭火任务。因此，只有在保证飞行安全的前提下，才能真正发挥机降灭火的重要作用。

9.4.1　任务管理

1. 飞行前准备

机组按飞行计划做好直升机检查、加油、电源启动等准备工作，机长确定乘机人数，按任务要求进行地图作业。

飞行观察员领受机降灭火任务后进行地图作业，做好领航准备，并了解掌握机降人数、架次、位置、指挥员、灭火机具和所带给养等情况，发现问题及时处理。

机降扑火队员按照飞行预报时间，准备灭火工具和给养。提前 20 分钟到达停机坪准备登机起飞。高火险天气或扑救重要火场，机降扑火队员携带灭火工具和给养在停机坪待命。

2. 飞行作业

（1）航线飞行

飞行观察员（空中指挥员）组织机降扑火队员按顺序登机，把扑火机具、给养按机械师要求摆放在机舱内。

飞行观察员负责记录机降人数、物资装备及数量。

机长负责按预定航线安全正常飞行；飞行观察员密切配合机长随时掌握直升机位置，必要时协助机长改航飞向火场。

（2）火场观察

直升机飞临火场上空后，飞行观察员应指令机长绕火场飞行，进行火场观察。判定火场位置面积、火线长度、火头数目、火势强度、火灾种类、发展方向、风向风速和森林类型等。

（3）机降点选择

根据火场观察情况，飞行观察员（空中指挥员）和机长共同确定机降投放点的位置。机降投放点位置的选择应遵循利于消防人员运动、利于火灾扑救、防止火烧事故发生的原则。一般应避开大火头，在火场上风处和火场尾翼或侧翼选择机降投放位置。

9.4.2 作业介绍

1. 机降灭火的特点

直升机能在短时间内迅速将消防队员、灭火物资等空运到火场附近，以便将火灾扑灭在初发阶段，尽量减少森林资源损失。

随机空中指挥员或观察员，居高临下，便于详细掌握火场及周围环境等全面情况，利于部署和及时调整灭火力量，提高灭火效率。

根据火场四周蔓延势态需要，利用直升机机动灵活的特点，迅速部署灭火人员，减少了人员体力消耗，以便有足够精力投入灭火作业。

使用直升机做运载工具，将消防队员快速分散、集中和转移，便于火场调度、指挥。

2. 机降灭火飞行安全

机降灭火时，直升机多在山区复杂区域低空、超低空频繁起降、飞行。执行航空护林任务的飞行安全虽然由机组负责，但作为随机观察员，同样负有一定的责任。只有安全飞行，才能保证完成机降灭火任务。影响飞行安全的因素主要有三点。

（1）能见度

飞行中有时航路和机降点受大面积烟幕、低云、雾等因素的影响，能见度较差，甚至难以分辨前后左右地标。在此类复杂气象条件下飞行，对安全有直接的影响。

（2）起落场地

有的起落场地窄小且四周多障碍物，有的地表裸露沙土。直升机起降会卷起大量的尘土，甚至遮盖飞行员的视线，这样的起落场地对安全飞行不利。

（3）灭火队伍

执行机降消防任务时，影响飞行安全的因素主要有五点。

①风力灭火机燃料

风力灭火机使用的汽油燃料，极易燃烧。有的消防队员不注意将装有燃料的油桶或装满燃料的风力灭火机放到飞行中的直升机暖气管边，初春或深秋飞行时暖气加热，致使灭火机机体烫手，油桶软化，汽油在舱内挥发，这些情况都会危及飞行安全。

②布帽

登机、下机时，戴布帽的消防队员有时忘记将帽子摘下，旋翼产生的气流使帽子很容易被卷起。若吸入发动机进气孔，堵塞进气道，会使发动机功率下降甚至造成空中停车。

③队员本身

有的消防队员因急于登机、下机，即从直升机尾部下穿过，易被高速旋转的尾桨击中，造成人机两伤。

④灭火队宿营地

宿营地散布有割下的干草、塑料等杂物，也容易被旋翼产生的气流卷起，打坏桨叶或吸入并堵塞发动机进气道。

⑤随意扳动红色把手

有的队员出于好奇或不留意，扳动直升机座舱内（只有遇到特殊情况才能）有红色标记的把手。

3. 机降灭火注意事项

飞行观察员维护好登机秩序，禁止机降消防队员在尾桨下面行走。

风力灭火机、油桶、油锯等摆放到机舱后部，防止碰撞直升机副油箱。

机降消防队员禁止按动机内把手，禁止在机舱内走动和吸烟。

飞行观察员的对讲机蓄电池接线要牢靠，防止人员碰撞产生火花发生危险。

机降灭火应保持能见飞行，禁止进入浓烟内，能见度不得小于3000米。

禁止超载飞行。

4. 火场倒入与转场

（1）火场倒入

一般是在较大火场，灭火人员比较紧缺的情况下，实施火场内部倒入。将火线熄灭处的人员，用直升机倒运到燃烧的火头、火线附近，参加新的灭火作业。

（2）转场

一般是在火场多、灭火人员少的情况下，实施转场。将熄灭火场的灭火人员用直升机转运到新的火场或预定的位置，参加新的灭火作业。

（3）火场人员撤离

按照指挥部下达的火场人员撤离命令，由航站负责组织实施，用直升机把火场消防队员接回。

火场消防队员人数较多时，用直升机把消防队员倒运到距火场附近的公路，消防队员从地面乘车撤回基地。

9.5　索（滑）降灭火

在我国现有的消防体系里，将使用直升机绞车、索降等方式开展消防作业工作的任务类型称为索（滑）降灭火，因此以下所介绍的索（滑）降任务包括了绞车索降任务和索降绳索降任务。索（滑）降灭火是利用直升机作载运工具，将消防队员快速运送到火场附近最佳位置，从悬停的直升机上，消防队员通过绞车装置、钢索、背带系统或滑降设备（包括主绳、下降悬停器、安全带、自动扣主锁、手动扣主锁、扁绳套等）降至地面扑救森林火灾的方法。

9.5.1　任务管理

1. 准备工作

实施直升机索（滑）降灭火作业的单位，根据自己的实际情况建造索（滑）降训练设施。训练设施包括训练塔、保护沙坑或保护垫等。每年非航期，组织扑火队员进行严格的训练和考核。考核合格后，方可从事索（滑）降火作业。

针对直升机索（滑）降作业设备，实施单位和机组要对直升机索（滑）降设施设备进行认真检查，杜绝安全隐患。同时要有计划、有目的地安排本场或模拟火场索（滑）降训练，便于队员熟练掌握程序，提高机组人员、扑火队员的临战技术水平。

2. 组织实施

（1）任务单位负责组织、指挥和实施索（滑）降灭火工作。组织和实施索（滑）降灭火的各类专业人员必须熟练掌握操作程序和技术。接受索（滑）降灭火或训练任务的机组、观察员、指挥员要共同研究制定飞行方案。机组要根据火场与机场距离、作业时间、天气等情况，确定加油量和载运索（滑）降队员的数量。扑火队员准备好索（滑）降灭火的装备及各种工具，并带上直升机；观察员根据接受任务和调度员提供的情况进行地图作业，做好索（滑）降准备工作。索（滑）降由随机观察员具体实施组织。观察员对设备使用中的安全事项进行检查，并对该设备的维护管理进行监督。观察员组织作业时应本着"安全第一"的原则，在过程中一旦发现安全隐患，应立即停止作业，排除隐患。

（2）直升机到达火场后，观察员同机组、指挥员共同确定索（滑）降场地。选择好地点后，直升机在目标点上空悬停，开始实施索（滑）降。因林区气流起伏不定，索（滑）降时应掌握好场地的区域气候特点，尽量加快下降索（滑）降速度，缩短直升机空中悬停时间。

（3）执行索（滑）降任务的队员，登机后应听从观察员的指挥，做好准备，系好安全带，在指定位置依次坐好。为确保安全，舱门打开时，观察员和等待索（滑）降队员必须扣挂保险带，队员下降索（滑）降时方可解除保险带扣。队员离开机舱前观察员应对其安全带及下降器的扣装严格检查，防止错装错扣，造成安全事故。下降器与主绳的扣装必须由随机观察员亲自操作。

索（滑）降队员由训练有素的专业队员组成，其中1号队员为索（滑）降指挥员。指挥员首先降到地面，索上时最后离开地面。每次索（滑）降结束时，指挥员负责收回全部队员的索（滑）降器材，每次索（滑）降结束后，当面清点后交观察员。如出现缺损，必须记录清楚。

每次实施索（滑）降，机组机械师系好保险带与驾驶员保持密切联系的同时，打开舱门，指令1号队员（指挥员）进行索降，并报告驾驶员索降开始，操纵绞车，控制下降速度，将队员安全降到地面，直至解脱索钩。解脱索钩后，队员要手握钢索，直至钢索上升，索钩高过头顶，以防钢绳交错。若实施滑降，机械师打开舱门后，观察员将滑降主绳一头按要求在直升机绞车架上系好，确认牢固无松动后，将另一头扔到地面。观察员扣好下降器与主绳的扣装后，指引队员迈出舱门，确认安全无误后，解开队员保险带扣，队员控制下降器安全下滑到达地面。

观察员、机组人员和索（滑）降指挥员必须熟练掌握规定的手势信号，做出正确的反应动作。指挥员着陆后注意观察其他队员的情况，及时用正确的手势信号与机上沟通，并负责解脱索钩和牵引下滑主绳。

索降队员在索上时，应保持与悬停的直升机相对垂直，挂好索钩，避免起吊时人员摆动，造成事故。机械师和观察员在索（滑）降和索上作业时，必须同驾驶员保持密切的联系。索降队员到达地面后，指挥员没有打出索上手势时，不得收回钢索。滑降时指挥员没有打出继续下滑手势时，不得放下一名队员下滑。

9.5.2 作业介绍

1. 索（滑）降灭火的特点

（1）到达现场快

索（滑）降灭火主要用于交通条件差和没有机降条件的火场。在这种地形条件下利用索（滑）降消防人员，可以迅速接近火线进行灭火。

（2）受地形影响小

机降灭火对野外机降条件要求较高，面积、坡度、地理环境等对机降灭火都会产生较大的影响，而索（滑）降灭火在地形条件较复杂的情况下仍能进行索（滑）降作业。

（3）机动性强

索（滑）降灭火由于不需要直升机起降场地的支持，因此作业方式更为灵活。针对不同林火范围或地面消防队伍的协同情况，可开展多种空地协同灭火任务。

2. 索（滑）降灭火主要适用范围

主要用于扑灭偏远、无路、林密、火场周围没有机降条件的林火。

主要用于完成特殊地形和其他特殊条件下的突击性任务。

3. 索（滑）降灭火方法

（1）林火初发阶段及小火场的运用

索（滑）降灭火通常适用于小火场和林火初发阶段，因此，索（滑）降灭火特别强调"效率"。

直升机到达火场后，指挥员要选择索（滑）降点，把索（滑）降队员及必要的灭火装备安全地降送到地面。在进行索（滑）降作业时，直升机悬停的高度一般为60米左右，索（滑）降场地窗口面积通常不小于10米×10米。

索（滑）降队员索（滑）降到地面之后，要迅速投入灭火作业。

（2）大火场的应用

在大火场使用索（滑）降灭火时，索（滑）降队的主要任务不是直接进行灭火，而是为队伍参战创造机降条件。

在没有实施机降灭火条件的大面积的火场，要根据火场所需要的参战队伍及突破口的数量，在火场周围选择相应数量的索（滑）降点，然后派索（滑）降队员前往开设直升机降落场地，为队伍顺利实施机降灭火创造条件。开设直升机降落场地的面积要求不小于60米×40米。

（3）与机降配合作业

在进行机降灭火作业时，火场的有些火线因受地形条件和其他因素的影响，不能进行机降作业，如不及时采取应急措施就会对整个火场的扑救造成不利影响。在这种情况下，索（滑）降可以配合机降进行灭火作业。在进行索（滑）降作业时，要根据火线长度，沿火线多处索（滑）降。索（滑）降队在特殊地段火线灭火直到与机降灭火的队伍汇合为止。

（4）配合扑打复燃火

在大风天气实施机降灭火时，离宿营地较远又没有机降条件的位置突然发生复燃火势，如果不能及时赶到并迅速扑灭复燃的火线，会使整个灭火工作前功尽弃。在这种十分紧急的情况下，最好的应急办法就是采取索（滑）降配合作业。因为，只有索（滑）降这一方法才可能把队伍及时直接地送到发生复燃的火线位置，把复燃火消灭在初发阶段。

（5）配合清理火线

在大火场或特大火场扑灭明火后，关键是彻底清理火线。但是由于火场面积太大，战线太长，为整个火场的清理带来困难。这时，索（滑）降队可配合清理火线，主要任务是在特殊地段或无法供直升机降落的场地，当两支灭火队伍之间的距离过大，导致无法及时清理火线时，进行索降（滑降）作业。这样可以配合地面队伍，更高效地扑灭火线和进行清理。

9.6 伞降灭火

伞降灭火是最早采用的航空灭火方式之一，之后才陆续发展出机降灭火、索降灭火、化学灭火、吊桶灭火和人工增雨等森林航空消防手段。它是利用降落伞或动力伞等伞降装备实施降落的集结形式，是各种单元（灭火队员、灭火机具、后勤补给物资等）在几百甚至几千米的高空，乘坐直升机、运输机或专用飞机，通过降落伞降落到预定区域扑救林火。

伞降灭火适合于扑灭人烟稀少、交通不便、大面积的边远林区的火灾。受交通地形条件的限制较少，在火场附近均可进行跳伞灭火。我国生产的翼型降落伞，特别适应于森林跳伞，操纵灵活、定点准确，着陆冲击力小，安全可靠，凡是航空器能起飞的天气，都可以实施跳伞灭火。

跳伞灭火队员随机巡护，可以及时发现森林火灾，及时跳伞，及时扑救，把火控制在最小的范围内，以免小火蔓延成灾。

伞降灭火队员需要经过正规化严格训练，并熟练掌握林区跳伞技术，学会在复杂地形条件下对伞的空中操控、定点着陆和特殊情况下的处置，能适应林区复杂的气候和地理环境。一般应选择林间空地、稀疏幼林或坡度不超过30°的山城作为跳伞场地；严禁跳伞灭火队员在国境线禁区以外进行跳伞灭火。

9.7 物资投送

在面对突发事件时，使用直升机进行物资投送是直升机救援中的常见任务场景，也是救援中对受灾地区给予最直接救助的方式之一。物资投送根据装载的方式分为机舱内物资投送以及外调挂物资投送。物资投送的目的是要安全地将物资送到受灾地点，因此其任务准备和实施也要遵循一定原则。

（1）货物的装载需飞行员的最终批准

需获得飞行员对所有要运输物资的批准。装载主管和其他装载货物的人员必须通知飞行员所要运输的物资及装载情况。如需运输的危险材料、危险材料的包装是否正确包装、完整妥当，并放置在直升机上。

（2）称重和投放点

物资需要进行称重并告知飞行员实际重量。不能超过直升机允许的有效载荷。如果在条件允许的情况下，在物资最后装载之前对货物进行称重、包装并标记目的地。

（3）识别物资的方法

当物资运输作业涉及多个投送地点时，每批物资都应标明其目的地，以确保其到达正确的投送地点。可以为每个投送点的物资在机舱内布置单独的存放区域，并用标记识别这些区域（"H1""H2"等）。装载人员应使用标记，在物资上清楚地标记目的地，或标记每件货物。

（4）物资检查

操作前，直升机经理、装载人员或其他负责人应检查所有物资。检查应包括（如适用）以下内容。

①液体容器应装箱或固定在直立位置。

②箱子应该用胶带封好，所有物品都应该系好或固定。

③所有回程需带回的垃圾都应该用塑料垃圾袋双层袋装，以防止内部泄漏进入航空器。垃圾可以装在货物升降袋或带有防护罩的网（如粗麻布袋）中从外部拖运。

④应使用合成织带制成的约束带或网来固定货物。约束带或网应连接到专门设计用于约束的货环或连接点。

⑤应标记危险材料，并让飞行员了解正在运输的物品。

⑥物资运输必须符合航空运输标准。如果含有害物质，避免将液体危险材料（例如汽油）与食物或个人装备一起运输。

⑦如果与其他非危险液体容器一起运输，请考虑将个人装备和包装放入塑料袋中，并将塑料袋用胶带粘住以防在运输中意外渗入。

⑧确保锋利的工具边缘被工具护罩或胶带覆盖，以保护货物网或其他容器。

⑨如果使用挂钩系统，请确保飞行员了解目的地顺序。

（5）装载事项

①舱内货物

所有舱内货物必须妥善存放和固定，无论乘客是否与货物一起运输。如果在乘客舱内运输，所有包裹必须固定；包裹不得在乘客腿上或地板上不固定运输。包装可以单独存放在货舱、外部货架或使用外部吊索运输。不要超过货舱或行李架的重量限制，且应标注重量。

②外部吊挂

不要超过货架或货筐的重量限制；重量应该明显标识于吊具上。对于某些品牌和型号的直升机，两侧都有货架，其中一侧的重量限制可能与另一侧的重量限制不同。货物装载应充分考虑直升机重心（CG）范围，同时检查系紧装置是否有裂痕、撕裂或裂缝。

参考文献

[1] 何诚，舒立福. 航空护林 [M]. 北京：中国林业出版社，2017.